化工原理

崔宝秋　姜欣欣　何丽莉 ◎ 主　编
谭冬寒　李英杰　李　晶 ◎ 副主编

·北京·

全书分为流体流动、流体输送机械、机械分离、传热、吸收、精馏、蒸发、干燥、萃取共九章。每章从认识化工设备入手，增强学生对化工设备的感性认识。在此基础上介绍相关原理以及使用等方面的知识和技能。在教材编写体系中，每章结合具体课题安排了知识与技能、知识运用、技能训练和阅读材料等内容。与此同时，每章后面都安排了一定的巩固练习，起到复习提高的作用。

本教材为高职高专院校化工、轻工、安全、环保、生物、制药、粮油、食品、材料等相关专业的化工原理或化工单元操作课程的教材，也可供相关专业技术人员参考。

图书在版编目（CIP）数据

化工原理/崔宝秋，姜欣欣，何丽莉主编．—北京：
化学工业出版社，2016.2（2024.2重印）
高职高专规划教材
ISBN 978-7-122-25847-2

Ⅰ.①化… Ⅱ.①崔…②姜…③何… Ⅲ.①化工原理-高等职业教育-教材 Ⅳ.①TQ02

中国版本图书馆 CIP 数据核字（2015）第 299115 号

责任编辑：王文峡	文字编辑：陈　雨
责任校对：王素芹	装帧设计：韩　飞

出版发行：化学工业出版社（北京市东城区青年湖南街 13 号　邮政编码 100011）
印　　装：北京科印技术咨询服务有限公司数码印刷分部
787mm×1092mm　1/16　印张 15½　字数 387 千字　2024 年 2 月北京第 1 版第 7 次印刷

购书咨询：010-64518888　　　　　　　　　　　售后服务：010-64518899
网　　址：http://www.cip.com.cn
凡购买本书，如有缺损质量问题，本社销售中心负责调换。

定　价：48.00 元　　　　　　　　　　　　　　　　　　　　　　　版权所有　违者必究

前 言

化工原理是化工、化学、石油加工、材料、环境、矿业工程等专业学生必修的一门重要技术基础课程。化工原理课程以单元操作为主要内容，以传递过程原理为主线，研究各个单元操作过程的基本规律，典型设备以及过程操作和调节原理。

为适应高职高专教学的新要求，按照"教学做"一体化思路，结合教学模式改革，我们对化工原理课程内容进行了编写。全书共分为流体流动、输送机械、机械分离、传热、吸收、精馏、蒸发、干燥、萃取九章。每章从认识化工设备入手，增强学生对化工设备的感性认识。在此基础上介绍相关原理以及使用等方面的知识和技能。在教材编写体系中，每章结合具体单元操作安排了知识与技能、知识运用、能力运用、技能运用、技能训练和阅读材料等内容。与此同时，每章后面都安排了一定的巩固练习，起到复习提高的作用。

在编写过程中，参阅了有关文献和最新的科研成果，在此向相关文献和成果的作者表示诚挚的谢意。为了更好体现"教学做"一体化思路，教材中引入仿真培训软件OTS，国内工业和教育两个市场化工技能培训软件的开创者——北京东方仿真全程参与，以强化学生职业技能培养。在此，也真诚感谢北京东方仿真对我们编写组的大力支持。同时也非常感谢辽宁锦州石化公司金东升高级工程师给予的大力帮助。

本教材由锦州师范高等专科学校崔宝秋策划，并会同辽宁地质工程职业学院姜欣欣、辽阳职业技术学院何丽莉共同担任主编，濮阳职业技术学院谭冬寒、抚顺职业技术学院李英杰、营口职业技术学院李晶担任副主编，宁夏职业技术学院周洁、甘肃农业职业技术学院周秀英、辽东学院刘波、锦州师范高等专科学校秦剑和王雪莹等参与了编写工作。具体分工如下：绪论由崔宝秋编写，第一章由姜欣欣编写，第二章和第九章由李晶编写，第三章由何丽莉编写，第四章和附录由秦剑编写，第五章第一、二节由周洁编写、第三、四、五节由周秀英编写，第六章由李英杰编写，第七章由刘波编写，第八章由谭冬寒编写，每章技能训练和巩固练习部分由王雪莹编写。辽宁地质工程职业学院崔作兴教授对本书的编写给予了大力帮助与指导。全书最后由崔宝秋定稿。

本教材可作为高职高专院校化工、化学、石油加工、材料、环境、矿业工程等专业的化工原理教材，也可供相关专业技术人员参考。

由于编写时间仓促，编者水平有限，疏漏在所难免，恳请各位专家、老师以及广大读者提出建议，以便我们进一步修订和完善。

编者

2015 年 11 月

目 录

绪论 ·· 1
    一、化工原理课程的研究对象 ·· 1
    二、化工原理计算中的基本概念 ··· 2
    三、学习化工原理课程的建议 ·· 3
    四、化工原理课程的教学建议 ·· 4

第一章 流体流动 ··· 6

  第一节 认识流体 ··· 6
    一、流体密度 ··· 6
    二、流体压力 ··· 7
    三、流体静力学方程 ·· 8
  第二节 计算流体能量 ·· 12
    一、流体流量与流速 ·· 13
    二、流体系统的质量守恒与能量守恒 ··· 14
  第三节 计算流体阻力 ·· 20
    一、流体黏度 ··· 20
    二、流体流动型态 ··· 21
    三、流体流动阻力 ··· 22
  第四节 实际生产中的管路计算 ··· 31
    一、简单管路 ··· 31
    二、复杂管路 ··· 32
  【巩固练习】 ·· 37

第二章 流体输送机械 ·· 40

  第一节 认识离心泵 ·· 40
    一、离心泵结构和工作原理 ··· 40
    二、离心泵的性能参数与特性曲线 ·· 42
  第二节 离心泵的使用 ·· 45

一、离心泵的工作点和流量调节 ……………………………………………… 45
　　二、离心泵的安装高度 ……………………………………………………… 47
　　三、离心泵的选用、安装与操作 …………………………………………… 48
　第三节　气体输送机械 ……………………………………………………………… 53
　　一、概述 ……………………………………………………………………… 53
　　二、离心式通风机 …………………………………………………………… 54
　【巩固练习】 ……………………………………………………………………… 58

第三章　机械分离 …………………………………………………………………… 61

　第一节　重力沉降 …………………………………………………………………… 61
　　一、运动流体中颗粒的流动 ………………………………………………… 61
　　二、静止流体中颗粒的自由沉降 …………………………………………… 64
　　三、重力沉降设备 …………………………………………………………… 66
　第二节　过滤 ………………………………………………………………………… 69
　　一、过滤基本概念 …………………………………………………………… 69
　　二、过滤设备 ………………………………………………………………… 70
　　三、过滤基本方程 …………………………………………………………… 72
　　四、过滤时间与滤液量 ……………………………………………………… 74
　　五、过滤机生产能力 ………………………………………………………… 76
　【巩固练习】 ……………………………………………………………………… 78

第四章　传热 ………………………………………………………………………… 80

　第一节　认识换热器 ………………………………………………………………… 80
　　一、传热过程 ………………………………………………………………… 80
　　二、换热器 …………………………………………………………………… 82
　第二节　确定换热器管壁温度与厚度 ……………………………………………… 85
　　一、传热基本概念 …………………………………………………………… 86
　　二、傅里叶定律 ……………………………………………………………… 86
　　三、平壁传热 ………………………………………………………………… 87
　　四、圆筒壁传热 ……………………………………………………………… 89
　第三节　确定对流传热系数 ………………………………………………………… 93
　　一、对流传热过程分析 ……………………………………………………… 93
　　二、对流传热系数 …………………………………………………………… 94
　　三、对流传热系数经验关联式 ……………………………………………… 95
　第四节　确定传热用水量 …………………………………………………………… 98
　　一、传热过程热量计算 ……………………………………………………… 98
　　二、总传热速率方程 ………………………………………………………… 99
　　三、传热过程的强化措施 …………………………………………………… 103

第五节　设计与选用换热器 ··· 109
　　一、设计换热器 ··· 110
　　二、选用换热器 ··· 110
【巩固练习】 ··· 111

第五章　吸收 ·· 114

第一节　认识吸收塔 ··· 114
　　一、气体吸收过程原理与分类 ··· 114
　　二、吸收塔 ··· 115
第二节　确定吸收进行方向 ·· 117
　　一、吸收中常用的相组成表示法 ······································ 118
　　二、气体在液体中的溶解度 ·· 120
　　三、相平衡关系在吸收过程中的应用 ································· 121
第三节　确定总传质速率方程 ·· 124
　　一、传质基本方式 ··· 124
　　二、双膜理论 ·· 125
　　三、吸收过程的总传质速率方程 ······································ 125
第四节　确定吸收剂用量 ··· 128
　　一、物料衡算和操作线方程 ·· 129
　　二、吸收剂用量与最小液气比 ··· 130
第五节　选择与设计填料塔 ·· 139
　　一、计算吸收塔填料层高度 ·· 139
　　二、计算吸收塔理论级数 ·· 142
　　三、计算吸收塔塔径 ··· 143
【巩固练习】 ··· 145

第六章　精馏 ·· 147

第一节　认识精馏塔 ··· 147
　　一、精馏 ··· 147
　　二、精馏塔（板式塔） ··· 148
第二节　确定理论塔板数 ··· 152
　　一、理论板 ··· 152
　　二、操作线方程 ··· 153
　　三、回流比 ··· 157
　　四、计算理论板数方法 ··· 159
第三节　选择与设计板式塔 ·· 167
　　一、板式塔设计 ··· 167
　　二、选用板式塔的几点要求 ·· 169

【巩固练习】 ………………………………………………………………………… 169

第七章 蒸发 …………………………………………………………………… **172**

第一节 认识蒸发器 ……………………………………………………………… 172
 一、蒸发操作 …………………………………………………………………… 172
 二、蒸发器 ……………………………………………………………………… 173
第二节 单效蒸发计算 …………………………………………………………… 178
 一、单效蒸发流程 ……………………………………………………………… 178
 二、蒸发水量和加热蒸汽 ……………………………………………………… 179
 三、传热面积、温度差和传热系数 …………………………………………… 180
第三节 选用蒸发器 ……………………………………………………………… 186
 一、蒸发器生产强度 …………………………………………………………… 186
 二、蒸发器的选型 ……………………………………………………………… 187
【巩固练习】 ………………………………………………………………………… 187

第八章 干燥 …………………………………………………………………… **189**

第一节 认识干燥器 ……………………………………………………………… 189
 一、物料中的水分 ……………………………………………………………… 189
 二、干燥方法与过程 …………………………………………………………… 190
 三、干燥器 ……………………………………………………………………… 191
第二节 确定干燥过程的物料 …………………………………………………… 193
 一、干燥过程物料衡算 ………………………………………………………… 193
 二、干燥过程热量衡算 ………………………………………………………… 195
 三、干燥器出口状态参数的确定 ……………………………………………… 196
 四、影响干燥速率因素 ………………………………………………………… 197
 五、干燥器热效率 ……………………………………………………………… 199
【巩固练习】 ………………………………………………………………………… 203

第九章 萃取 …………………………………………………………………… **205**

第一节 认识萃取设备 …………………………………………………………… 205
 一、萃取 ………………………………………………………………………… 205
 二、萃取设备 …………………………………………………………………… 207
 三、萃取在工业中的应用 ……………………………………………………… 208
第二节 萃取操作过程 …………………………………………………………… 210
 一、单级萃取操作流程 ………………………………………………………… 211
 二、萃取过程计算原理 ………………………………………………………… 211
 三、第Ⅰ类物系的单级萃取计算 ……………………………………………… 213

四、影响萃取的操作因素 ………………………………………… 214
　【巩固练习】 ………………………………………………………… 219

附录 ……………………………………………………………… **221**

参考文献 ………………………………………………………… **236**

绪 论

化工原理为化工、轻工、医药、食品、环境、材料、冶金等行业提供了技术基础，对化工及相近学科的发展起到支撑作用，是化学、化工、材料、环境工程、矿业工程等专业学生必修的一门重要技术基础课程。化工原理课程主要研究"单元操作"，逐步理解各个"单元操作"过程的基本规律，了解典型设备的设计方法以及过程的操作和调节等内容。

一、化工原理课程的研究对象

化学工业是对原料进行化学加工以获得有用产品的工业，其核心是化学反应过程及其设备，而辅助部分为前、后处理过程。化工生产过程不论其生产规模大小，除化学反应外，其它均可分解为一系列的物理加工过程。这些物理加工过程称为"单元操作"。如制糖工业中的糖水浓缩、制碱工业中的苛性钠溶液浓缩、甘油和生物胶水溶液浓缩都含有蒸发过程；酿酒和石油精制都含有精馏过程；海水淡化、血液透析、食盐电解、水的净化等都含有膜分离过程等。类似的常见操作过程还有流体输送、搅拌、沉降、过滤、换热、吸收、萃取、干燥、吸附等。单元操作不仅在化工生产中占有重要地位，而且在石油、轻工、制药等工业中也广泛应用。因此，单元操作的专门研究就构成了"化工原理"课程的主要内容。

1. 单元操作的分类

常见的单元操作按照不同形式分类方法也不同。按照流体动力学基本规律分类，单元操作包括流体输送、沉降、过滤、搅拌等。按照热量传递基本规律分类，单元操作包括加热、冷却、冷凝、蒸发等。按照质量传递基本规律分类，单元操作包括蒸馏、吸收、萃取、吸附、膜分离等。按照热质传递规律分类，单元操作包括气体的增湿与减湿、结晶、干燥等。常见的单元操作如表 0-1 所示。

随着新产品、新工艺的开发或为实现绿色化工生产的需要，对物理过程也提出了一些特殊要求，所以不断地发展出新的单元操作或化工技术，如膜分离、参数泵分离、电磁分离、超临界技术等。目前，以节约能耗，提高效率或洁净无污染生产的集成化工艺（如反应精馏、反应膜分离、萃取精馏、多塔精馏系统的优化热集成等）将是未来的发展趋势。

2. 单元操作的特点

（1）物理性操作，即只改变物料的状态或物性，并不改变化学性质。

（2）它们都是化工生产过程中共有的操作，但它们所包含的单元操作数目、名称与排列顺序各异。

（3）对同样的工程目的，可采用不同的单元操作来实现。

（4）某单元操作用于不同的化工过程，其基本原理不同，进行该操作的设备也往往是通用的。具体应用时也要结合各化工过程的特点来考虑，如原材料与产品的理化性质，生产规模等。

3. 单元操作过程

单元操作过程包括连续操作和间歇操作两种。原料不断从设备一端送入，产品不断从另一端送出的操作称为连续操作。连续操作的特点是物料的组成、温度、压强等参数仅随位置的不同而不同，不随时间的变化而变化。化工生产过程多数为连续稳定过程。每次操作之初向设备内投入一批物料，经过一番处理后，排除全部产物，再重新投料，这种操作称为间歇操作，其特点具有不稳定性。

表 0-1　常见的单元操作

传递基础	单元操作	目　的
流体流动（动量传递）	流体输送	以一定流量将流体从一处送到另一处
	沉降	从气体或液体中分离悬浮的固体颗粒、液滴或气泡
	过滤	从气体或液体中分离悬浮的固体颗粒
	搅拌	使物料混合均匀或使过程加速
	流态化	用流体使固体颗粒悬浮并使其具有流体状态的特性
热量传递	换热	使物料升温、降温或改变相态
	蒸发	使溶液中的溶剂受热气化而与不挥发的溶质分离，达到溶液浓缩
质量传递	吸收	用液体吸收剂分离气体混合物
	蒸馏	利用均相液体混合物中各组分挥发度不同使液体混合物分离
	萃取	用液体萃取剂分离均相液体混合物
	浸取	用液体浸渍固体物料，将其中的可溶组分分离出来
	吸附	用固体吸附剂分离气体或液体混合物
	离子交换	用离子交换剂从溶液中提取或除去某些离子
	膜分离	用固体膜或液体膜分离气体、液体混合物
热量和质量传递	干燥	加热固体使其所含液体气化而除去
	增（减）湿	调节气体中的水汽含量
	结晶	使溶液中的溶质变成晶体析出

二、化工原理计算中的基本概念

物料衡算、能量衡算、物系平衡关系、传递速率和经济核算等基本概念贯穿于各个单元操作的始终。化工过程计算可分为设计型计算和操作型计算两类，其在两类不同计算中的处理方法各有不同，但是不管何种计算都是以质量守恒、能量守恒、平衡关系和速率关系为基础的。

1. 物料衡算

依据质量守恒定律，进入与离开某一化工过程的物料质量之差，等于该过程中累积的物料质量之差，即

$$\sum m_f - \sum m_p = A \tag{0-1}$$

式中　$\sum m_f$——输入量的总和；
　　　$\sum m_p$——输出量的总和；
　　　A——$\sum$累积量。

对于连续操作的过程，若各物理量不随时间改变，即为稳定操作状态时，过程中不应有物料的积累，则物料衡算关系为

$$\sum m_f = \sum m_p \tag{0-2}$$

用物料衡算式可由过程的已知量求出未知量，计算步骤如下：

（1）首先根据题意画出各物料的流程示意图，物料的流向用箭头表示，并标上已知数据与待求量。

（2）在写衡算式之前，要计算基准，一般选用单位进料量或排料量、时间及设备的单位体积等作为计算的基准。

（3）在较复杂的流程示意图上应圈出衡算的范围，列出衡算式，求解未知量。

2. 能量衡算

化工原理教材中所用到的能量主要有机械能和热能。能量衡算的依据是能量守恒定律。机械能衡算将在流体流动中说明，热量衡算在传热、精馏和干燥等模块中结合具体单元操作进行。热量衡算时必须规定基准温度和基准状态，通常基准选 273K 液态。热量除了伴随物料进出系统外，还可通过管壁由系统向外界散失或由外界传入系统。只要系统与外界存在温度差，就有热量的散失或传入（称热损失）。热量衡算的步骤与物料衡算基本相同。

3. 物系平衡关系

平衡状态是自然界中广泛存在的一种现象。例如，在一定温度下，不饱和食盐溶液与固体食盐接触时，食盐向溶液中溶解，直到溶液为食盐所饱和，食盐就停止溶解，此时固体食盐表面已与溶液形成平衡状态。反之，若溶液中食盐浓度大于饱和浓度，则溶液中的食盐会析出，使溶液中的固体食盐结晶长大，最终达到平衡状态。一定温度下食盐的饱和浓度，就是这个物系的平衡浓度。平衡关系可判断过程能否进行及进行的方向和限度。任何传递过程都有一个极限，当传递过程达到极限时，其过程进行的推动力为零，此时净的传递速率为零，即称为"平衡"。过程的平衡问题说明过程进行的方向和所能达到的极限。当过程不是处于平衡态时，则此过程必将以一定的速率进行。例如传热过程，当两物体温度不同时，即温度不平衡，就会有净热量从高温物体向低温物体传递，直到两物体的温度相等为止，此时过程达到平衡，两物体间也就没有净的热量传递。

4. 传递速率

传递过程的速率和传递过程所处的状态与平衡状态的距离及其它很多因素有关。传递过程所处的状态与平衡状态之间的距离通常称为过程的推动力。例如两物体间的传热过程，其过程的推动力就是两物体的温度差。过程的传递速率与推动力成正比，与阻力成反比，即传递速率＝推动力/传递速率。单位时间内所传递的能量（动量，热量）或物质量，是决定化工设备的重要因素。增大过程速率可节约时间，提高设备的生产能力。

5. 经济核算

为生产定量的某种产品所需要的设备，根据设备的型号和材料的不同，可以有若干设计方案。对同一台设备，所选用的操作参数不同，也会影响到设备费与操作费。因此，要用经济核算确定最经济的设计方案。

三、学习化工原理课程的建议

各门课程学习都有其固有的特点，化工原理也是如此。结合本教材特点给学习者两点建议。

1. 增强感性认识，提高基本原理和基本规律的理解能力

学生在学习化工原理课程中，要紧密结合教材内容、积极拓展各种实践机会。一方面要

主动积极加深对实验设备和工艺流程的了解，通过增强感性认识来加深对各种单元操作的基本原理和基本概念的理解。另一方面，通过感性认识来增强职业兴趣，在此基础上再把所学的基本原理与工程实际结合起来。

2. 勤于动手动脑，巩固基本原理和基本技能的运用能力

化工原理中涉及的物理量比较多，学习时不仅要注意它们的物理意义和物理单位，更要确切理解每个物理量的深刻含义，并注意区分与其相近或相似的物理量。如果使用计算公式和物理量不准确，就可能给计算带来不可想象的问题。因此，认真做好模块后的知识巩固练习，非常有助于提高基本原理的运用能力。同时，通过基本技能训练，有助于加深理解基本原理在实际工艺流程中的运用能力。在认真阅读熟悉教材的基础上，要多思考勤分析。"单元操作"不是单一的操作，每组操作有着各种联系。要善于从工艺流程中归纳总结，进一步提高基本原理和基本技能的运用能力。

四、化工原理课程的教学建议

根据高职高专的培养目标和对学生职业技能的基本要求，教师在讲授课程中要突出基本原理的应用和基本实践技能的教学。采用模块化来编写组织教材，具有一定的灵活性。因此，每个模块尽可能通过实际例子来培养学生的学习兴趣。从增强学生的感性认识来提高学生学习的兴趣，有利于基本原理和基本规律的教学。

1. 改进教学方法，激发学生学习兴趣

化工原理是一门紧密联系生产实际的技术基础课程，面向化工、轻工、冶金、环保、材料等相关专业的学生。化工原理有助于培养学生的工程理论计算和分析能力，并结合工程实践解决保护环境、维护设备、提高生产效率等问题的能力。同时，通过技能训练来培养学生的动手能力和操作技能。近年来，由于高职学生生源质量下降、学生学习积极性不高的现状，运用工程案例及生活中遇到的问题来充实教学内容，可以取得很好的效果。尤其对于该门课程来讲，通过感性认识更有助于学生意识到理论联系实际的重要性，同时也充分意识到化工原理课程在工厂实践的必要性，进而激发学生探究知识和运用所学知识解决实际问题的积极性，从而使学生综合运用所学知识达到融会贯通的目的。

2. 合理运用多媒体和仿真实训软件，全方位提高学生基础知识和专业技能

教师必须认真吃透教材，并适当引入与课程相关的最新内容。教案必须要反映教学的重点、难点、学时分配及教学方法的注解，这样才能充分把握好教学内容、突出重点，又能体现教学内容的先进性。多媒体以及仿真实训软件在直观性、信息量等方面比板书具有很大的优势，是化工原理教学过程中的重要教学手段，加深学生对公式推导、物料运动方式及工艺流程等的认识，但教学又不能完全依靠多媒体教学。所以，教师应采用教案、讲稿、提纲、课件并举，以老师讲解、剖析为主，多媒体起到图表显示、动画演示和重点强调的作用，板书则主要起到章节标题、补充说明和重点强调作用，教学手段相互补充，充分发挥现代化教学手段与传统教学方式的优势，为提高课程的教学效果和教学质量起到很好的作用。仿真实训软件有助于学生对基本概念、基本原理的理解和专业技能的提高，但教师也不能一味地让学生盲目操作，要适时加以引导，根据不同的工艺流程设置问题，以提高学生分析问题和解决问题的能力。

 阅读材料

单 位 制

单位制是由选定的一组基本单位和由定义方程式与比例因数确定的导出单位组成的一系列完整的单位体制。基本单位是可以任意选定的，由于基本单位选取的不同，组成的单位制也就不同，如市制、英制、米制、国际单位制等。由于科学技术的迅速发展和国际学术交流的日益频繁，1960 年 10 月第 11 届国际计量会议制定了一种国际上统一的国际单位制，其国际代号为 SI。1974 年的第 14 届国际计量大会又决定增加物质的量的单位摩尔（mol）作为基本单位。因此，目前国际单位制共有七个基本单位，如表 0-2 所示。一些由国际单位制导出单位如表 0-3 所示。一些物理单位制与工程制的基本单位如表 0-4 所示。

表 0-2 国际单位制的基本单位

基本单位	长度	质量	时间	电流	热力学温度	物质的量	发光强度
单位名称	米	千克	秒	安培	开尔文	摩尔	坎
单位符号	m	kg	s	A	K	mol	cd

表 0-3 国际单位制中的导出单位

导出单位	频率	力,重力	压力(压强)	能量(功,热)	功率	摄氏温度
单位名称	赫兹	牛顿	帕斯卡	焦耳	瓦特	摄氏度
单位符号	Hz	N	Pa	J	W	℃

表 0-4 物理单位制与工程制的基本单位

项 目	物理单位制				工程制			
量的名称	长度	质量	时间	温度	长度	力	时间	温度
单位符号	cm	g	s	℃	m	N	s	℃

单 位 换 算

同一物理量若用不同单位度量时，其数值需相应改变，这种换算称为单位换算。在工程运算中，一些工程单位制还在使用，所以必须掌握一些工程单位制与国际单位制的换算关系。单位换算时，需要换算因数。化工生产中常用的换算因数可从附录中查得。

第一章 流体流动

流体流动是化工生产中存在的主要现象，流体流动规律更是学习单元操作的理论基础。研究流体规律以便进行管路的设计、输送机械的选择及所需功率的计算。同时，为了了解和控制生产过程，需要对管路或设备内的压强、流量及流速等一系列的参数进行测量，这些测量仪表的操作原理又多以流体的静止或流动规律为依据。如化工生产中的传热、传质过程都是在流体流动的情况下进行的，设备的操作效率与流体流动状况有密切的联系。因此，研究流体流动对寻找设备的强化途径具有重要意义。本模块将着重讨论流体流动过程的基本原理及流动规律，并运用这些原理及规律来分析和计算流体的输送问题。

第一节 认识流体

  知识与技能

1. 掌握流体密度和压力定义，理解表压真空度的含义。
2. 理解流体静力学平衡方程，并能运用该方程进行相关计算。

液体与气体统称为流体。流体的特征是具有流动性，即抗张能力很小；无固定形状，随容器的形状而变化；在外力作用下其内部发生相对运动。如果流体的体积不随压力变化而变化，该流体称为不可压缩性流体；若随压力发生变化，则称为可压缩性流体。一般液体的体积随压力变化很小，可视为不可压缩性流体；而对于气体，当压力变化时，体积会有较大的变化，常视为不可压缩性流体，但如果压力的变化率不大时，该气体也可当作不可压缩性流体处理。

一、流体密度

单位体积流体的质量，称为流体密度，表达式为

$$\rho = \frac{m}{V} \tag{1-1}$$

式中　ρ——流体密度，kg/m^3；

　　　m——流体质量，kg；

　　　V——流体体积，m^3。

对一定的流体，其密度是压力和温度的函数，即　$\rho = f(p, T)$

（1）液体密度　通常液体可视为不可压缩流体，其密度仅随温度变化（极高压力除外），其变化关系可由手册中查得。

（2）气体密度　对于气体，当压力不太高、温度不太低时，可按理想气体状态方程计算

$$\rho = \frac{pM}{RT} \tag{1-2}$$

式中　p——气体的绝对压力，Pa；
　　　M——气体的摩尔质量，kg/mol；
　　　T——热力学温度，K；
　　　R——气体常数，其值为 8.314J/(mol·K)。

一般在手册中查得的气体密度都是在一定压力与温度下的，若条件不同，则密度需进行换算。

(3) 混合物密度　化工生产中遇到的流体，大多为几种组分构成的混合物，而通常手册中查得的是纯组分的密度，混合物的平均密度 ρ_m 可以通过纯组分的密度进行计算。对于液体混合物，其组成通常用质量分数表示。假设各组分在混合前后体积不变，则有

$$\frac{1}{\rho_m} = \frac{w_1}{\rho_1} + \frac{w_2}{\rho_2} + \cdots + \frac{w_n}{\rho_n} \tag{1-3}$$

式中　$w_1, w_2, \cdots, w_n$——液体混合物中各组分的质量分数；
　　　$\rho_1, \rho_2, \cdots, \rho_n$——各纯组分的密度，kg/m³。

对于气体混合物，其组成通常用体积分数表示。各组分在混合前后质量不变，则有

$$\rho_m = \rho_1 \varphi_1 + \rho_1 \varphi_2 + \cdots + \rho_n \varphi_n \tag{1-4}$$

式中，$\varphi_1, \varphi_2, \cdots, \varphi_n$ 为气体混合物中各组分的体积分数。

气体混合物的平均密度 ρ_m 也可利用式(1-2)计算，式中的摩尔质量 M 应用混合气体的平均摩尔质量 M_m 代替，即

$$\rho_m = \frac{pM_m}{RT} \tag{1-5}$$

$$M_m = M_1 y_1 + M_2 y_2 + \cdots + M_n y_n \tag{1-6}$$

式中　$M_1, M_2, \cdots, M_n$——各纯组分的摩尔质量，kg/mol；
　　　$y_1, y_2, \cdots, y_n$——气体混合物中各组分的摩尔分数。

对于理想气体，其摩尔分数 y 与体积分数 φ 相同。

二、流体压力

1. 压力

流体垂直作用于单位面积上的力，称为流体静压强，简称压强，习惯上又称压力。在静止流体中，作用于任意点不同方向上的压力在数值上均相同。在 SI 单位中，压强的单位是 N/m²，也可用帕斯卡，以 Pa 表示。此外，压力大小也可以流体柱高度表示，如用米水柱或毫米汞柱等。若流体的密度为 ρ，则液柱高度 h 与压力 p 的关系为

$$p = \rho g h \tag{1-7}$$

【注意】用液柱高度表示压力时，必须指明流体的种类，如 600mmHg、10mH₂O 等。

2. 表压与真空度

压力大小常以两种不同的基准来表示：一是绝对真空；二是大气压力。基准不同，表示方法也不同。以绝对真空为基准测得的压力称为绝对压力，是流体的真实压力；以大气压为基准测得的压力称为表压或真空度。

表压 = 绝对压力 − 大气压力

真空度 = 大气压力 − 绝对压力

绝对压力、表压与真空度的关系如图 1-1 所示。

一般为避免混淆，通常对表压、真空度等加以标注，如 2000Pa（表压）、10mmHg（真空度）等，还应指明当地大气压力。

三、流体静力学方程

1. 静力学基本方程

如图 1-2 所示，容器内装有密度为 ρ 的液体，液体可认为是不可压缩流体，其密度不随压力变化。在静止液体中取一段液柱，其截面积为 A，以容器底面为基准水平面，液柱的上、下端面与基准水平面的垂直距离分别为 z_1 和 z_2。作用在上、下两端面的压力分别为 p_1 和 p_2。

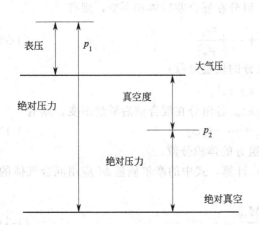

图 1-1 绝对压力、表压与真空度的关系　　图 1-2 液柱受力分析图

重力场中在垂直方向上对液柱进行受力分析：
(1) 上端面所受总压力 $P_1 = p_1 A$，方向向下；
(2) 下端面所受总压力 $P_2 = p_2 A$，方向向上；
(3) 液柱的重力 $G = \rho g A(z_1 - z_2)$，方向向下。

液柱处于静止时，上述三项力的合力应为零，即

$$p_2 A - p_1 A - \rho g A(z_1 - z_2) = 0$$

整理并消去 A，得压力形式：

$$p_2 = p_1 + \rho g(z_1 - z_2) \tag{1-8}$$

变形得能量形式

$$\frac{p_1}{\rho} + z_1 g = \frac{p_2}{\rho} + z_2 g \tag{1-8a}$$

若将液柱的上端面取在容器内的液面上，设液面上方的压力为 p_a，液柱高度为 h，则式(1-8) 可改写为

$$p_2 = p_a + \rho g h \tag{1-8b}$$

式(1-8)、式(1-8a) 及式(1-8b) 均称为静力学基本方程。

静力学基本方程适用于在重力场中静止、连续的同种不可压缩流体，如液体。而对于气体来说，密度随压力变化，但若气体的压力变化不大，密度近似地取其平均值而视为常数时，式(1-8)、式(1-8a) 及式(1-8b) 也同样适用。

使用静力学基本方程应注意以下几点：

(1) 在静止的、连续的同种液体内，处于同一水平面上各点的压力处处相等。压力相等的面称为等压面。

(2) 压力具有传递性。液面上方压力变化时，液体内部各点的压力也将发生相应的变化。

(3) 式(1-8a)中，zg、$\dfrac{p}{\rho}$分别为单位质量流体所具有的位能和静压能，此式反映出在同一静止流体中，处在不同位置流体的位能和静压能各不相同，但总和恒为常量。因此，静力学基本方程也反映了静止流体内部能量守恒与转换的关系。

(4) 式(1-8b)可改写为$\dfrac{p_2-p_a}{\rho g}=h$，说明压力或压力差可用液柱高度表示，需注明液体的种类。

2. 静力学基本方程的应用

利用静力学基本方程可以测量流体的压力、容器中液位及计算液封高度等。

(1) 压力及压力差的测量　U形压差计的结构如图1-3所示。它是一根U形玻璃管，内装指示液。要求指示液与被测流体不互溶，不起化学反应，且其密度大于被测流体密度。常用的指示液有水银、四氯化碳、水和液体石蜡等，应根据被测流体的种类和测量范围合理选择指示液。

当用U形压差计测量设备内两点的压差时，可将U形管两端与被测两点直接相连，利用R的数值就可以计算出两点间的压力差。

设指示液的密度为ρ_0，被测流体的密度为ρ。由图1-3可知，A和A′点在同一水平面上，且处于连通的同种静止流体内，因此，A和A′点的压力相等，即$p_A=p'_A$。

而 $p_A=p_1+\rho_0 g(m+R)$，$p'_A=p_2+\rho gm+\rho_0 gR$

所以　　$p_1+\rho_0 g(m+R)=p_2+\rho gm+\rho_0 gR$

整理得　　　　　$p_1-p_2=(\rho_0-\rho)gR$　　　　(1-9)

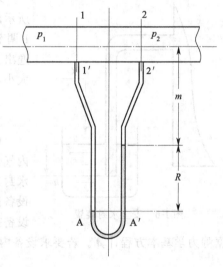

图1-3　U形压差计

若被测流体是气体，由于气体的密度远小于指示剂的密度，即$\rho_0-\rho\approx\rho_0$，则式(1-9)可简化为

$$p_1-p_2\approx Rg\rho_0 \tag{1-9a}$$

U形压差计也可测量流体的压力，测量时将U形管一端与被测点连接，另一端与大气相通，此时测得的是流体的表压或真空度。

(2) 液位测量　在化工生产中，经常要了解容器内液体的储存量，或对设备内的液位进行控制，因此，常常需要测量液位。测量液位的装置较多，大多数遵循流体静力学基本原理。

图1-4所示的是利用U形压差计的近距离液位测量装置。在容器或设备1的外边设一平衡室2，其中所装的液体与容器中相同，液面高度维持在容器中液面允许到达的最高位置。用一装有指示剂的U形压差计3把容器和平衡室连通起来，压差计读数R即可指示出容器内的液面高度，关系为

$$h = \frac{\rho_0 - \rho}{\rho} R \tag{1-10}$$

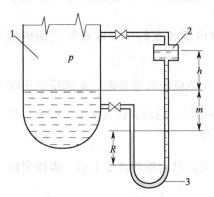

图 1-4 压差法测量液位
1—容器；2—平衡室；3—U 形压差计

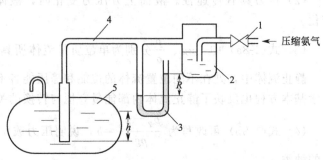

图 1-5 远距离液位测量装置
1—调节阀；2—鼓泡观察器；3—U 形压差计；
4—吹气管；5—储槽

若容器或设备的位置离操作室较远时，可采用图 1-5 所示的远距离液位测量装置。在管内通入压缩氮气，用阀 1 调节其流量，测量时控制流量使在观察器中有少许气泡逸出。用 U 形压差计测量吹气管内的压力，其读数 R 的大小，即可反映出容器内的液位高度，关系为

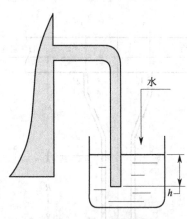

图 1-6 安全水封装置

$$h = \frac{\rho_0}{\rho} R \tag{1-10a}$$

（3）液封高度的计算 在化工生产中，为了控制设备内气体压力不超过规定的数值，常常使用安全液封（或称水封）装置，如图 1-6 所示。安全液封主要作用有：①当设备内压力超过规定值时，气体则从水封管排出，以确保设备操作的安全；②防止气柜内气体泄漏。液封高度可根据静力学基本方程计算。若要求设备内的压力不超过 p（表压），则水封管的插入深度 h 为

$$h = \frac{p}{\rho g} \tag{1-11}$$

例 1-1 某车间操作台上，水在水平管道内流动。为测量流体在某截面处的压力，直接在该处连接一 U 形压差计，指示液为水银，读数 $R=250\text{mm}$，$m=900\text{mm}$，如附图所示。已知当地大气压为 101.3kPa，水的密度 $\rho = 1000\text{kg/m}^3$，水银的密度 $\rho_0 = 13600\text{ kg/m}^3$。

求：该截面处的压力。

解：图中 A—A′ 面间为静止、连续的同种流体，且处于同一水平面，因此为等压面，即 $p_A = p'_A$。而 $p'_A = p_a$，$p_A = p + \rho g m + \rho_0 g R$。

于是 $\qquad p_a = p + \rho g m + \rho_0 g R$

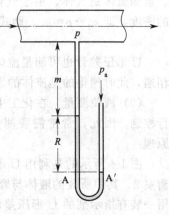

例 1-1 附图

则截面处绝对压力：
$$p = p_a - \rho g m - \rho_0 g R$$
$$= 101300 - 1000 \times 9.81 \times 0.9 - 13600 \times 9.81 \times 0.25$$
$$= 59117 (Pa)$$

或直接计算该处的真空度：
$$p_a - p = \rho g m + \rho_0 g R$$
$$= 1000 \times 9.81 \times 0.9 + 13600 \times 9.81 \times 0.25$$
$$= 42183 \ (Pa)$$

例 1-2 在某工厂中，水在管道中流动。为测得 A—A′、B—B′截面的压力差，在管路上方安装一 U 形压差计，指示液为水银，如附图所示。已知压差计的读数 $R = 150 \text{mm}$，水与水银的密度分别为 1000kg/m³ 和 13600 kg/m³。

求：A—A′、B—B′截面的压力差。

解：图中，1—1′面与 2—2′面间为静止、连续的同种流体，且处于同一水平面，因此为等压面，即 $p_1 = p_1'$，$p_2 = p_2'$。

又
$$p_1 = p_A - \rho g m$$
$$p_1 = p_2 + \rho_0 g R = p_2' + \rho_0 g R$$
$$= p_B - \rho g (m + R) + \rho_0 g R$$

所以
$$p_A - \rho g m = p_B - \rho g (m + R) + \rho_0 g R$$

整理得
$$p_A - p_B = (\rho_0 - \rho) g R$$

代入数据
$$p_A - p_B = (13600 - 1000) \times 9.81 \times 0.15 = 18540 (Pa)$$

例 1-2 附图

阅读材料

常见的压差计

1. 倒 U 形压差计

若被测流体为液体，也可选用比其密度小的流体（液体或气体）作为指示剂，采用如图 1-7 所示的倒 U 形压差计形式。最常用的倒 U 形压差计是以空气作为指示剂，此时
$$p_1 - p_2 = R g (\rho - \rho_0) \approx R g \rho \tag{1-12}$$

2. 斜管压差计

当所测量的流体压力差较小时，可将压差计倾斜放置，即为斜管压差计，用以放大读数，提高测量精度，如图 1-8 所示。此时，R 与 R' 的关系为
$$R' = \frac{R}{\sin\alpha} \tag{1-13}$$

式中，α 为倾斜角，其值越小，则读数放大倍数越大。

3. 双液体 U 管压差计

双液体 U 管压差计又称为微压计，用于测量压力较小的场合。如图 1-9 所示，在 U 管上增设两个扩大室，内装密度接近但不互溶的两种指示液 A 和 C（$\rho_A > \rho_C$），扩大室内径与 U 管内径之比应大于 10。这样扩大室的截面积比 U 管截面积大得多，即可认为即使 U 管内

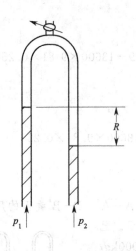
图1-7 倒U形压差计

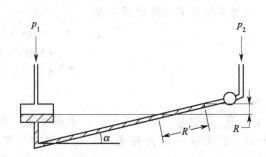
图1-8 斜管压差计

指示液 A 的液面差 R 较大，但两扩大室内指示液 C 的液面变化微小，可近似认为维持在同一水平面。

于是有

$$p_1 - p_2 = Rg(\rho_A - \rho_C) \tag{1-14}$$

由式(1-14)可知，只要选择两种合适的指示液，使 $\rho_A - \rho_C$ 较小，就可以保证较大的读数 R。

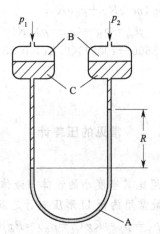
图1-9 双液体U管压差计

第二节 计算流体能量

知识与技能

1. 会利用柏努利方程解决流体输送的管路计算问题。
2. 能根据流体流量来选定合适的管子。

流体的运动特性可用流速、加速度等物理量来表征，这些物理量称为流体的运动要素。流体动力学的基本任务就是研究流体的运动要素随时间和空间的变化规律，并建立它们之间的关系式。流体运动与其它物质运动一样，都要遵循物质运动的普遍规律，如质量守恒定律、能量守恒定律、动量定理等。将这些普遍规律应用于流体运动这类物理现象，即可得到描述流体运动的基本方程：连续性方程和能量方程（柏努利方程）。

一、流体流量与流速

1. 流量

流体流量有两种表示方法，体积流量和质量流量。单位时间内流经管道任意截面的流体体积，称为体积流量，以 V_s 表示，单位为 m^3/s 或 m^3/h。单位时间内流经管道任意截面的流体质量，称为质量流量，以 m_s 表示，单位为 kg/s 或 kg/h。体积流量与质量流量的关系如下式。

$$m_s = V_s \rho \tag{1-15}$$

式中，ρ 为流体密度，kg/m^3。

2. 流速

实验发现，流体质点在管道截面上各点的流速并不一致，而是形成某种分布。在工程计算中，为简便起见，常常用平均流速表征流体在该截面的流速。定义平均流速为流体的体积流量与管道截面积之比，即

$$u = \frac{V_s}{A} \tag{1-16}$$

平均流速的单位为 m/s。习惯上，平均流速简称为流速。

单位时间内流经管道单位截面积的流体质量，称为质量流速，以 G 表示，单位为 $kg/(m^2 \cdot s)$。

质量流速与流速的关系如下

$$G = \frac{m_s}{A} = \frac{V_s \rho}{A} = u\rho \tag{1-17}$$

可见流量与流速的关系如下

$$m_s = V_s \rho = uA\rho = GA \tag{1-18}$$

3. 管径的估算与选定

一般化工管道为圆形，若以 d 表示管道的内径，则式(1-16)可写成

$$u = \frac{V_s}{\frac{\pi}{4}d^2}$$

则

$$d = \sqrt{\frac{4V_s}{\pi u}} \tag{1-19}$$

实际流量一般由生产任务决定，选定流速 u 后可用上式估算出管径，再调整到标准规格。适宜流速的选择应根据经济核算确定，可选用经验数据。通常水及低黏度液体的流速为 $1\sim3m/s$，一般常压气体流速为 $10m/s$，饱和蒸汽流速为 $20\sim40\ m/s$ 等。一般来说，密度大或黏度大的流体，流速取小一些；对于含有固体杂质的流体，流速宜取得大一些，以避免固体杂质沉积在管道中。

4. 定态流动与非定态流动

流体流动系统中，若各截面上的温度、压力、流速等物理量仅随位置变化，而不随时间变化，这种流动称为定态流动；若流体在各截面上的有关物理量既随位置变化，也随时间变

化,则称为非定态流动。如图 1-10 所示,(a) 装置液位恒定,因而流速不随时间变化,为定态流动;(b) 装置流动过程中液位不断下降,流速随时间而递减,为非定态流动。

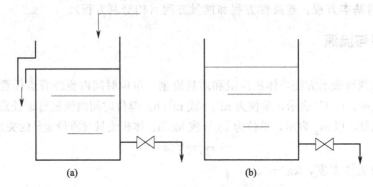

图 1-10 定态流动与非定态流动

在化工厂中,连续生产的开、停车阶段,属于非定态流动,而正常连续生产时,均属于定态流动。本章重点讨论定态流动问题。

二、流体系统的质量守恒与能量守恒

1. 连续性方程

如图 1-11 所示的定态流动系统,流体连续地从 1—1′ 截面进入,2—2′ 截面流出,且充满全部管道。以 1—1′、2—2′ 截面以及管内壁为衡算范围,在管路中流体没有增加和漏失的情况下,根据物料衡算,单位时间进入截面 1—1′ 的流体质量与单位时间流出截面 2—2′ 的流体质量必然相等,即

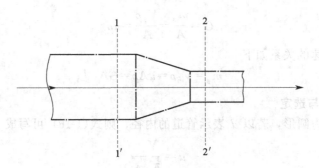

图 1-11 连续性方程推导

$$m_{s1} = m_{s2} \tag{1-20}$$

或

$$\rho_1 u_1 A_1 = \rho_2 u_2 A_2 \tag{1-20a}$$

推广至任意截面

$$m_s = \rho_1 u_1 A_1 = \rho_2 u_2 A_2 = \cdots = \rho u A = 常数 \tag{1-20b}$$

式(1-20)~式(1-20b)均称为连续性方程,表明在定态流动系统中,流体流经各截面时的质量流量恒定。

对不可压缩流体,ρ 为常数,连续性方程可写为

$$V_s = u_1 A_1 = u_2 A_2 = \cdots = u A = 常数 \tag{1-20c}$$

式(1-20c)表明,不可压缩性流体流经各截面时的体积流量也不变,流速 u 与管截面积成反比,截面积越小,流速越大;反之,截面积越大,流速越小。

对于圆形管道,式(1-20c)可变形为

$$\frac{u_1}{u_2}=\frac{A_2}{A_1}=\left(\frac{d_2}{d_1}\right)^2 \tag{1-20d}$$

式(1-20d)说明,不可压缩流体在圆形管道中,任意截面的流速与管内径的平方成反比。

2. 柏努利方程

柏努利方程反映了流体在流动过程中,各种形式机械能的相互转换关系。柏努利方程的推导方法有多种,以下介绍较简便的机械能衡算法。

(1) 总能量衡算 如图 1-12 所示的定态流动系统中,流体从 1—1′ 截面流入,从 2—2′ 截面流出。衡算范围从 1—1′ 到 2—2′ 截面以及管内壁所围成的空间,以 1kg 流体为衡算基准,以 0—0′ 水平面为基准水平面。

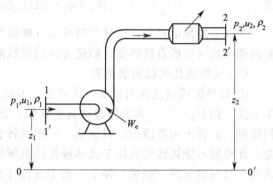

图 1-12 柏努利方程推导

流体所具有的能量有以下几种形式:

① 内能 储存于物质内部的能量。设 1kg 流体具有的内能为 U,其单位为 J/kg。

② 位能 流体受重力作用在不同高度所具有的能量称为位能。将质量为 m 的流体自基准水平面 0—0′ 升举到 z 处所做的功,即为位能 $=mgz$,1kg 的流体所具有的位能为 zg,其单位为 J/kg。

③ 动能 流体由于流动而具有的能量称为动能,即动能 $=\frac{1}{2}mu^2$,1kg 的流体所具有的动能为 $\frac{1}{2}u^2$,其单位为 J/kg。

④ 静压能 在静止流体内部,任一处都有静压力,同样,在流动着的流体内部,任一处也有静压力。如果在一内部有液体流动的管壁面上开一小孔,并在小孔处装一根垂直的细玻璃管,液体便会在玻璃管内上升,上升的液柱高度即是管内该截面处液体静压力的表现,如图 1-13 所示。对于图 1-12 的流动系统,由于在 1—1′ 截面处流体具有一定的静压力,流体要通过该截面进入系统,就需要对流体作一定的功,以克服这个静压力。换句话说,进入截面后的流体,也就具有与此功相当的能量,这种能量称为静压能或流动功。

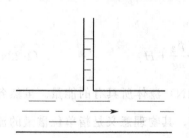

图 1-13 流动液体存在静压力示意图

质量为 m、体积为 V_1 的流体,通过 1—1′ 截面所需的作用力 $F_1=p_1A_1$,流体推入管内所走的距离 V_1/A_1,故与此功相当的静压能为

$$静压能 = p_1A_1\frac{V_1}{A_1}=p_1V_1$$

1kg 的流体所具有的静压能为 $\frac{p_1V_1}{m}=\frac{p_1}{\rho_1}$,其单位为 J/kg。

位能动能和静压能均为流体在截面处所具有的机械能,三者之和称为某截面上的总机械能。此外,流体在流动过程中,还有通过其它外界条件与衡算系统交换的能量,如热和外功等。若管路中有加热器、冷却器等,流体通过时必与之换热。设换热器向 1kg 流体提供的

热量为 q_e，其单位为 J/kg，在图 1-12 的流动系统中，还有流体输送机械（泵或风机）向流体作功，1kg 流体从流体输送机械所获得的能量称为外功或有效功，用 W_e 表示，其单位为 J/kg。

根据能量守恒原则，对于划定的流动范围，其输入的总能量必等于输出的总能量。在图 1-12 中，在 1—1′截面与 2—2′截面之间的衡算范围内，有

$$U_1 + z_1 g + \frac{1}{2}u_1^2 + \frac{p_1}{\rho} + W_e + q_e = U_2 + z_2 g + \frac{1}{2}u_2^2 + \frac{p_2}{\rho} \tag{1-21}$$

或

$$W_e + q_e = \Delta U + \Delta z g + \frac{1}{2}\Delta u^2 + \frac{\Delta p}{\rho} \tag{1-21a}$$

在以上能量形式中，可分为机械能（即位能、动能、静压能及外功，可用于输送流体）和内能与热（不能直接转变为输送流体的机械能）两类。

(2) 实际流体的机械能衡算

① 以单位质量流体为基准 假设流体不可压缩，流动系统无热交换，则 $q_e = 0$；流体温度不变，则 $U_1 = U_2$。因实际流体具有黏性，在流动过程中必消耗一定的能量。根据能量守恒原则，能量不可能消失，只能从一种形式转变为另一种形式，这些消耗的机械能转变成热能，此热能不能再转变为用于流体输送的机械能，只能使流体的温度升高。从流体输送角度来看，这些能量是"损失"掉了。将 1kg 流体损失的能量用 $\sum h_f$ 表示，其单位为 J/kg。

式(1-21) 可简化为

$$z_1 g + \frac{1}{2}u_1^2 + \frac{p_1}{\rho} + W_e = z_2 g + \frac{1}{2}u_2^2 + \frac{p_2}{\rho} + \sum h_f \tag{1-22}$$

式(1-22) 即为不可压缩实际流体的机械能衡算式，其中每项的单位均为 J/kg。

② 以单位重量流体为基准 将式(1-22) 各项同除重力加速度 g

$$z_1 + \frac{1}{2g}u_1^2 + \frac{p_1}{\rho g} + \frac{W_e}{g} = z_2 + \frac{1}{2g}u_2^2 + \frac{p_2}{\rho g} + \frac{\sum h_f}{g}$$

令

$$H_e = \frac{W_e}{g}, \quad H_f = \frac{\sum h_f}{g}$$

则

$$z_1 + \frac{1}{2g}u_1^2 + \frac{p_1}{\rho g} + H_e = z_2 + \frac{1}{2g}u_2^2 + \frac{p_2}{\rho g} + H_f \tag{1-22a}$$

上式各项单位均为 $\frac{J/kg}{N/kg} = J/N = m$，表示单位重量（1N）流体所具有的能量。虽然各项单位为 m，与长度单位相同，但在这里应理解为 m 液柱，其物理意义是指单位重量的流体所具有的机械能。习惯上将 z、$\frac{u^2}{2g}$、$\frac{p}{\rho g}$ 分别称为位压头、动压头和静压头，三者之和称为总压头，H_f 称为压头损失，H_e 为单位重量的流体从流体输送机械所获得的能量，称为外加压头或有效压头。

(3) 理想流体的机械能衡算 理想流体是指没有黏性（即流动中没有摩擦阻力）的不可压缩流体。这种流体实际上并不存在，是一种假想的流体，但这种假想对解决工程实际问题具有重要意义。对于理想流体又无外功加入时，式(1-22)、式(1-22a) 可分别简化为

$$z_1 g + \frac{1}{2}u_1^2 + \frac{p_1}{\rho} = z_2 g + \frac{1}{2}u_2^2 + \frac{p_2}{\rho} \tag{1-23}$$

$$z_1 + \frac{1}{2g}u_1^2 + \frac{p_1}{\rho g} = z_2 + \frac{1}{2g}u_2^2 + \frac{p_2}{\rho g} \tag{1-23a}$$

通常式(1-23)、式(1-23a)称为柏努利方程式,式(1-22)、式(1-22a)是柏努利方程的引申,习惯上也称为柏努利方程式。

(4) 柏努利方程的讨论

① 如果系统中的流体处于静止状态,则$u=0$,没有流动,自然没有能量损失,$\sum h_f = 0$,当然也不需要外加功,$W_e = 0$,则柏努利方程变为

$$z_1 g + \frac{p_1}{\rho} = z_2 g + \frac{p_2}{\rho} \tag{1-23b}$$

式(1-23b)即为流体静力学基本方程式。由此可见,柏努利方程除表示流体的运动规律外,还表示流体静止状态的规律,而流体的静止状态只不过是流体运动状态的一种特殊形式。

② 柏努利方程式(1-23)、式(1-23a)表明理想流体在流动过程中任意截面上总机械能、总压头为常数,即

$$zg + \frac{1}{2}u^2 + \frac{p}{\rho} = 常数 \tag{1-23c}$$

$$z + \frac{1}{2g}u^2 + \frac{p}{\rho g} = 常数 \tag{1-23d}$$

各截面上每种形式的能量并不一定相等,它们之间可以相互转换。图 1-14 清楚地表明了理想流体在流动过程中三种能量形式的转换关系。从 1—1′ 截面到 2—2′ 截面,由于管道截面积减小,根据连续性方程,速度增加,即动压头增大,同时位压头增加,但因总压头为常数,因此 2—2′ 截面处静压头减小,也即 1—1′ 截面的静压头转变为 2—2′ 截面的动压头和位压头。

③ 在柏努利方程式(1-22)中,zg、$\frac{1}{2}u^2$、$\frac{p}{\rho}$ 分别表示单位质量流体在某截面上所具有的位能、动能和静压能,也就是说,它们是状态参数;而 W_e、$\sum h_f$ 是指单位质量流体在两截面间获得或消耗的能

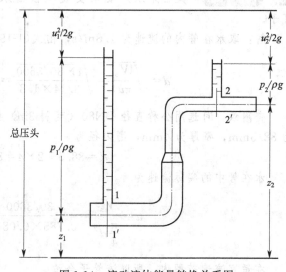

图 1-14 流动液体能量转换关系图

量,可以理解为它们是过程的函数。W_e 是输送设备对 1kg 流体所做的功,单位时间输送设备所做的有效功,称为有效功率

$$N_e = m_s W_e \tag{1-24}$$

式中　N_e——有效功率,W;
　　　m_s——流体的质量流量,kg/s。

实际上,输送机械本身也有能量转换效率,则流体输送机械实际消耗的功率应为

$$N = \frac{N_e}{\eta} \tag{1-25}$$

式中　N——流体输送机械的轴功率,W;
　　　η——流体输送机械的效率。

④ 式(1-22)、式(1-22a)适用于不可压缩性流体。对于可压缩性流体,当所取系统中两

截面间的绝对压力变化率小于20%，即$\frac{p_1-p_2}{p_1}<20\%$时，仍可用该方程计算，但式中的密度ρ应以两截面的平均密度ρ_m代替。

(5) 应用柏努利方程注意事项　柏努利方程与连续性方程是解决流体流动问题的基础，应用柏努利方程，可以解决流体输送与流量测量等实际问题。在用柏努利方程解题时，一般应先根据题意画出流动系统的示意图，标明流体的流动方向，定出上、下游截面，明确流动系统的衡算范围。解题时需注意以下几个问题。

① 截面的选取　要求与流体的流动方向相垂直；两截面间流体应是定态连续流动；截面宜选在已知量多、计算方便处。

② 基准水平面的选取　位能基准面必须与地面平行。为计算方便，宜于选取两截面中位置较低的截面为基准水平面。若截面不是水平面，而是垂直于地面，则基准面应选管中心线的水平面。

③ 计算中要注意各物理量的单位保持一致，尤其在计算截面上的静压能时，p_1、p_2不仅单位要一致，同时表示方法也应一致，即同为绝压或同为表压。

例 1-3　某自来水厂要求安装一根输水量为30m³/h的管道，试选择一合适的管子。

解：取水在管内的流速为1.8m/s，由式(1-19)得

$$d=\sqrt{\frac{4V_s}{\pi u}}=\sqrt{\frac{4\times30/3600}{3.14\times1.8}}=0.077(\text{m})=77(\text{mm})$$

查附录，可选用公称直径DN80（英制3in）的管子（ϕ88.5mm×4mm），该管子外径为88.5mm，壁厚为4mm，则内径为

$$d=88.5-2\times4=80.5(\text{mm})$$

水在管中的实际流速为

$$u=\frac{V_s}{\frac{\pi}{4}d^2}=\frac{30/3600}{0.785\times0.0805^2}=1.63(\text{m/s})$$

在适宜流速范围内，所以该管子合适。

例 1-4　化工厂的某管路由一段ϕ89mm×4mm的管1、一段ϕ108mm×4mm的管2和两段ϕ57mm×3.5mm的分支管3a及3b连接而成，如附图所示。若水以9×10^{-3}m³/s的流量流动，且在两段分支管内的流量相等。

试求：水在各段管内的速度。

解：(1) 管1内径$d_1=89-2\times4=81$(mm)

则管1中水的流速为

$$u_1=\frac{V_s}{\frac{\pi}{4}d_1^2}=\frac{9\times10^{-3}}{0.785\times0.081^2}=1.75(\text{m/s})$$

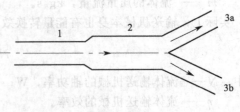

例 1-4 附图

(2) 管 2 内径 $d_2 = 108 - 2 \times 4 = 100$ (mm)

则管 2 中水的流速为

$$u_2 = u_1 \left(\frac{d_1}{d_2}\right)^2 = 1.75 \times \left(\frac{81}{100}\right)^2 = 1.15 \text{(m/s)}$$

(3) 管 3a 及 3b 内径为 $d_3 = 57 - 2 \times 3.5 = 50$ (mm)

因为水在管路 3a、3b 中流量相等,则有

$$u_2 A_2 = 2 u_3 A_3$$

即管 3a 和 3b 中水的流速为

$$u_3 = \frac{u_2}{2} \left(\frac{d_2}{d_3}\right)^2 = \frac{1.15}{2} \times \left(\frac{100}{50}\right)^2 = 2.30 \text{(m/s)}$$

例 1-5 在生产实验室的高位槽上,从高位槽向塔内进料,高位槽中液位恒定,高位槽和塔内的压力均为大气压,如附图所示。送液管为 $\phi 45\text{mm} \times 2.5\text{mm}$ 的钢管,要求送液量为 $3.6\text{m}^3/\text{h}$。设料液在管内的压头损失为 1.2m(不包括出口能量损失)。

试问:高位槽的液位要高出进料口多少米?

解:见附图,取高位槽液面为 1—1′ 截面,进料管出口内侧为 2—2′ 截面,以过 2—2′ 截面中心线的水平面 0—0′ 为基准面。在 1—1′ 和 2—2′ 截面间列柏努利方程为:

$$z_1 + \frac{1}{2g}u_1^2 + \frac{p_1}{\rho g} + H_e = z_2 + \frac{1}{2g}u_2^2 + \frac{p_2}{\rho g} + H_f$$

其中:$z_1 = h$;因高位槽截面比管道截面大得多,故槽内流速比管内流速小得多,可以忽略不计,即 $u_1 \approx 0$;$p_1 = 0$(表压);$H_e = 0$

$z_2 = 0$;$p_2 = 0$(表压);$H_f = 1.2\text{m}$

$$u_2 = \frac{V_s}{\frac{\pi}{4}d^2} = \frac{3.6/3600}{0.785 \times 0.04^2} = 0.796 \text{(m/s)}$$

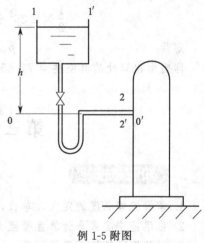

例 1-5 附图

将以上各值代入上式中,可确定高位槽液位的高度

$$h = \frac{1}{2 \times 9.81} \times 0.796^2 + 1.2 = 1.23 \text{ (m)}$$

计算结果表明,动能项数值很小,流体位能主要用于克服管路阻力。

【注意】 解本题时注意,因题中所给的压头损失不包括出口能量损失,因此 2—2′ 截面应取管出口内侧。若选 2—2′ 截面为管出口外侧,计算过程有所不同。

例 1-6 某厂利用喷射泵输送氨。管中稀氨水的质量流量为 $1 \times 10^4 \text{kg/h}$,密度为 1000kg/m^3,入口处的表压为 147kPa。管道的内径为 53mm,喷嘴出口处内径为 13mm,如附图所示,喷嘴能量损失可忽略不计。

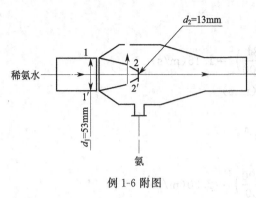

例 1-6 附图

试求：喷嘴出口处的压力。

解：取稀氨水入口为 1—1′ 截面，喷嘴出口为 2—2′ 截面，管中心线为基准水平面。在 1—1′ 和 2—2′ 截面间列柏努利方程

$$z_1 g + \frac{1}{2}u_1^2 + \frac{p_1}{\rho} + W_e = z_2 g + \frac{1}{2}u_2^2 + \frac{p_2}{\rho} + \sum h_f$$

其中：$z_1 = 0$；$p_1 = 147 \times 10^3$ Pa（表压）；

$$u_1 = \frac{m_s}{\frac{\pi}{4}d_1^2 \rho} = \frac{10000/3600}{0.785 \times 0.053^2 \times 1000} = 1.26 \text{(m/s)}$$

$z_2 = 0$；喷嘴出口速度 u_2 可直接计算或由连续性方程计算

$$u_2 = u_1 \left(\frac{d_1}{d_2}\right)^2 = 1.26 \left(\frac{0.053}{0.013}\right)^2 = 20.94 \text{(m/s)} \quad W_e = 0; \sum h_f = 0$$

将以上各值代入上式

$$\frac{1}{2} \times 1.26^2 + \frac{147 \times 10^3}{1000} = \frac{1}{2} \times 20.94^2 + \frac{p_2}{1000}$$

解得
$$p_2 = -71.45 \text{ kPa（表压）}$$

即喷嘴出口处的真空度为 71.45kPa。

第三节　计算流体阻力

 知识与技能

1. 掌握流体黏度的定义、单位，会判断流体流动类型。
2. 应用范宁公式会计算直管阻力和理解局部阻力的计算方法。
3. 了解影响摩擦系数的因素。

在流体力学中，流体流过管路中所遇到的阻力包括两种：一种是由于流体与器壁相摩擦而产生的阻力，称摩擦阻力；另一种是流体在流动过程中由于方向改变或速度改变以及经过管件而产生的阻力，称局部阻力。本课题主要讨论流体流动阻力的产生、影响因素及其计算。

一、流体黏度

1. 牛顿黏性定律

流体的典型特征是具有流动性，但不同流体的流动性能不同，这主要是因为流体内部质点间作相对运动时存在不同的内摩擦力。这种表明流体流动时产生内摩擦力的特性称为黏性。黏性是流动性的反面，流体的黏性越大，其流动性越小。流体的黏性是流体产生流动阻力的根源。

如图 1-15 所示，设有上、下两块面积很大且相距很近的平行平板，板间充满某种静

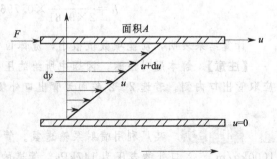

图 1-15　平板间液体速度变化

止液体。若将下板固定，而对上板施加一个恒定的外力，上板就以恒定速度 u 沿 x 方向运动。若 u 较小，则两板间的液体就会分成无数平行的薄层而运动，黏附在上板底面下的一薄层流体以速度 u 随上板运动，其下各层液体的速度依次降低，紧贴在下板表面的一层液体，因黏附在静止的下板上，其速度为零，两平板间流速呈线性变化。对任意相邻两层流体来说，上层速度较大，下层速度较小，前者对后者起带动作用，而后者对前者起拖曳作用，流体层之间的这种相互作用，产生内摩擦，而流体的黏性正是这种内摩擦的表现。

平行平板间的流体，流速分布为直线，而流体在圆管内流动时，速度分布呈抛物线形（见阅读材料）。实验证明，对于一定的流体，内摩擦力 F 与两流体层的速度差 du 成正比，与两层之间的垂直距离 dy 成反比，与两层间的接触面积 A 成正比，即

$$F = \mu A \frac{du}{dy} \tag{1-26}$$

式中　F——内摩擦力，N；

$\dfrac{du}{dy}$——法向速度梯度，即在与流体流动方向相垂直的 y 方向流体速度的变化率，1/s；

μ——比例系数，称为流体的黏度或动力黏度，Pa·s。

一般单位面积上的内摩擦力称为剪应力，以 τ 表示，单位为 Pa，则式(1-26) 变为

$$\tau = \mu \frac{du}{dy} \tag{1-26a}$$

式(1-26)、式(1-26a) 称为牛顿黏性定律，表明流体层间的内摩擦力或剪应力与法向速度梯度成正比。

剪应力与速度梯度的关系符合牛顿黏性定律的流体，称为牛顿型流体，包括所有气体和大多数液体；不符合牛顿黏性定律的流体称为非牛顿型流体，如高分子溶液、胶体溶液及悬浮液等。本模块讨论的均为牛顿型流体。

2. 流体黏度

(1) 黏度物理意义　流体流动时在与流动方向垂直的方向上产生单位速度梯度所需的剪应力，即黏度。黏度是反映流体黏性大小的物理量，也是流体的物性之一，其值由实验测定。液体的黏度，随温度的升高而降低，压力对其影响可忽略不计。气体的黏度，随温度的升高而增大，一般情况下也可忽略压力的影响，但在极高或极低的压力条件下需考虑其影响。常见液体黏度参见附录四。

(2) 黏度单位　在国际单位制下，其单位为 Pa·s。

(3) 运动黏度　流体的黏性还可用黏度 μ 与密度 ρ 的比值表示，称为运动黏度，以符号 ν 表示，即

$$\nu = \frac{\mu}{\rho} \tag{1-27}$$

运动黏度的单位为 m^2/s。显然，运动黏度也是流体的物理性质之一。

二、流体流动型态

1. 两种流型——层流和湍流

图 1-16 为雷诺实验装置示意图。水箱装有溢流装置，以维持水位恒定，箱中有一水平玻璃直管，其出口处有一阀门用以调节流量。水箱上方装有带颜色的小瓶，有色液体经细管注入玻璃管内。

从实验中观察到，当水的流速从小到大时，有色液体变化如图 1-17 所示。实验表明，

流体在管道中流动存在两种截然不同的流型。

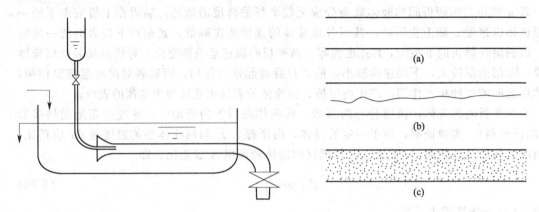

图 1-16　雷诺实验装置　　　　　图 1-17　流体流动型态示意图

（1）层流（或滞流）如图 1-17(a) 所示，流体质点仅沿着与管轴平行的方向作直线运动，质点无径向脉动，质点之间互不混合。

（2）湍流（或紊流）如图 1-17(c) 所示，流体质点除了沿管轴方向向前流动外，还有径向脉动，各质点的速度在大小和方向上都随时变化，质点互相碰撞和混合。

图 1-17(b) 是处于层流和湍流之间状态。

2. 流型判据——雷诺数

流体的流动类型可用雷诺数 Re 判断。

$$Re = \frac{d\rho u}{\mu} \tag{1-28}$$

Re 是一个无量纲的数群。大量的实验结果表明，流体在直管内流动时，当 $Re \leqslant 2000$ 时，流动为层流，此区称为层流区；当 $Re \geqslant 4000$ 时，一般出现湍流，此区称为湍流区；当 $2000 < Re < 4000$ 时，流动可能是层流，也可能是湍流，与外界干扰有关，该区称为不稳定的过渡区。

雷诺数 Re 反映了流体流动中惯性与黏性力的对比关系，标志流体流动的湍动程度。Re 值越大，流体的湍动越剧烈，内摩擦力也越大。

三、流体流动阻力

流动阻力的大小与流体本身的物理性质、流动状况及壁面的形状等因素有关。化工管路系统主要由两部分组成：一部分是直管；另一部分是管件、阀门等。相应流体流动阻力也分为两种：直管阻力和局部阻力。流体流经一定直径的直管时由于内摩擦而产生的阻力称为直管阻力，流体流经管件、阀门等局部地方由于流速大小及方向的改变而引起的阻力称为局部阻力。

1. 流体在直管中的流动阻力

（1）阻力的表现形式　流体在水平等径直管中作定态流动，如图 1-18 所示。在 $1-1'$ 和 $2-2'$ 截面间列柏努利方程

$$z_1 g + \frac{1}{2} u_1^2 + \frac{p_1}{\rho} = z_2 g + \frac{1}{2} u_2^2 + \frac{p_2}{\rho} + \sum h_f$$

因管直径相同：　　　　　　　　$u_1 = u_2$　　$z_1 = z_2$

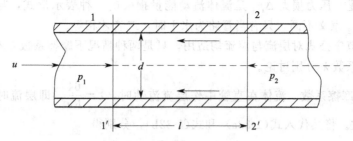

图 1-18 直管阻力计算示意图

所以
$$\sum h_f = \frac{p_1 - p_2}{\rho} \tag{1-29}$$

若管道为倾斜管，则
$$\sum h_f = \left(\frac{p_1}{\rho} + z_1 g\right) - \left(\frac{p_2}{\rho} + z_2 g\right) \tag{1-29a}$$

由此可见，无论是水平安装，还是倾斜安装，流体的流动阻力均表现为静压能的减小，仅当水平安装时，流动阻力恰好等于两截面的静压能之差。

(2) 直管阻力的通式　在图 1-18 中，对 1—1′ 和 2—2′ 截面间流体进行受力分析：

由压力差而产生的推动力为 $(p_1 - p_2)\frac{\pi d^2}{4}$，与流体流动方向相同；

流体的摩擦力为 $F = \tau A = \tau \pi d l$，与流体流动方向相反。

流体在管内作定态流动，在流动方向上所受合力必定为零。

$$(p_1 - p_2)\frac{\pi d^2}{4} = \tau \pi d l$$

整理得
$$p_1 - p_2 = \frac{4l}{d}\tau \tag{1-30}$$

将式 (1-30) 代入式 (1-29) 中得
$$\sum h_f = \frac{4l}{d\rho}\tau \tag{1-31}$$

将式 (1-31) 变形，把能量损失 $\sum h_f$ 表示为动能 $\frac{u^2}{2}$ 的某一倍数。

$$\sum h_f = \frac{8\tau}{\rho u^2}\frac{l}{d}\frac{u^2}{2}$$

令
$$\lambda = \frac{8\tau}{\rho u^2}$$

则
$$\sum h_f = \lambda \frac{l}{d}\frac{u^2}{2} \tag{1-32}$$

式 (1-32) 为流体在直管内流动阻力的通式，称为范宁 (Fanning) 公式。式中 λ 为无量纲系数，称为摩擦系数或摩擦因数，与流体流动的 Re 及管壁状况有关。

根据柏努利方程的其它形式，也可写出相应的范宁公式表示式：

压头损失
$$h_f = \lambda \frac{l}{d}\frac{u^2}{2g} \tag{1-32a}$$

压力损失
$$\Delta p_f = \lambda \frac{l}{d}\frac{\rho u^2}{2} \tag{1-32b}$$

值得注意的是，压力损失 Δp_f 是流体流动能量损失的一种表示形式，与两截面间的压力差 $\Delta p = p_1 - p_2$ 意义不同，只有当管路为水平时，二者才相等。

应当指出，范宁公式对层流与湍流均适用，只是两种情况下摩擦系数 λ 不同。以下对层流与湍流时摩擦系数 λ 分别讨论。

① 层流时的摩擦系数　流体在直管中作层流流动时，$\lambda = \dfrac{64}{Re}$，即层流时摩擦系数 λ 是雷诺数 Re 的函数。将其代入式(1-32a) 和式(1-32b)，分别得

$$h_f = \frac{32\mu lu}{\rho d^2} \tag{1-33a}$$

和

$$\Delta p_f = \frac{32\mu lu}{d^2} \tag{1-33b}$$

式(1-33a) 表明层流时阻力与速度的一次方成正比。其中，式(1-33b) 称为哈根-泊谡叶(Hagen-Poiseuille) 方程，是流体在直管内作层流流动时压力损失的计算式。

② 湍流时摩擦系数　由于湍流过程中质点运动情况复杂，摩擦系数不仅与雷诺数有关，而且还与管壁相对粗糙度（见阅读材料）有关。即湍流时摩擦系数 λ 是 Re 和相对粗糙度 $\dfrac{\varepsilon}{d}$ 的函数，所以 λ 的求取一般采用经验式或工程关系图。图 1-19 即摩擦系数 λ 与雷诺数 Re 及相对粗糙度 $\dfrac{\varepsilon}{d}$ 的关系图。根据 Re 不同，该关系图分为四个区域。

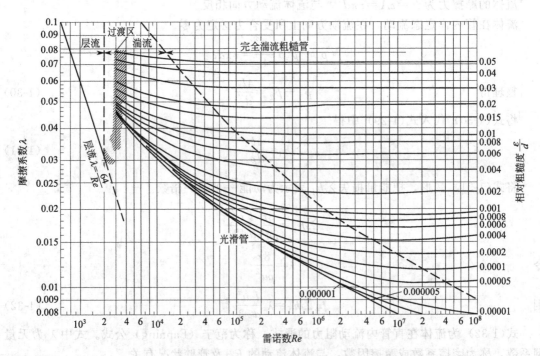

图 1-19　摩擦系数 λ 与雷诺数 Re 及相对粗糙度 ε/d 的关系

a. 层流区 ($Re \leqslant 2000$)，λ 与 $\dfrac{\varepsilon}{d}$ 无关，与 Re 为直线关系，即 $\lambda = \dfrac{64}{Re}$，此时 $\sum h_f \propto u$，即 $\sum h_f$ 与 u 的一次方成正比。

b. 过渡区 ($2000 < Re < 4000$)，在此区域内层流或湍流的 λ-Re 曲线均可应用，对于阻

力计算，宁可估计大一些，一般将湍流时的曲线延伸，以查取 λ 值。

c. 湍流区（$Re \geqslant 4000$ 以及虚线以下的区域），此时 λ 与 Re、$\frac{\varepsilon}{d}$ 都有关，当 $\frac{\varepsilon}{d}$ 一定时，λ 随 Re 的增大而减小，Re 增大至某一数值后，λ 下降缓慢；当 Re 一定时，λ 随 $\frac{\varepsilon}{d}$ 的增加而增大。

d. 完全湍流区（虚线以上的区域），此区域内各曲线都趋近于水平线，即 λ 与 Re 无关，只与 ε/d 有关。对于特定管路 $\frac{\varepsilon}{d}$ 一定，λ 为常数，根据直管阻力通式可知，$\sum h_f \propto u^2$，所以此区域又称为阻力平方区。从图中也可以看出，相对粗糙度 $\frac{\varepsilon}{d}$ 越大，达到阻力平方区的 Re 值越低。

2. 局部阻力

局部阻力有阻力系数法和当量长度法两种计算方法。

（1）阻力系数法　克服局部阻力所消耗的机械能，可以表示为动能的某一倍数，即

$$h'_f = \zeta \frac{u^2}{2} \tag{1-34}$$

式中，ζ 称为局部阻力系数，一般由实验测定。

常用管件及阀门的局部阻力系数见表 1-1。注意表中当管截面突然扩大和突然缩小时的速度 u 均以小管中的速度计。

当流体自容器进入管内，$\zeta_{进口} = 0.5$，称为进口阻力系数；当流体自管子进入容器或从管子排放到管外空间，$\zeta_{出口} = 1$，称为出口阻力系数。

当流体从管子直接排放到管外空间时，管出口内侧截面上的压强可取为与管外空间相同，出口截面上的动能及出口阻力应与截面选取相匹配。若截面取管出口内侧，则表示流体并未离开管路，此时截面上仍有动能，系统的总能量损失不包含出口阻力；若截面取管出口外侧，则表示流体已经离开管路，此时截面上动能为零，而系统的总能量损失中应包含出口阻力。由于出口阻力系数 $\zeta_{出口} = 1$，两种选取截面方法计算结果相同。

表 1-1　常见管件及阀门的局部阻力系数

名称	局部阻力系数	名称	局部阻力系数
弯头，45°	0.35	弯头，90°	0.75
三通	1	管接头	0.04
活接头	0.04	全开闸阀	0.17
半开闸阀	4.5	全开标准阀	6.0
半开标准阀	9.5	全开角阀	2.0
球式止逆阀	70.0	全开旋转式止回阀	1.7
盘式水表	7.0	回弯头	1.5

（2）当量长度法　将流体流过管件或阀门的局部阻力，折合成直径相同、长度为 l_e 的直管所产生的阻力，即

$$h'_f = \lambda \frac{l_e}{d} \frac{u^2}{2} \tag{1-35}$$

式中，l_e 称为管件或阀门的当量长度。

同样，管件与阀门的当量长度也是由实验测定的，也可通过管件与阀门的当量长度共线图查得，见附录。

3. 流体在管路中的总阻力

化工管路系统由直管和管件、阀门等构成，因此流体流经管路的总阻力应是直管阻力和所有局部阻力之和。计算局部阻力时，可用局部阻力系数法，亦可用当量长度法。对同一管件，可用任一种计算，但不能用两种方法重复计算。

当管路直径相同时，总阻力为：

$$h'_f = \left(\lambda \frac{l}{d} + \Sigma \zeta\right)\frac{u^2}{2} \tag{1-36}$$

或

$$h'_f = \lambda \frac{l+\Sigma l_e}{d}\frac{u^2}{2} \tag{1-36a}$$

式(1-36)、式(1-36a) 中 $\Sigma \zeta$、Σl_e 分别为管路中所有局部阻力系数和当量长度之和。若管路由若干直径不同的管段组成时，各段应分别计算后再加和。

例 1-7 分别计算下列情况下，流体流过 $\phi 76 \text{mm} \times 3 \text{mm}$、长 10m 的水平钢管的能量损失、压头损失及压力损失。

(1) 密度为 910kg/m^3、黏度为 72cP（$1 \text{cP}=10^{-3} \text{Pa·s}$）的油品，流速为 1.1m/s；
(2) 20℃的水，流速为 2.2m/s。

解：(1) 油品：

$$Re = \frac{d\rho u}{\mu} = \frac{0.07 \times 910 \times 1.1}{72 \times 10^{-3}} = 973 < 2000$$

流动为层流，所以摩擦系数计算如下。

$$\lambda = \frac{64}{Re} = \frac{64}{973} = 0.0658$$

所以能量损失 $\quad \Sigma h_f = \lambda \frac{l}{d}\frac{u^2}{2} = 0.0658 \times \frac{10}{0.07} \times \frac{1.1^2}{2} = 5.69 (\text{J/kg})$

压头损失 $\quad h_f = \frac{\Sigma h_f}{g} = \frac{5.69}{9.81} = 0.58 (\text{m})$

压力损失 $\quad \Delta p_f = \rho h_f = 910 \times 5.69 = 5178 (\text{Pa})$

(2) 20℃水的物性：$\rho = 998.2 \text{kg/m}^3$，$\mu = 1.005 \times 10^{-3} \text{Pa·s}$

$$Re = \frac{d\rho u}{\mu} = \frac{0.07 \times 998.2 \times 2.2}{1.005 \times 10^{-3}} = 1.53 \times 10^5$$

所以流动为湍流。

求摩擦系数尚需知道相对粗糙度 $\frac{\varepsilon}{d}$，取钢管的绝对粗糙度 ε 为 0.2mm，则

$$\frac{\varepsilon}{d} = \frac{0.2}{70} = 0.00286$$

根据 $Re = 1.53 \times 10^5$ 及 $\frac{\varepsilon}{d} = 0.00286$ 查图 1-19，得 $\lambda = 0.027$

所以能量损失 $\quad \Sigma h_f = \lambda \frac{l}{d}\frac{u^2}{2} = 0.027 \times \frac{10}{0.07} \times \frac{2.2^2}{2} = 9.33 (\text{J/kg})$

压头损失 $\quad h_f = \frac{\Sigma h_f}{g} = \frac{9.33}{9.81} = 0.95 (\text{m})$

压力损失 $\quad \Delta p_f = \rho h_f = 998.2 \times 9.33 = 9313 (\text{Pa})$

 技能训练

判断水流类型

观察圆管内流体流动状态，通过测定雷诺数来判断圆管流体流动类型。

测定流体阻力

1. 实训目的
(1) 学习直管摩擦阻力 ΔP_f、直管摩擦系数 λ 的测定方法。
(2) 掌握直管摩擦阻力系数 λ 与雷诺数 Re 和相对粗糙度之间的关系及其它变化规律。
(3) 掌握局部阻力的测量方法。
2. 实训内容
(1) 测定管路内流体流动的阻力和直管摩擦系数 λ。
(2) 测定管路内流体流动的直管摩擦系数 λ 与雷诺数 Re 和相对粗糙度之间的关系曲线。
(3) 在压差测量范围内，测量阀门的局部阻力系数。
3. 实训装置及参数设置
(1) 实训装置如图 1-20 所示。

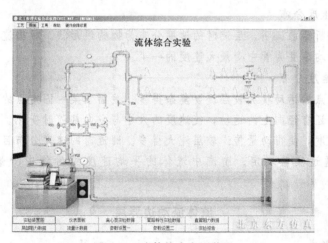

图 1-20 流体综合实训装置

(2) 部分实训参数设置如图 1-21 所示。

图 1-21 参数设置

4. 实训操作

详见仿真软件操作指导。

流体在圆管内的速度分布

流体在圆管内的速度分布是指流体流动时管截面上质点的速度随半径的变化关系。无论是层流或是湍流，管壁处质点速度均为零，越靠近管中心流速越大，到管中心处速度为最大。但两种流型的速度分布却不相同，如图1-22所示。

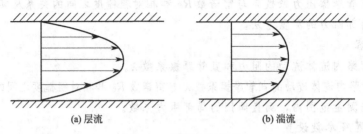

图1-22 圆管速度分布

1. 层流时的速度分布

实验和理论分析都已证明，层流时的速度分布为抛物线形状。根据流量相等的原则，确定出管截面上的平均速度为管中心最大速度的一半。

2. 湍流时的速度分布

湍流时流体质点的运动状况较层流要复杂得多，截面上某一固定点的流体质点在沿管轴向前运动的同时，还有径向上的运动，使速度的大小与方向都随时变化。湍流的基本特征是出现了径向脉动速度，使得动量传递较层流大得多。湍流时的速度分布目前尚不能利用理论推导获得，而是通过实验测定。湍流中流体的平均速度约为管中心最大速度的0.8～0.85倍。

流体流动边界层

1. 边界层的形成

当一个流速均匀的流体与一个固体壁面相接触时，由于壁面对流体的阻碍，与壁面相接触的流体速度降为零。由于流体的黏性作用，紧连着这层流体的另一流体层速度也有所下降。随着流体的向前流动，流速受影响的区域逐渐扩大，即在垂直于流体流动方向上产生了速度梯度。流速降为主体流速的99%以内的区域称为边界层，边界层外缘与垂直壁面间的距离称为边界层厚度。

2. 流体在平板上流动时的边界层

如图1-23所示，由于边界层的形成，把沿壁面的流动分为两个区域：边界层区和主流区。

边界层区（边界层内）：沿板面法向的速度梯度很大，需考虑黏度的影响，剪应力不可忽略。

主流区（边界层外）：速度梯度很小，剪应力可以忽略，可视为理想流体。

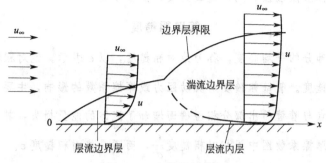

图 1-23 边界层的形成

边界层流型也分为层流边界层与湍流边界层。在平板的前段,边界层内的流型为层流,称为层流边界层。离平板前沿一段距离后,边界层内的流型转为湍流,称为湍流边界层。

3. 流体在圆管内流动时的边界层

如图 1-24 所示。流体进入圆管后在入口处形成边界层,随着流体向前流动,边界层厚度逐渐增加,直至一段距离(进口段)后,边界层在管中心汇合,占据整个管截面,其厚度不变,等于圆管的半径,管内各截面速度分布曲线形状也保持不变,此为完全发展了的流动。由此可知,对于管流来说,只在进口段内才有边界层内外之分。在边界层汇合处,若边界层内流动是层流,则以后的管内流动为层流;若在汇合之前边界层内的流动已经发展成湍流,则以后的管内流动为湍流。

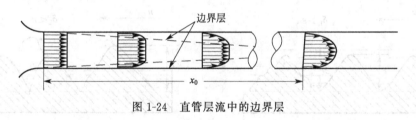

图 1-24 直管层流中的边界层

进口段长度如下:层流,$\dfrac{x_0}{d}=0.05Re$;湍流,$\dfrac{x_0}{d}=40\sim50$。

当管内流体处于湍流流动时,由于流体具有黏性和壁面的约束作用,紧靠壁面处仍有一薄层流体作层流流动,称其为层流内层(或层流底层),如图 1-25 所示。在层流内层与湍流主体之间还存在一过渡层,也即当流体在圆管内作湍流流动时,从壁面到管中心分为层流内层、过渡层和湍流主体三个区域。层流内层的厚度与流体的湍动程度有关,流体的湍动程度越高,即 Re

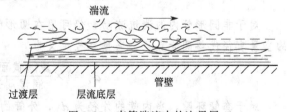

图 1-25 直管湍流中的边界层

越大,层流内层越薄。在湍流主体中,径向的传递过程因速度的脉动而大大强化,而在层流内层中,径向的传递依靠分子运动,因此层流内层成为传递过程主要阻力。层流内层虽然很薄,但却对传热和传质过程都有较大的影响。

4. 边界层的分离

流体流过平板或在圆管内流动时,流动边界层是紧贴在壁面上。如果流体流过曲面,如球体或圆柱体,则边界层的情况有显著不同,即存在流体边界层与固体表面的脱离,并在脱离处产生漩涡，流体质点碰撞加剧，造成大量的能量损失。

管壁粗糙度

管道壁面凸出部分的平均高度，称为绝对粗糙度，以 ε 表示。绝对粗糙度与管径的比值即 $\dfrac{\varepsilon}{d}$，称为相对粗糙度。管壁粗糙度对流动阻力或摩擦系数的影响，主要是由于流体在管道中流动时，流体质点与管壁凸出部分相碰撞而增加了流体的能量损失，其影响程度与管径的大小有关，因此在摩擦系数图中用相对粗糙度 $\dfrac{\varepsilon}{d}$，而不是绝对粗糙度 ε。

流体作层流流动时，流体层平行于管轴流动，层流层掩盖了管壁的粗糙面，同时流体的流动速度也比较缓慢，对管壁凸出部分没有什么碰撞作用，所以层流时的流动阻力或摩擦系数与管壁粗糙度无关，只与 Re 有关。

流体作湍流流动时，靠近壁面处总是存在着层流内层。如果层流内层的厚度 δ_L 大于管壁的绝对粗糙度 ε，即 $\delta_L > \varepsilon$ 时，如图 1-26(a) 所示，此时管壁粗糙度对流动阻力的影响与层流时相近，此为水力光滑管。随 Re 的增加，层流内层的厚度逐渐减薄，当 $\delta_L < \varepsilon$ 时，如图 1-26(b) 所示，壁面凸出部分伸入湍流主体区，与流体质点发生碰撞，使流动阻力增加。当 Re 大到一定程度时，层流内层可薄的足以使壁面凸出部分都伸到湍流主体中，质点碰撞加剧，致使黏性力不再起作用，而包括黏度 μ 在内的 Re 不再影响摩擦系数的大小，流动进入了完全湍流区，此为完全湍流粗糙管。

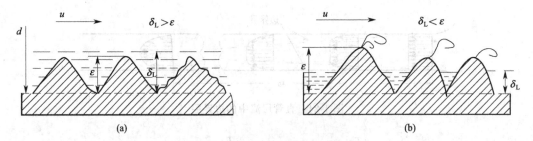

图 1-26 流体流过管壁面的情况

流体在非圆形管道的流动阻力

对于非圆形管内的湍流流动，仍可用在圆形管内流动阻力的计算式，但需用非圆形管道的当量直径代替圆管直径。当量直径定义为

$$d_e = 4 \times \frac{\text{流通截面积}}{\text{润湿周边}} = 4 \times \frac{A}{c} \tag{1-37}$$

对于套管环隙，当内管的外径为 d_1，外管的内径为 d_2 时，其当量直径为

$$d_e = 4 \times \frac{\frac{\pi}{4}(d_2^2 - d_1^2)}{\pi d_2 + \pi d_1} = d_2 - d_1$$

对于边长分别为 a、b 的矩形管，其当量直径为

$$d_e = 4 \times \frac{ab}{2(a+b)} = \frac{2ab}{a+b}$$

在层流情况下，当采用当量直径计算阻力时，摩擦系数应改写为

$$\lambda = \frac{C}{Re} \tag{1-38}$$

式中，C 为无量纲常数。

【注意】 当量直径只用于非圆形管道流动阻力的计算，而不能用于流通面积及流速的计算。

第四节　实际生产中的管路计算

知识与技能

1. 掌握简单管路及复杂管路的特点。
2. 学会实际生产中的管路计算。

管路由管件与附件（管接头、弯头等）组成，管内的流体能量损失有两种，即沿程损失和局部损失。局部损失与沿程损失相比较可以忽略不计时，称长管，否则称短管。如供水和输油管路为长管，液压技术中的管路为短管。对于长管，主要计算沿程损失；对于短管既要考虑沿程损失，又要考虑局部损失，长管多属于紊流，而短管多属于层流。本课题将结合实际问题进行简单的管路能量计算。

一、简单管路

1. 管路

根据管路的构成方式，管路可分为简单（串联）管路和并联管路。简单管路是指流体从入口到出口是在一条管路中流动，无分支或汇合的情形。整个管路直径可以相同，也可由内径不同的管子串联组成，如图 1-27 所示。

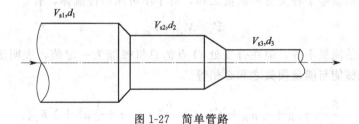

图 1-27　简单管路

2. 简单管路特点

简单管路具有如下特点：

(1) 流体通过各管段的质量流量不变，对于不可压缩流体，则体积流量也不变，即

$$V_{s1} = V_{s2} = V_{s3} \tag{1-39}$$

(2) 整个管路的总能量损失等于各段能量损失之和，即

$$\sum h_f = h_{f1} + h_{f2} + h_{f3} \tag{1-40}$$

3. 试差法计算管路流速

管路计算主要涉及流体连续性方程、柏努利方程及能量损失计算等。由于摩擦系数的求解依赖于雷诺数，而雷诺数又依赖于流速，所以采用试差法来进行计算。

(1) 根据柏努利方程列出试差等式。

(2) 试差具体步骤　先假设 λ，由试差方程求出 d，然后计算 u、Re 和 $\dfrac{\varepsilon}{d}$，由图 1-19 查得 λ，若与原假设相符，则计算正确；若不符，则需重新假设 λ，直至查得的 λ 值与假设值相符为止。

若已知流动处于阻力平方区或层流区，则无须试差，可直接由解析法求解。

二、复杂管路

1. 并联管路

并联管路是指在主管某处分成几支，然后又汇合到一根主管，如图 1-28 所示，其特点为：

(1) 主管中的流量为并联的各支路流量之和，对于不可压缩性流体，则有

$$V_s = V_{s1} + V_{s2} + V_{s3} \tag{1-41}$$

(2) 并联管路中各支路的能量损失均相等，即

$$\sum h_{f1} = \sum h_{f2} = \sum h_{f3} = \sum h_{fAB} \tag{1-42}$$

图 1-28 中，A—A′～B—B′两截面之间的机械能差，是由流体在各个支路中克服阻力造成的，因此，对于并联管路而言，单位质量的流体无论通过哪一根支路能量损失都相

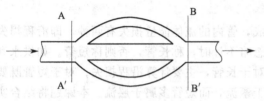

图 1-28　并联管路

等。所以，计算并联管路阻力时，可任选任一支路计算，而绝不能将各支管阻力加和在一起作为并联管路的阻力。并联管路中支管越长、管径越小、阻力系数越大，流量越小；反之，流量越大。

2. 分支管路与汇合管路

分支管路是指流体由一根总管分流为几根支管的情况，如图 1-29 所示。其特点为：
(1) 总管内流量等于各支管内流量之和，对于不可压缩性流体，有

$$V_s = V_{s1} + V_{s2} \tag{1-43}$$

虽然各支路的流量不等，但在分支处 O 点的总机械能为一定值，表明流体在各支管流动终了时的总机械能与能量损失之和必相等。

$$\frac{p_B}{\rho} + z_B g + \frac{1}{2} u_B^2 + \sum h_{fOB} = \frac{p_C}{\rho} + z_C g + \frac{1}{2} u_C^2 + \sum h_{fOC} \tag{1-44}$$

(2) 汇合管路是指几根支路汇总于一根总管的情况，如图 1-30 所示，其特点与分支管路类似。

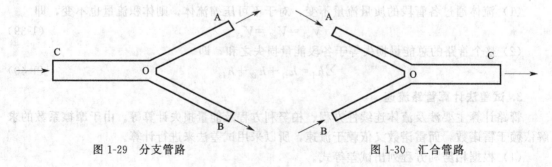

图 1-29　分支管路　　　　　　　　　　　　图 1-30　汇合管路

例 1-8 在某工厂实际生产中，常温水在一根水平钢管中流过，管长为 80m，要求输水量为 $40\text{m}^3/\text{h}$，管路系统允许的压头损失为 4m，取水的密度为 1000kg/m^3，黏度为 $1\times10^{-3}\text{Pa}\cdot\text{s}$。设钢管的绝对粗糙度为 0.2mm。

试确定该工厂合适的管子。

解：水在管中的流速

$$u=\frac{V_s}{\frac{\pi}{4}d^2}=\frac{40/3600}{0.785d^2}=\frac{0.01415}{d^2}$$

代入范宁公式

$$h_f=\lambda\frac{l}{d}\frac{u^2}{2g}$$

$$4=\lambda\frac{80}{d}\frac{1}{2\times9.81}\left(\frac{0.01415}{d}\right)^2$$

整理得

$$d^5=2.041\times10^{-4}\lambda$$

即为试差方程。

由于 $d(u)$ 的变化范围较宽，而 λ 的变化范围小，试差时宜于先假设 λ 进行计算。具体步骤：先假设 λ，由试差方程求出 d，然后计算 u、Re 和 $\frac{\varepsilon}{d}$，由图 1-19 查得 λ，若与原假设相符，则计算正确；若不符，则需重新假设 λ，直至查得的 λ 值与假设值相符为止。

实践表明，湍流时 λ 值多在 0.02～0.03，可先假设 $\lambda=0.023$，由试差方程解得

$$d=0.086\text{m}$$

校核 λ

$$u=\frac{0.01415}{d^2}=\frac{0.01415}{0.086^2}=1.91(\text{m/s})$$

$$Re=\frac{d\rho u}{\mu}=\frac{0.086\times1000\times1.91}{1\times10^{-3}}=1.64\times10^5$$

$$\frac{\varepsilon}{d}=\frac{0.2\times10^{-3}}{0.086}=0.0023$$

查图 1-19，得 $\lambda=0.025$，与原假设不符，以此 λ 值重新试算，得

$$d=0.0874\text{m},\quad u=1.85\text{m/s},\quad Re=1.62\times10^5$$

查得 $\lambda=0.025$，与假设相符，试差结束。

由管内径 $d=0.0874\text{m}$，查相关手册可选用 $\phi114\text{mm}\times4\text{mm}$ 的低压流体输送用焊接钢管，其内径为 106mm，比所需略大，则实际流速会更小，压头损失不会超过 4m，可满足要求。

应予指出，试差法不但可用于管路计算，而且在以后的一些单元操作计算中也经常会用到。由上例可知，当一些方程关系较复杂，或某些变量间关系不是以方程的形式而是以曲线的形式给出时，需借助试差法求解。但在试差之前，应对要解决的问题进行分析，确定一些变量的可变范围，以减少试差的次数。

例 1-9 从自来水总管接一管段 AB 向实验楼供水，在 B 处分成两路分别通向一楼和二楼。两支路各安装一球形阀，出口分别为 C 和 D。如附图所示，已知管段 AB、BC 和 BD 的长度分别为 100m、10m 和 20m（仅包括管件的当量长度），管内径皆为 30mm。假定总管在 A 处的表压为 0.343MPa，不考虑分支点 B 处的动能交换和能量损失，且可认为各管段内的流动均进入阻力平方区，摩擦系数皆为 0.03。

试求：(1) D阀关闭，C阀全开（$\xi=6.4$）时，BC管的流量为多少？
(2) D阀全开，C阀关小至流量减半时，BD管的流量为多少？总管流量又为多少？

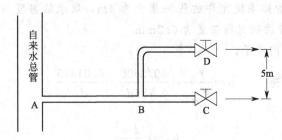

例 1-9 附图

解：(1) 在 A~C 截面（出口内侧）列柏努利方程

$$gz_A + \frac{p_A}{\rho} + \frac{u_A^2}{2} = gz_C + \frac{p_C}{\rho} + \frac{u_C^2}{2} + \sum h_{f,A\sim C}$$

其中 $z_A = z_C$ $u_A \approx 0$ $p_C = 0$（表）

$$\sum h_{f,A\sim C} = \left(\lambda \frac{l_{AB}+l_{BC}}{d} + \xi_{入口} + \xi_{阀}\right)\frac{u_C^2}{2}$$

$$\frac{p_A}{\rho} = \left(\lambda \frac{l_{AB}+l_{BC}}{d} + \xi_{入口} + \xi_{阀} + 1\right)\frac{u_C^2}{2}$$

$$u_C = \sqrt{\frac{3.43\times 10^5 \times 2}{1000} \bigg/ \left(0.03\frac{100+10}{0.03}+0.5+6.4+1\right)} = 2.41 \text{(m/s)}$$

$$V_C = u_C \frac{\pi}{4}d^2 = 2.41 \frac{0.03^2 \pi}{4} = 1.71\times 10^{-3} \text{(m}^3\text{/s)}$$

(2) D阀全开，C阀关小至流量减半时：
在 A~D 截面（出口内侧）列柏努利方程（不计分支点 B 处能量损失）

$$gz_A + \frac{p_A}{\rho} + \frac{u_A^2}{2} = gz_D + \frac{p_D}{\rho} + \frac{u_D^2}{2} + \sum h_{f,A\sim D}$$

其中 $z_A = 0$，$z_D = 5\text{m}$ $u_A \approx 0$ $p_D = 0$（表）

$$\sum h_{f,A\sim D} = \left(\lambda \frac{l_{AB}}{d} + \xi_{入口}\right)\frac{u^2}{2} + \left(\lambda \frac{l_{BD}}{d} + \xi_{阀}\right)\frac{u_D^2}{2}$$

$$\frac{p_A}{\rho} = 5g + \left(\lambda \frac{l_{AB}}{d} + \xi_{入口}\right)\frac{u^2}{2} + \left(\lambda \frac{l_{BD}}{d} + \xi_{阀} + 1\right)\frac{u_D^2}{2}$$

$$u_D = V_D \bigg/ \left(\frac{\pi}{4}d^2\right) = 4V_D/(0.03^2 \pi) = 1414.7 V_D$$

$$u = \frac{\frac{V_C}{2}+V_D}{\frac{\pi}{4}d^2} = \frac{0.85\times 10^{-3}+V_D}{\frac{\pi}{4}\times 0.03^2} = 1414.7 V_D + 1.20$$

$$\frac{3.43\times 10^5}{1000} = 5\times 9.81 + \left(0.03\frac{100}{0.03}+0.5\right)\frac{(1414.7 V_D+1.20)^2}{2} +$$

$$\left(0.03\frac{20}{0.03}+6.4+1\right)\frac{(1414.7 V_D)^2}{2}$$

化简得 $1.28\times10^8 V_D^2 + 1.7\times10^5 V_D - 221.59 = 0$

解得 $V_D = 8.10\times10^{-4}\,\mathrm{m^3/s}$

总管流量 $V = V_C + V_D = 8.5\times10^{-4} + 8.1\times10^{-4} = 1.66\times10^{-3}\,(\mathrm{m^3/s})$

技能训练

流量计的使用

1. 实训目的

(1) 了解几种常用流量计的构造、工作原理和主要特点。

(2) 掌握流量计的标定方法。

2. 实训内容

(1) 了解常用流量计的构造及工作原理。

(2) 测定节流式流量计的流量标定曲线。

3. 实验装置

实训装置如图 1-20 所示。

4. 实训操作

详见仿真软件操作指导。

阅读材料

常见的几种流量计

1. 测速管

测速管又称皮托（Pitot）管，如图 1-31 所示，是由两根弯成直角的同心套管组成，内管管口正对着管道中流体流动方向，外管的管口是封闭的，在外管前端壁面四周开有若干测压小孔。为了减小误差，测速管的前端经常做成半球形以减少涡流。测速管的内管与外管分别与 U 形压差计相连。

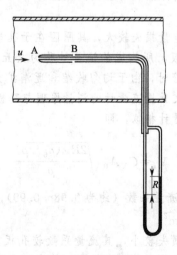

图 1-31 测速管

2. 孔板流量计

孔板流量计属于差压式流量计,是利用流体流经节流元件产生的压力差来实现流量测量的。孔板流量计的节流元件为孔板,即中央开有圆孔的金属板,其结构如图1-32所示。将孔板垂直安装在管道中,以一定取压方式测取孔板前后两端的压差,并与压差计相连,即构成孔板流量计。

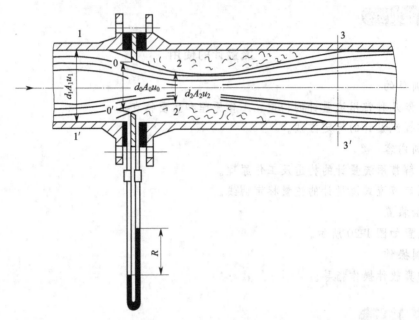

图1-32 孔板流量计

在图1-32中,流体在管道截面1—1'前,以一定的流速 u_1 流动,因后面有节流元件,当到达截面1—1'后流束开始收缩,流速即增加。由于惯性的作用,流束的最小截面并不在孔口处,而是经过孔板后仍继续收缩,到截面2—2'达到最小,流速 u_2 达到最大。流束截面最小处称为缩脉。随后流束又逐渐扩大,直至截面3—3'处,又恢复到原有管截面,流速也降低到原来的数值。流体在缩脉处,流速最高,即动能最大,而相应压力就最低,因此当流体以一定流量流经小孔时,在孔前后就产生一定的压力差 $\Delta p = p_1 - p_2$。流量愈大,Δp 也就愈大,所以利用测量压差的方法就可以测量流量。

3. 文丘里流量计

孔板流量计的主要缺点是能量损失较大,其原因在于孔板前后的突然缩小与突然扩大。若用一段渐缩、渐扩管代替孔板,所构成的流量计称为文丘里流量计或文氏流量计,如图1-33所示。当流体经过文丘里管时,由于均匀收缩和逐渐扩大,流速变化平缓,涡流较少,故能量损失比孔板大大减小。文丘里流量计的测量原理与孔板流量计相同,也属于差压式流量计。其流量公式也与孔板流量计相似,即

$$V_s = C_V A_0 \sqrt{\frac{2Rg(\rho_0 - \rho)}{\rho}} \tag{1-45}$$

式中 C_V——文丘里流量计的流量系数(约为0.98~0.99);
A_0——喉管处截面积,m^2。

由于文丘里流量计的能量损失较小,其流量系数较孔板大,因此相同压差计读数 R 时流量比孔板大。文丘里流量计的缺点是加工较难、精度要求高,因而造价高,安装时需占去

一定管长位置。

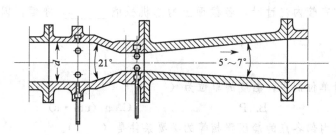

图1-33 文丘里流量计

4. 转子流量计

转子流量计的结构如图1-34所示,是由一段上粗下细的锥形玻璃管(锥角约在4°左右)和管内一个密度大于被测流体的固体转子(或称浮子)所构成。流体自玻璃管底部流入,经过转子和管壁之间的环隙,再从顶部流出。

管中无流体通过时,转子沉在管底部。当被测流体以一定的流量流经转子与管壁之间的环隙时,由于流道截面减小,流速增大,压力随之降低,于是在转子上、下端面形成一个压差,将转子托起,使转子上浮。随转子的上浮,环隙面积逐渐增大,流速减小,压力增加,从而使转子两端的压差降低。当转子上浮至某一定高度时,转子两端面压差造成的升力恰好等于转子的重力时,转子不再上升,而悬浮在该高度。转子流量计玻璃管外表面上刻有流量值,根据转子平衡时其上端平面所处的位置,即可读取相应的流量。

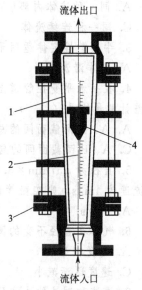

图1-34 转子流量计
1—锥形硬玻璃管;2—刻度;
3—突缘填函盖板;4—转子

巩固练习

一、填空题

1. 当地大气压强为 101.33×10^3 Pa,某设备真空表读数为200mmHg,则它的绝对压强为_____ mmHg。

2. 在静止的同一种连续流体的内部,各截面上_____与_____之和为常数。

3. 法定单位制中黏度的单位为_____,CGS制中黏度的单位为_____,它们之间的关系是_____。

4. 牛顿黏性定律表达式为_____,它适用于_____流体呈_____流动时。

5. 开口U形管压差计是基于_____原理的测压装置,它可以测量管流中_____上的_____或_____。

6. 流体在圆形直管内作滞流流动时的速度分布是_____形曲线,中心最大速度为平均速度的_____倍。摩擦系数与_____无关,只随_____加大而_____。

7. 流体在管内作湍流流动时,在管壁处速度为_____。邻近管壁处存在

_____层，Re 值越大，则该层厚度越_____。

8. 实际流体在直管内流过时，各截面上的总机械能_____守恒，因实际流体流动时有_____。

二、选择题

1. 在法定计量单位制中，黏度的单位为（   ）。
   A. cP   B. P   C. g/(cm·s)   D. Pa·s

2. 在静止流体内部各点的静压强相等的必要条件是（   ）。
   A. 同一种流体内部   B. 连通着的两种流体
   C. 同一种连续流体   D. 同一水平面上，同一种连续的流体

3. 牛顿黏性定律适用于牛顿型流体，且流体（   ）。
   A. 应作滞流流动   B. 应作湍流流动   C. 应作过渡流流动   D. 静止的

4. 在一水平变径管道上，细管截面 A 及粗管截面 B 与 U 管压差计相连，当流体流过时压差计测量的是（   ）。
   A. A、B 两截面间的总能量损失   B. A、B 两截面间的动能差
   C. A、B 两截面间的局部阻力   D. A、B 两截面间的压强差

5. 直径为 $\phi57mm \times 3.5mm$ 的细管逐渐扩到 $\phi108mm \times 4mm$ 的粗管，若流体在细管内的流速为 4m/s，则在粗管内的流速为（   ）。
   A. 2m/s   B. 1m/s   C. 0.5m/s   D. 0.25m/s

6. 气体在直径不变的圆形管道内作等温定态流动时，则各截面上的（   ）。
   A. 速度相等   B. 体积流量相等
   C. 速度逐渐减小   D. 质量流速相等

7. 滞流和湍流的本质区别是（   ）。
   A. 湍流的流速大于滞流的   B. 湍流的 Re 值大于滞流的
   C. 滞流无径向脉动，湍流有径向脉动   D. 湍流时边界层较薄

三、判断题

1. 当流体的温度升高时，流体的雷诺数一定增大。（   ）
2. 流体在直管内流动造成的阻力损失的根本原因是流体具有黏性。（   ）
3. 圆形直管内，V_s 一定，设计时若将 d 增加一倍，则层流时 h_f 是原值的 1/8 倍（忽略管壁相对粗糙度的影响）。（   ）
4. 液体的黏度随温度升高而减小，气体的黏度则随温度升高而增大。（   ）
5. 转子流量计的刻度与被测流体的密度无关。（   ）
6. 某水平直管中，输水时流量为 V_s，如果改为输 $2V_s$ 的有机物，且 $\mu = 2\mu_{水}$，$\rho = 0.5\rho_{水}$，则在两种输液下，流体均处于高度湍流状态，则阻力损失为水的 4 倍，管路两端压差为水的 2 倍。（   ）
7. 流体作滞流流动时，摩擦系数和管壁粗糙度与雷诺数有关。（   ）

四、问答题

1. 一定量的流体在圆形直管内作层流流动，若将其管径增加一倍，问能量损失变为原来的多少倍？
2. 流体的流动形态有哪几种？如何判断？

3. 何谓层流内层？其厚度受哪些因素影响？

五、计算题

1. 燃烧重油所得的燃烧气，经分析知其中含 CO_2 8.5%，O_2 7.5%，N_2 76%，H_2O 8%（体积分数），试求此混合气体在温度 500℃、压力 101.3kPa 时的密度。

2. 用压缩空气将密闭容器（酸蛋）中的硫酸压送至敞口高位槽，如附图所示。输送量为 $0.1m^3/min$，输送管路为 $\phi38mm \times 3mm$ 的无缝钢管。酸蛋中的液面离压出管口的位差为 10m，且在压送过程中不变。设管路的总压头损失为 3.5m（不包括出口），硫酸的密度为 $1830kg/m^3$，问酸蛋中应保持多大的压力？

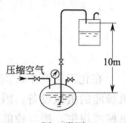

题2附图

3. 用泵将 20℃水从水池送至高位槽，槽内水面高出池内液面 30m。输送量为 $30m^3/h$，此时管路的全部能量损失为 40J/kg。设泵的效率为 70%，试求泵所需的功率。

4. 如附图所示，用泵将储槽中的某油品以 $40m^3/h$ 的流量输送至高位槽。两槽的液位恒定，且相差 20m，输送管内径为 100mm，管子总长为 45m（包括所有局部阻力的当量长度）。已知油品的密度为 $890kg/m^3$，黏度为 $0.487Pa \cdot s$，试计算泵所需的有效功率。

5. 如附图所示，密度为 $800kg/m^3$、黏度为 $1.5mPa \cdot s$ 的液体，由敞口高位槽经 $\phi114mm \times 4mm$ 的钢管流入一密闭容器中，其压力为 0.16MPa（表压），两槽的液位恒定。液体在管内的流速为 1.5m/s，管路中闸阀为半开，管壁的相对粗糙度 $\dfrac{\varepsilon}{d}=0.002$，试计算两槽液面的垂直距离 Δz。

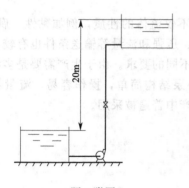

题4附图

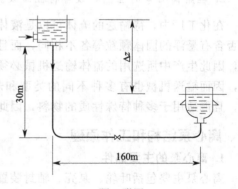

题5附图

第二章 流体输送机械

在化工生产中,流体输送是最常见的不可缺少的单元操作。流体输送机械是指为流体提供机械能的机械设备,因此流体通过流体输送机械后即可获得能量,用于克服液体输送沿程中的机械能损失,提高位能以及提高流体压强(或减压)等。通常,将输送液体的机械称为泵;将输送气体的机械按其所产生压强的高低分别称为通风机、鼓风机、压缩机和真空泵。本章主要结合流体流动知识介绍离心泵的结构原理性能参数以及使用过程中应注意的问题。

第一节 认识离心泵

1. 了解离心泵的主要部件,理解其工作原理。
2. 理解离心泵的性能参数与特性曲线。

在化工厂中,待输送的流体可以是液体或气体。不仅流体的性质,例如黏性、腐蚀性、是否含有悬浮的固体颗粒等各不相同,而且诸如温度、压强和流量等输送条件也有较大的差别,因此生产中所选用的流体输送机械必须要能满足不同的要求。由于生产需要是多种多样的,因而输送机械也有多种不同的类型和规格。离心泵结构简单,操作容易,流量易于调节,且能适用于多种特殊性质的物料,因此在工业生产中普遍被采用。

一、离心泵结构和工作原理

1. 离心泵的主要部件

离心泵主要包括叶轮、泵壳、轴封装置等部分。

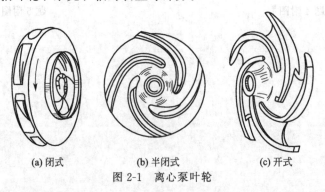

(a) 闭式　　(b) 半闭式　　(c) 开式

图 2-1　离心泵叶轮

(1) 叶轮　叶轮是离心泵的核心部件,大部分叶轮由 6~12 片的叶片组成。它通常被固定在泵轴上并随之旋转。作用是将原动机的机械能直接传给液体,以提高液体的静压能和动能。根据其结构和用途分为开式、半开式和闭式三种，见图2-1。开式叶轮：没有前后盖板。适于输送含大颗粒的溶液，效率低。半开式叶轮（半闭式叶轮）：吸入口一侧无前盖板，适于输送含小颗粒的溶液，输送效率低。闭式叶轮：叶片两侧带有前后两块盖板，液体在两叶片间通道内流动时无倒流现象，适于输送较清洁的流体，输送效率高，一般离心泵多采用这种叶轮。

（2）泵壳　泵体的外壳，它包围叶轮，在叶轮四周开成一个截面积逐渐扩大的蜗牛壳形通道。此外，泵壳还设有与叶轮所在平面垂直的入口和切线出口，见图2-2。泵壳作用是将叶轮封闭在一定空间内，汇集引导液体的运动，并将液体的大部分动能转化为静压能。这是因为随叶轮旋转方向，叶轮与泵壳间的通道截面逐渐扩大至出口时达到最大，使能量损失减小的同时实现了能量的转化。为了减少由叶轮外缘抛出的液体与泵壳的碰撞而引起能量损失，有时在叶轮与泵壳间还安装一固定不动而带有叶片的导轮，以引导液体的流动方向。

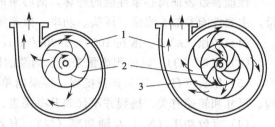

图2-2　离心泵泵壳
1—泵壳；2—叶轮；3—导轮

（3）泵轴与轴封装置　位于叶轮中心且与叶轮所在平面垂直的一根轴。它由电机带动旋转，以带动叶轮旋转。在泵轴伸出泵壳处，转轴和泵壳间存有间隙，在旋转的泵轴与泵壳之间的密封，称为轴封装置。其作用是防止高压液体沿轴泄漏，或者外界空气以相反方向漏入。

轴封装置常用的有填料密封和机械密封。

① 填料密封装置　由填料函壳、软填料和填料压盖构成，软填料为浸油或涂石墨的石棉绳，将其放入填料函与泵轴之间，将压盖压紧迫使它产生变形达到密封。

② 机械密封装置　由装在泵轴上随之转动的动环和固定在泵壳上的静环组成，两环形端面由弹簧力使之紧贴在一起达到密封目的。动环用硬质金属材料制成，静环一般用浸渍石墨或酚醛塑料等制成。机械密封的性能优良，使用寿命长，部件的加工精度要求高，安装技术要求比较严格，价格较高，用于输送酸、碱、盐、油等密封要求高的场合。

2. 离心泵的工作原理

离心泵工作前，先将泵内充满液体，然后启动离心泵，叶轮快速转动，叶轮的叶片驱使液体转动，液体转动时依靠惯性向叶轮外缘流去，同时叶轮从入口吸进液体，在这一过程中，叶轮中的液体绕流叶片，在绕流运动中液体作用一升力于叶片，反过来叶片以一个与此升力大小相等、方向相反的力作用于液体，这个力对液体做功，使液体得到能量而流出叶轮，这时候液体的动能与压强能均增大，就可以达到效果。离心泵依靠旋转叶轮对液体的作用把原动机的机械能传递给液体。由于离心泵的作用液体从叶轮进口流向出口的过程中，其动能和压强能都得到增加，被叶轮排出的液体经过出口，大部分动能转换成压强能，然后沿排出管路输送出去，这时，叶轮进口处因液体的排出而形成真空或低压，吸水池中的液体在液面压力（大气压）的作用下，被压入泵的进口，于是，旋转着的叶轮就连续不断地吸入和排出液体。

气缚现象：如果离心泵在启动前壳内充满的是气体，则启动后叶轮中心气体离开时不能在该处形成足够大的真空度，这样槽内液体便不能被吸上。这一现象称为气缚。为防止气缚现象的发生，离心泵启动前要用外来的液体将泵壳内空间灌满。这一步操作称为灌泵。为防止灌入泵壳内的液体因重力流入低位槽内，在泵吸入管路的入口处装有止逆阀（底阀）；如果泵的位置低于被输送液面，液体在重力作用下进入离心泵，则启动时无须灌泵。

二、离心泵的性能参数与特性曲线

1. 性能参数

性能参数表征离心泵性能的好坏，离心泵的性能参数是用以描述一台离心泵的一组物理量，主要性能参数有流量、压头、功率、效率等。

（1）转速（n） 一般在 $1000\sim3000$ r/min，其中 2900r/min 最常见。

（2）流量（Q） 以体积流量来表示的泵的输液能力，与叶轮结构、尺寸和转速有关。

（3）压头（H） 压头是指扬程，即泵向单位重量流体提供的机械能。与流量、叶轮结构、尺寸和转速有关。扬程并不代表升举高度。

（4）有效功率（N_e）与轴功率（N） 有效功率是指离心泵单位时间内对流体做的功。轴功率是指单位时间内由电机输入离心泵的能量。

（5）效率（η） 由电机传给泵的能量不可能 100% 传给液体，因此离心泵都有一个效率的问题，它反映了泵对外加能量的利用程度，即 $\eta = N_e/N$。

2. 性能曲线

对一台特定的离心泵，在转速固定的情况下，其压头、轴功率和效率都与其流量有一一对应的关系，其中以压头与流量之间的关系最为重要。这些关系的图形表示就称为离心泵的性能曲线。由于压头受水力损失影响的复杂性，这些关系一般都通过实验来测定。性能曲线包括 H-Q 曲线、N-Q 曲线和 η-Q 曲线。离心泵的特性曲线一般由离心泵的生产厂家提供，标绘于泵产品说明书中，其测定条件一般是 20℃ 清水，转速也固定。典型的离心泵性能曲线如图 2-3 所示。

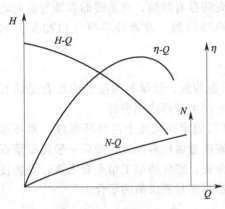

图 2-3 离心泵性能曲线

结合图 2-3 作如下讨论：

（1）从 H-Q 特性曲线中可以看出，随着流量的增加，泵的压头是下降的，即流量越大，泵向单位重量流体提供的机械能越小。但是，这一规律对流量很小的情况可能不适用。

（2）轴功率随着流量的增加而上升，所以大流量输送一定对应大的配套电机。另外，这一规律还提示：离心泵应在关闭出口阀的情况下启动，这样可以使电机的启动电流最小。

（3）泵的效率先随着流量的增加而上升，达到一最大值后便下降，根据生产任务选泵时，应使泵在最高效率点附近工作，其范围内的效率一般不低于最高效率点的 92%。

（4）离心泵的铭牌上标出的数据，是与最高效率点对应的性能参数。

3. 离心泵特性的影响因素

（1）流体的性质

① 液体的密度 离心泵的压头和流量均与液体的密度无关，有效功率和轴功率随密度的增加而增加，这是因为离心力及其所做的功与密度成正比，但效率又与密度无关。

② 液体的黏度 黏度增加，泵的流量、压头、效率都下降，但轴功率上升。所以，当被输送流体的黏度有较大变化时，泵的特性曲线也要发生变化。

(2) 转速　离心泵的转速发生变化时，其流量、压头和轴功率都要发生变化，一般关系如下：

$$\frac{Q_2}{Q_1}=\frac{n_2}{n_1}; \quad \frac{H_2}{H_1}=\left(\frac{n_2}{n_1}\right)^2; \quad \frac{N_2}{N_1}=\left(\frac{n_2}{n_1}\right)^3 \qquad (2-1)$$

式中　Q_1，H_1，N_1——转速为 n_1 时泵的性能参数；
　　　Q_2，H_2，N_2——转速为 n_2 时泵的性能参数。

该式称为比例定律。

(3) 叶轮直径　前已述及，叶轮尺寸对离心泵的性能也有影响。当切割量小于20%时，一般关系如下：

$$\frac{Q_2}{Q_1}=\frac{D_2}{D_1}; \quad \frac{H_2}{H_1}=\left(\frac{D_2}{D_1}\right)^2; \quad \frac{N_2}{N_1}=\left(\frac{D_2}{D_1}\right)^3 \qquad (2-2)$$

式中　Q_1，H_1，N_1——转速为 D_1 时泵的性能参数；
　　　Q_2、H_2、N_2——转速为 D_2 时泵的性能参数。

该式称为切割定律。

阅读材料

往　复　泵

往复泵主要部件包括泵缸、活塞、活塞杆、吸入阀、排出阀等部分，其结构如图2-4所示，其中吸入阀和排出阀均为单向阀。工作时，活塞由电动的曲柄连杆机构带动，把曲柄的旋转运动变为活塞的往复运动；或直接由蒸汽机驱动，使活塞作往复运动。当活塞从左向右运动时，泵缸内形成低压，排出阀受排出管内液体的压力而关闭；吸出阀由于受池内液压的作用而打开，池内液体被吸入缸内；当活塞从右向左运动时，由于缸内液体压力增加，吸入阀关闭，排出阀打开向外排液。

说明：往复泵是依靠活塞的往复运动直接以压力能的形式向液体提供能量。如果是单动泵，活塞往复运动一次，吸、排液交替进行，各一次，输送液体不连续。如果是双动泵，活

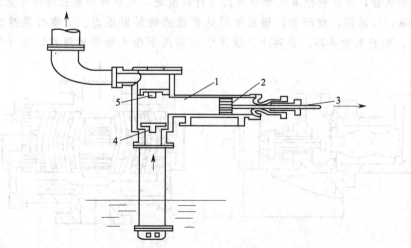

图 2-4　往复泵装置简图
1—泵缸；2—活塞；3—活塞杆；4—吸入阀；5—排出阀

塞两侧都装有阀室，活塞的每一次行程都在吸液和向管路排液，因而供液连续。如果是耐高压泵，活塞和连杆往往用柱塞代替。

齿 轮 泵

齿轮泵的结构见图 2-5。泵壳内有两个齿轮，一个用电动机带动旋转，另一个被啮合着向相反方向旋转。吸入腔内两轮的啮相互拨开，于是形成低压而吸入液体；被吸入的液体被齿嵌住，随齿轮转动而到达排出腔。排出腔内两齿相互合拢，于是形成高压而排出液体。齿轮泵的压头较高而流量较小，可用于输送黏稠液体以至于膏状物料（如输送封油），但不能用于输送含有固体颗粒的悬浮液。

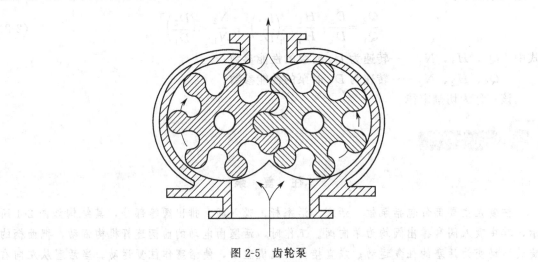

图 2-5 齿轮泵

螺 杆 泵

螺杆泵内有一个或一个以上的螺杆，见图 2-6。在单螺杆泵中，螺杆在有内螺旋的壳内运动，使液体沿轴向推进，挤压到排出口。在双螺杆泵中，一个螺杆转动时带动另一个螺杆，螺纹互相啮合，液体被拦截在啮合室内沿杆轴前进，从螺杆两端被挤向中央排出。此外还有多螺杆泵，转速高，螺杆长，因而可以达到很高的排出压力。三螺杆泵排出压力可达 10MPa 以上。螺杆泵效率高，噪声小，适用于在高压下输送黏稠性液体，并可以输送带颗

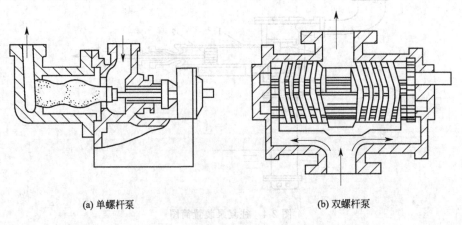

(a) 单螺杆泵　　　　　　　　　　(b) 双螺杆泵

图 2-6　螺杆泵

粒的悬浮液。

第二节 离心泵的使用

 知识与技能

1. 理解离心泵的工作点和流量调节。
2. 会根据输送任务，正确选择泵的类型和规格。

在化工装置中，各种各样的泵有助于生产过程中液体的流动，对提高工厂生产效率起着相当重要的作用。本节将主要探讨泵的具体使用过程中的问题及注意事项。

一、离心泵的工作点和流量调节

在泵的叶轮转速一定时，泵在具体操作条件下所提供的液体流量和压头可用 H-Q 特性曲线上的一点来表示。至于这一点的具体位置，应视泵前后的管路情况而定。讨论泵的工作情况，不应脱离管路的具体情况。泵的工作特性由泵本身的特性和管路的特性共同决定。

1. 管路的特性曲线

由柏努利方程导出的外加压头计算式为：

$$H_e = \Delta z + \frac{\Delta p}{\rho g} + \frac{\Delta u^2}{2g} + H_f \tag{2-3}$$

由式(2-3)可知如果 H_f 越大，则流动系统所需要的外加压头 H_e 越大。将通过某一特定管路的流量与其所需外加压头之间的关系，称为管路的特性。

考虑式(2-3)中的压头损失：

$$H_f = \lambda \left(\frac{l+l_e}{d}\right) \frac{u^2}{2g} \tag{2-4}$$

如果式(2-4)中 $u = \left(\dfrac{Q_e}{3600A}\right)^2$，则忽略上、下游截面的动压头差，则式(2-4)改写为：

$$H_e = \Delta z + \frac{\Delta p}{\rho g} + \lambda \left(\frac{l+l_e}{d}\right) \frac{\left(\dfrac{Q_e}{3600A}\right)^2}{2g} \tag{2-5}$$

当管路和流体一定时，λ 是流量的函数。令 $K = \Delta z + \dfrac{\Delta p}{\rho g}$，则式(2-5)变为：

$$H_e = K + f(Q_e) \tag{2-6}$$

式(2-6)称为管路特性方程，该方程表达了管路所需要的外加压头与管路流量之间的关系。在 H-Q 坐标中对应的曲线称为管路特性曲线。

说明如下：

(1) $K = \Delta z + \dfrac{\Delta p}{\rho g}$ 为管路特性曲线在 H 轴上的截距，表示管路系统所需要的最小外加压头。

(2) 当流动处于阻力平方区，摩擦因数与流量无关，管路特性方程可以表示为：

$$H_e = K + BQ_e^2 \tag{2-7}$$

式中

$$B = \lambda \left(\frac{l+l_e}{d}\right) \frac{\left(\frac{1}{3600A}\right)^2}{2g}$$

(3) 高阻管路，其特性曲线较陡；低阻管路，其特性曲线较平缓。

2. 离心泵工作点

将泵的 H-Q 曲线与管路的 H_e-Q 曲线绘在同一坐标系中，两曲线的交点称为泵的工作点，如图 2-7 所示。

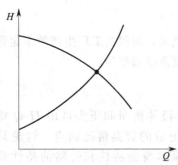

图 2-7 泵的工作点曲线

(1) 泵的工作点由泵的特性和管路的特性共同决定，可通过联立求解泵的特性方程和管路的特性方程得到。

(2) 安装在管路中的泵，其输液量即为管路的流量；在该流量下泵提供的扬程也就是管路所需要的外加压头。因此，泵的工作点对应的泵压头既是泵提供的，也是管路需要的。

(3) 工作点对应的各性能参数（Q, H, η, N）反映了一台泵的实际工作状态。

3. 离心泵流量调节

由于生产任务的变化，管路需要的流量有时是需要改变的，这实际上就是要改变泵的工作点。由于泵的工作点由管路特性和泵的特性共同决定，因此改变泵的特性和管路特性均能改变工作点，从而达到调节流量的目的。

(1) 改变出口阀的开度——改变管路特性

出口阀开度与管路局部阻力当量长度有关，后者与管路的特性有关。所以改变出口阀的开度实际上是改变管路的特性。

关小出口阀，$\sum l_e$ 增大，曲线变陡，工作点由 C 变为 D（图 2-8），流量下降，泵所提供的压头上升；相反，开大出口阀开度，$\sum l_e$ 减小，曲线变缓，工作点由 C 变为 E，流量上升，泵所提供的压头下降。此种流量调节方法方便随意，但不经济，实际上是人为增加管路阻力来适应泵的特性，且使泵在低效率点工作。但也正是由于其方便性，在实际生产中被广泛采用。

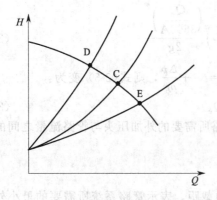

图 2-8 阀开度影响泵的工作点曲线

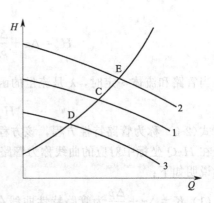

图 2-9 转速影响泵的工作点曲线

(2) 改变叶轮转速——改变泵的特性

如图2-9所示，$n_3<n_1<n_2$，转速增加，流量和压头均能增加。这种调节流量的方法合理、经济，但曾被认为是操作不方便，并且不能实现连续调节。但随着的现代工业技术的发展，无级变速设备在工业中的应用克服了上述缺点。该种调节方法能够使泵在高效区工作，这对大型泵的节能尤为重要。

二、离心泵的安装高度

离心泵的安装高度是指要被输送的液体所在储槽的液面到离心泵入口处的垂直距离。由此产生了这样一个问题，在安装离心泵时，安装高度是否可以无限制高，还是受到某种条件的制约。

1. 气蚀现象

离心泵通过旋转的叶轮对液体作功，使液体机械能增加，在随叶轮的流动过程中，液体的速度和压强是变化的。通常在叶轮入口处压强最低，压强愈低愈容易吸液。但是当该处压强小于或等于输送温度下液体的饱和蒸气压时（$p \leqslant p_v$）液体将部分气化，形成大量的蒸气泡。这些气泡随液体进入叶轮后，由于压强的升高将受压破裂而急剧凝结，气泡消失产生的局部真空，使周围的液体以极高的速度涌向原气泡处，产生相当大的冲击力，致使金属表面腐蚀疲劳而受到破坏。由于气泡产生、凝结而使泵体、叶轮腐蚀损坏加快的现象，称为气蚀。气蚀现象发生时，将使泵体振动发出噪声；金属材料损坏加快，寿命缩短；泵的流量、压头等下降。严重时甚至出现断流，不能正常工作。为避免气蚀现象发生，必须在操作中保证泵入口处的压强大于输送条件下液体的饱和蒸气压，这就要求泵的安装高度不能太高，应有一定限制。

2. 离心泵的允许吸上真空度 H'_S

为防止气蚀现象的发生，应使叶片入口处最低压强大于输送温度下液体的饱和蒸气压。但在实际操作中，不易测出最低压强的位置，而往往是测泵入口处的压强，然后再考虑一安全量，即为泵入口处允许的最低绝对压强，以 p_1 表示。习惯上常把 p_1 表示为真空度，并以被输送液体的液柱高度为计量单位，称为允许吸上真空度，以 H'_S 表示。H'_S 是指压强为 p_1 处可允许达到的最高真空度，表达式：

$$H'_S = \frac{p_a - p_1}{\rho g} \tag{2-8}$$

式中 p_1——泵入口处允许的最低绝对压强，Pa；

ρ——被输送流体的密度，kg/m³。

H'_S 与泵的类型、结构、输送操作条件有关，通过实验测定，由制造厂提供，标示在泵样本或说明书中。实验条件：大气压 10mH$_2$O，温度 20℃，清水为介质。

3. 允许气蚀余量

由于 H'_S 使用起来不便，有时引入另一表示气蚀性能的参数，称为气蚀余量。以 NSPH 表示，其定义为：为防止气蚀发生，要求离心泵入口处静压头与动压头之和必须大于液体在输送温度下的饱和蒸气压头的最小允许值。

4. 离心泵的安装高度（允许吸上高度）

离心泵的允许吸上高度指泵的吸入口与吸入储槽液面间可达到的最大垂直距离。

说明：

(1) 离心泵的 H'_S、NSPH 与流量有关，流量大 NSPH 大而 H'_S 较小，因此计算时以最大流量计算；

（2）离心泵安装时，应尽量选用大直径进口管路，缩短长度，尽量减少弯头、阀门等管件，使吸入管短而直，以减小进口阻力，提高安装高度，或在同样 H_g（安装高度）下避免发生气蚀。

5. 讨论

（1）气蚀是由于安装高度太高引起的，事实上气蚀现象的产生可以有以下三方面的原因：①离心泵的安装高度太高；②被输送流体的温度太高，液体蒸气压过高；③吸入管路的阻力或压头损失太高。允许安装高度这一物理量正是综合了以上三个因素对气蚀的贡献。由此可以有这样一个推论：一个原先操作正常的泵也可能由于操作条件的变化而产生气蚀，如被输送物料的温度升高，或吸入管线部分堵塞。

（2）有时，计算出的允许安装高度为负值，这说明该泵应该安装在液体储槽液面以下。

（3）允许安装高度（$z_{允许}$）的大小与泵的流量有关。由其计算公式可以看出，流量越大，计算出的 $z_{允许}$ 越小。因此用可能使用的最大流量来计算 $z_{允许}$ 是最保险的。

（4）安装泵时，为保险计，实际安装高度比允许安装高度还要小 0.5～1m。（如考虑到操作中被输送流体的温度可能会升高；或由储槽液面降低而引起的实际安装高度的升高）。

（5）历史上曾经有过允许吸上真空度和允许气蚀余量并存的时期，二者都可用以计算允许安装高度，前者曾广泛用于清水泵的计算；而后者常用于油泵中。但是，目前允许吸上真空度已经不再被使用了。

三、离心泵的选用、安装与操作

1. 离心泵类型

（1）清水泵 适用于输送清水或物性与水相近、无腐蚀性且杂质较少的液体。结构简单，操作容易。

（2）耐腐蚀泵 用于输送具有腐蚀性的液体，接触液体的部件用耐腐蚀的材料制成，要求密封可靠。

（3）油泵 输送石油产品的泵，要求有良好的密封性。

（4）杂质泵 输送含固体颗粒的液体、稠厚的浆液，叶轮流道宽，叶片数少。

2. 选用离心泵

（1）根据被输送液体的性质确定泵的类型。

（2）确定输送系统的流量和所需压头。流量由生产任务来定，所需压头由管路的特性方程来定。

（3）根据所需流量和压头确定泵的型号。

① 查性能表或特性曲线，要求流量和压头与管路所需相适应。

② 若生产中流量有变动，以最大流量为准来查找，H 也应以最大流量对应值查找。

③ 若 H 和 Q 与所需要的不符，则应在邻近型号中找 H 和 Q 都稍大一点的。

④ 若几个型号都满足，应选一个在操作条件下效率最好的

⑤ 为保险，所选泵可以稍大；但若太大，工作点离最高效率点太远，则能量利用程度低。

⑥ 若被输送液体的性质与标准流体相差较大，则应对所选泵的特性曲线和参数进行校正，看是否能满足要求。

3. 安装与操作离心泵

(1) 安装

① 安装高度不能太高，应小于允许安装高度。

② 设法尽量减小吸入管路的阻力，以减少发生气蚀的可能性。安装时主要考虑：吸入管路应短而直；吸入管路的直径可以稍大；吸入管路减少不必要的管件；调节阀应装于出口管路。

(2) 操作

① 动前应灌泵，并排气。

② 应在出口阀关闭的情况下启动泵。

③ 停泵前先关闭出口阀，以免损坏叶轮。

④ 经常检查轴封情况。

例 2-1 某车间要将地面敞口储槽内密度为 $1120 kg/m^3$ 的溶液送至高位槽内，如附图所示，槽内表压强为 $3.92×10^4 Pa$，需要的送液量为 $120 m^3/h$，输送管路为 $\phi 140mm × 4.5mm$ 的钢管，其计算总长度为 $140m$（包括直管长度和所有局部阻力的当量长度），两液面高度差 $\Delta z = 11m$，摩擦系数 λ 为 0.03。试问能否送用 $n = 2900 r/min$、$Q = 132 m^3/h$、$H = 30m$ 的离心水泵？

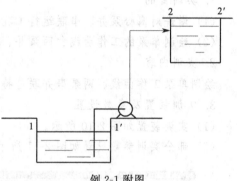

例 2-1 附图

解：(1) 必须计算出输送系统所需的流量、压头与离心泵的 Q、H 进行比较后才能确定能否选用该泵。在附图中 1—1′ 与 2—2′ 间列式：

$$H_e = \Delta z + \frac{\Delta u^2}{2g} + \frac{\Delta p}{\rho g} + H_{f,1\sim 2}$$

(2) 各量确定：$\Delta z = 11m$，$\Delta u = 0$，$\Delta p = p_2 - p_1 = 3.92×10^4 Pa$（表压）

$$u = \frac{120/3600}{\frac{\pi}{4}(0.131)^2} = 2.474 (m/s)$$

$$H_{f,1\sim 2} = \lambda \frac{l + \Sigma l_e}{d} × \frac{u^2}{2g} = 0.03 × \frac{140}{0.131} × \frac{(2.474)^2}{2×9.81} = 9.97 (m)$$

(3) 求 H_e。

把以上各值代入，可得：

$$H_e = 11 + \frac{3.92×10^4}{1120×9.81} + 9.97 = 24.54 (m)$$

(4) 确定能否选用。

输送系统所需的流量 $Q_e = 120 m^3/h$，压头 $H_e = 24.54m$，而离心泵能提供的流量 $Q = 132 m^3/h > Q_e$，提供的压头 $30m > H_e$；且溶液的性质与水相近，故能选用该水泵。

技能训练

离心泵性能测定

1. 实训目的

(1) 熟悉离心泵的操作方法。

(2) 掌握离心泵特性曲线和管路特性曲线的测定方法、表示方法，加深对离心泵性能的了解。

2. 实训内容

(1) 熟悉离心泵的结构与操作方法。

(2) 测定某型号离心泵在一定转速下，H（扬程）、N（轴功率）、η（效率）与 Q（流量）之间的特性曲线。

3. 实训装置

实训装置图如图 1-20 所示。

4. 实训操作

详见仿真软件操作指导。

离心泵串并联

1. 实训目的

(1) 增进对离心泵并、串联运行工况及其特点的感性认识。

(2) 绘制单泵的工作曲线和两泵并、串联总特性曲线。

2. 实训内容

绘制单泵工作曲线、两泵串并联总特性曲线。

3. 实训装置及参数设置

(1) 实训装置如图 2-10 所示。

(2) 部分实训参数设置如图 2-11 所示。

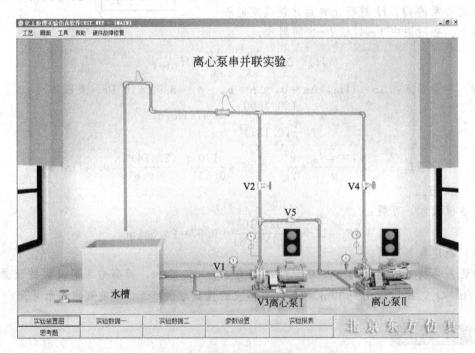

图 2-10 离心泵串并联实训装置流程图

4. 实训操作

详见仿真软件操作指导。

图 2-11　离心泵串并联实训参数设置图

离心泵仿真实训

1. 实训目的

(1) 学会离心泵的冷态开车与正常停车操作。

(2) 掌握离心泵操作中事故的分析、判断及排除。

2. 实训内容

冷态开车，正常停车，P101A 泵坏，PIC101 阀卡，P101A 泵入口管线堵，P101A 泵气蚀，P101A 泵气缚。

3. 实训工艺流程图

实训工艺离心泵 DCS 图如图 2-12 所示，现场图如图 2-13 所示。

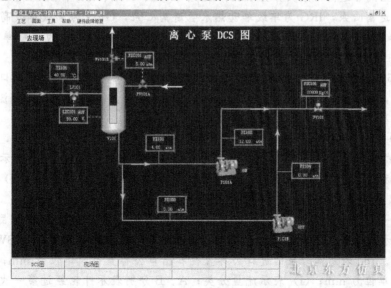

图 2-12　离心泵 DCS 图

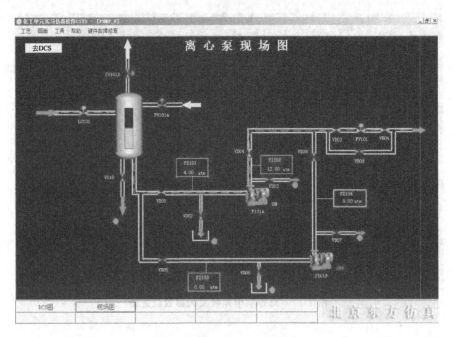

图 2-13 离心泵现场图

4. 实训操作

详见仿真软件操作指导。

离心泵型号

离心泵的型号有很多，下面以 ISG 管道离心泵为例简单介绍离心泵型号。

ISG 系列立式管道离心泵共分为 ISG、IRG、GRG、IHG、YG 和 ISGD 六个类别。ISG 为单级单吸管道离心泵，IRG 为单级单吸热水管道离心泵，GRG 为单级单吸高温管道离心泵，IHG 为单级单吸化工泵，YG 为单级单吸管道离心油泵，ISGD 为单级单吸低转速离心泵。

ISG 50-160(I)A(B)：ISG 表示 ISG 型立式单级单吸离心泵；50 表示泵进口公称直径和出口公称直径，单位为 mm；160 表示叶轮名义外径，单位为 mm；(I) 表示流量分类；A 表示叶轮第一次切割；B 表示叶轮第二次切割。

ISGB 150-50(I)A(B、C)：ISGB 为便拆立式离心泵，ISGB 又分三种型号，分别表示为 IRGB 便拆立式热水泵，IHGB 便拆立式化工泵，YGB 便拆立式油泵；150 表示泵进口公称直径和出口公称直径，单位为 mm；50 表示离心泵的额定扬程，单位为 m；(I) 表示流量分类；A、B、C 分别表示叶轮经过第一次切割、第二次切割、第三次切割。

ISW 150-160(I)A(B)：卧式管道离心泵共有五种型号，分别是 ISW 卧式离心泵，ISWR 卧式热水离心泵，ISWH 卧式化工离心泵，ISWB 卧式防爆离心泵，ISWHB 卧式防爆化工离心泵。150 表示离心泵的进口公称直径和出口公称直径，单位为 mm；160 表示叶轮名义外径，单位为 mm；(I) 表示流量分类；A、B 分别表示叶轮经过第一次切割和第二次切割。

离心泵的组合操作

在实际生产中，有时单台泵无法满足生产要求，需要几点组合运行。组合方式可以有串联和并联两种方式。多台性能相同的泵的组合操作无论怎样组合，都可以看作是一台泵，因而需要找出组合泵的特性曲线。

1. 串联泵的组合特性曲线

两台完全相同的泵串联，每台泵的流量与压头相同，则串联组合泵的压头为单台泵的2倍，流量与单台泵相同。一般情况下：(1) 组合泵的 H-Q 曲线与单台泵相比，Q 不变，H 加倍；(2) 管路特性一定时，采用两台泵串联组合，实际工作压头并未加倍，但流量却有所增加；(3) 关小出口阀，使流量与原先相同，则实际压头就是原先的2倍；(4) 对 n 完全相同的泵串联，组合泵的特性方程为 $H_e = n(K + BQ_e^2)$。

2. 并联泵的组合特性曲线

两台完全相同的泵并联，每台泵的流量和压头相同，则并联组合泵的流量为单台的2倍，压头与单台泵相同。一般情况如下：(1) 组合泵的 H-Q 曲线与单台泵相比，H 不变，Q 加倍；(2) 管路特性一定时，采用两台泵并联组合，实际工作流量并未加倍，但压头却有所增加；(3) 开大出口阀，使压头与原先相同，则流量加倍；(4) n 台完全相同的泵串联，组合泵的特性方程为 $H_e = K - B\dfrac{Q_e^2}{n^2}$。

3. 组合方式的选择

单台不能完成输送任务可以分为两种情况：(1) 压头不够，$H < \Delta z + \dfrac{\Delta p}{\rho g}$；(2) 压头合格，但流量不够。对于情形 (1)，必须采用串联操作；对于情形 (2)，应根据管路的特性来决定采用何种组合方式。对于高阻管路，串联比并联组合获得的 Q 增值大；对于低阻管路，则是并联比串联获得的 Q 增值大。

第三节 气体输送机械

知识与技能

1. 了解气体输送机械的特点，知道气体输送机械的分类。
2. 理解离心式通风机的性能参数和特性曲线。

输送和压缩气体的设备统称为气体输送设备，其作用为对气体做功以提高其机械能，主要表现为静压能的提高。气体输送机械在化工生产中的作用非常广泛，与液体输送机械的结构和原理大体相同。

一、概述

1. 气体输送机械在工业生产中的应用

(1) 气体输送　为了克服管路的阻力，需要提高气体的压力。纯粹为了输送的目的而对气体加压，压力一般都不高。但气体输送往往输送量很大，需要的动力往往相当大。

(2) 产生高压气体　化学工业中一些化学反应过程需要在高压下进行，如合成氨反应，乙烯的本体聚合；一些分离过程也需要在高压下进行，如气体的液化与分离。这些高压进行的过程对相关气体的输送机械出口压力提出了相当高的要求。

(3) 生产真空　相当多的单元操作是在低于常压的情况下进行，这时就需要真空泵从设备中抽出气体以产生真空。

2. 气体输送机械特点

(1) 动力消耗大　对一定的质量流量，由于气体的密度小，其体积流量很大。因此气体输送管中的流速比液体要大得多，前经济流速（15~25m/s）约为后者（1~3m/s）的10倍。这样，以各自的经济流速输送同样的质量流量，经相同的管长后气体的阻力损失约为液体的10倍。因而气体输送机械的动力消耗往往很大。

(2) 气体输送机械体积一般都很庞大，对出口压力高的机械更是如此。

(3) 由于气体的可压缩性，故在输送机械内部气体压力变化的同时，体积和温度也将随之发生变化。这些变化对气体输送机械的结构、形状有很大影响。因此，气体输送机械需要根据出口压力来加以分类。

3. 气体输送机械分类

气体输送机械也可以按工作原理分为离心式、旋转式、往复式以及喷射式等。按出口压力（终压）和压缩比不同分为如下几类：

(1) 通风机　终压（表压，下同）不大于15kPa（约1500mmH$_2$O），压缩比1~1.15。

(2) 鼓风机　终压15~300kPa，压缩比小于4。

(3) 压缩机　终压在300kPa以上，压缩比大于4。

(4) 真空泵　在设备内造成负压，终压为大气压，压缩比由真空度决定。

二、离心式通风机

1. 结构特点

离心式通风机工作原理与离心泵相同，结构也大同小异，见图2-14。

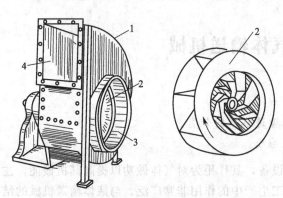

图2-14　离心式通风机及叶轮
1—机壳；2—叶轮；3—吸入口；4—排出口

(1) 为适应输送风量大的要求，通风机的叶轮直径一般是比较大的。

(2) 叶轮上叶片的数目比较多。

(3) 叶片有平直的、前弯的、后弯的。通风机的主要要求是通风量大，在不追求高效率时，用前变叶片有利于提高压头，减小叶轮直径。

(4) 机壳内逐渐扩大的通道及出口截面常不为圆形而为矩形。

2. 性能参数和特性曲线

(1) 风量　按入口状态计的单位时间内的排气体积，m^3/s，m^3/h。

(2) 全风压 p_t　单位体积气体通过风机时获得的能量，J/m^3，Pa。

在风机进、出口之间的柏努利方程为：

$$p_t = \rho g(z_2 - z_1) + (p_2 - p_1) + \frac{\rho(u_2^2 - u_1^2)}{2} + \rho \sum h_f \quad (2-9)$$

式中，$(z_2-z_1)\rho g$ 可以忽略。当气体直接由大气进入风机时，$u_1=0$，再忽略入口到出口的能量损失，则上式变为：

$$p_t = (p_2 - p_1) + \frac{\rho u_2^2}{2} \tag{2-10}$$

式(2-10)说明，通风机的全风压由两部分组成：一部分是进出口的静压差（静风压）；另一部分为进出口的动压头差（动风压）。对离心式通风机而言，其气体出口速度很高，动风压不仅不能忽略，且由于风机的压缩比很低，动风压在全压中所占比例较高。

（3）轴功率和效率　离心式通风机的轴功率为：

$$N = \frac{Q p_t}{\eta \times 1000} \tag{2-11}$$

式中　N——轴功率，kW；
　　　Q——风量，m³/s；
　　　p_t——风压，Pa；
　　　η——效率。

风机的性能表上所列的性能参数，一般都是在1atm、20℃的条件下测定的，在此条件下空气的密度 $\rho_0 = 1.20$ kg/m³，相应的全风压和静风压分别记为 p_{t0} 和 p_{s0}。

（4）特性曲线　与离心泵一样，离心式通风机的特性参数也可以用特性曲线表示。特性曲线由离心泵的生产厂家在1atm（1atm=101325Pa）、20℃

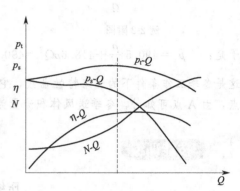

图2-15　离心式通风机特性曲线

的条件用空气测定，主要有 p_{t0}-Q、p_{s0}-Q、N-Q 和 η-Q 四条曲线（图2-15）。

3. 离心式通风机的选型

（1）根据气体种类和风压范围，确定风机的类型。

（2）确定所求的风量和全风压。风量根据生产任务来定；全风压按柏努利方程来求，但要按标准状况校正，根据按入口状态计的风量和校正后的全风压在产品系列表中查找合适的型号。

例 2-2　用离心式通风机将空气送至表压为490.5Pa的锅炉燃烧室，通风机的特性曲线如附图所示。已知在夏季（气温为20℃，大气压为101.3kPa）管路中的气体流量为2.4kg/s，且流动已进入阻力平方区。

求：在冬季气温降为-20℃、大气压不变的情况下，管路中的气体质量流量为多少？

解：由给定条件可知，在夏季气体状态与风机特性曲线测定条件相同，空气密度为 $\rho = 1.2$ kg/m³。于是通风机在夏季的体积流量为

$$Q = \frac{G}{\rho} = \frac{2.4}{1.2} = 2 \text{ (m}^3\text{/s)}$$

由通风机的特性曲线查得，此时风机产生的风压为 $p_t = 2.5$ kPa。于是夏季通风机的工作点为(2, 2.5)。该点应该落在管路特性曲线上。管路特性曲线可通过在风机入口和锅炉燃烧室之间写柏努利方程得到：

$$p_t = (p_2 - p_1) + \left(\lambda \frac{l}{d} + \Sigma \zeta\right) \frac{\rho u^2}{2} = 490.5 + K\rho Q^2$$

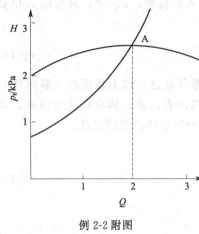

例 2-2 附图

其中 K 值按下式定义：$K = \left(\lambda \dfrac{l}{d} + \Sigma \zeta\right) \dfrac{8}{\pi^2 d^4}$

将工点数据代入至 p_t 表达式中，可得 K 值为 418.6。

在冬季，空气密度为 $\rho' = \dfrac{29}{22.4} \times \dfrac{273}{273-20} = 1.4$ （kg/m³）。管内流动已进入阻力平方区，因此 K 值不变。在冬季管路所需要的风压与流量的关系为

$$p_t' = (p_2 - p_1) + \left(\lambda \dfrac{l}{d} + \Sigma \zeta\right) \dfrac{\rho u^2}{2} = 490.5 + 418.6 \rho' Q^2$$

将上式换算成风机测定状况下的风压：

$$p_t' = p_t \dfrac{\rho'}{\rho} = 490.5 + 418.6 \rho' Q^2$$

于是：$p_t = 490.5 \dfrac{\rho}{\rho'} + 418.6 \rho Q^2 = 490.5 \dfrac{1.2}{1.4} + 418.6 \times 1.2 Q^2 = 420.4 + 502.3 Q^2$

这是冬季工作条件下的管路特性曲线，它与风机特性曲线的交点 A 即为风机在冬季的工作点，由 A 点可知时，冬季送风体积流量为 2.03m³/s，相应的质量流量为 2.84kg/s。

 技能训练

压缩机仿真实训

1. 实训目的

(1) 学会压缩机的冷态开车与正常停车操作。

(2) 掌握压缩机操作中事故的分析、判断及排除。

2. 实训内容

冷态开车，正常停车，入口压力超高，出口压力过高，入口管道破裂，出口管道破裂，入口温度过高。

3. 实训工艺流程图

实训工艺压缩机 DCS 图如图 2-16 所示，现场图如图 2-17 所示。

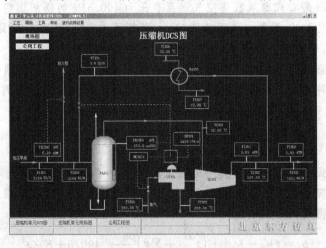

图 2-16 压缩机 DCS 图

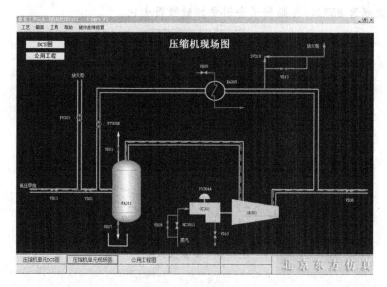

图 2-17 压缩机现场图

4. 实训操作

详见仿真软件操作指导。

离心式压缩机

离心式压缩机主要由定子与转子组成，转子包括主轴、多级叶轮、轴套及平衡元件等，定子包括汽缸和隔板等。工作原理如下：气体沿轴向进入各级叶轮中心处，被旋转的叶轮做功，受离心力的作用，以很高的速度离开叶轮，进入扩压器。气体在扩压器内降速、增压。经扩压器减速、增压后气体进入弯道，使流向反转180°后进入回流器，经过回流器后又进入下一级叶轮。显然，弯道和回流器是沟通前一级叶轮和后一级叶轮的通道。如此，气体在多个叶轮中被增加数次，能以很高的压力能离开。离心式压缩机的 H-Q 曲线与离心式通风机在形状上相似。在小流量时都呈现出压力随流量的增加而上升的情况。与往复式压缩机相比，离心式压缩机有如下优点：体积和质量都很小而流量很大；供气均匀；运转平稳；易损部件少、维护方便。因此，除非压力要求非常高，离心式压缩机已有取代往复式压缩机的趋势。而且，离心式压缩机已经发展成为非常大型的设备，流量达几十万立方米/时，出口压力达几十兆帕。

罗茨鼓风机

罗茨鼓风机的工作原理与齿轮泵类似。如图 2-18 所示，机壳内有两个渐开摆线形的转子，两转子的旋转方向相反，可使气体从机壳一侧吸入，从另一侧排出。转子与转子、转子与机壳之间的缝隙很小，使转子能自由运动而无过多泄漏。

属于正位移型的罗茨风机风量与转速成正比，与出口压强无关。该风机的风量范围可自 $2m^3/min$ 至 $500m^3/min$，出口表压可达 80kPa，在 40kPa 左右效率最高。

该风机出口应装稳压罐，并设安全阀。流量调节采用旁路，出口阀不可完全关闭。操作时气体温度不能超过85℃，否则转子会因受热膨胀而卡住。

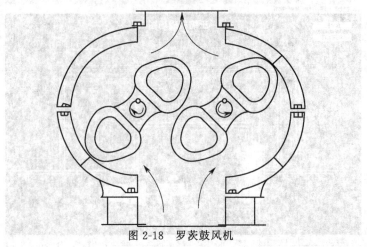

图 2-18 罗茨鼓风机

 巩固练习

一、填空题

1. 离心泵的安装高度超过允许安装高度时，离心泵会发生_____现象。
2. 离心式通风机的全风压是指____。
3. 离心泵常采用____调节流量，往复泵常采用____调节流量。
4. 写出有外加能量时，以单位体积流体为基准的实际流体柏努利方程式_____，各项的单位均为_____。
5. 离心泵的工作点是_____曲线与_____曲线的交点。
6. 离心式通风机全风压的单位是_____，其物理意义是_____。
7. 离心泵的允许吸上真空高度的数值____于允许的安装高度的数值（大，小）。
8. 用离心泵将一个低位敞口水池中的水送至敞口高位水槽中，如果改为输送 $\rho = 1100kg/m^3$ 而其它物性与水相同的溶液，则流量____，扬程____，功率____。（增大，不变，减小，不能确定）
9. 若被输送的流体黏度增高，则离心泵的扬程____，流量____，效率_____，轴功率____。

二、选择题

1. 用离心泵将水池的水抽吸到水塔中，若离心泵在正常操作范围内工作，开大出口阀门将导致（　　）。
   A. 送水量增加，整个管路阻力损失减小　　B. 送水量增加，整个管路阻力损失增大
   C. 送水量增加，泵的轴功率不变　　　　　D. 送水量增加，泵的轴功率下降
2. 以下不是离心式通风机性能参数的有（　　）。
   A. 风量　　　　　B. 扬程　　　　　C. 效率　　　　　D. 静风压
3. 离心式通风机的全风压等于（　　）。
   A. 静风压加通风机出口的动压　　　　　B. 离心式通风机出口与进口间的压差

C. 离心式通风机出口的压力　　　　　　D. 动风压加静风压
4. 离心泵的调节阀（　　）。
A. 只能安在进口管路上　　　　　　　　B. 只能安在出口管路上
C. 安装在进口管路和出口管路上均可　　D. 只能安在旁路上
5. 离心泵的扬程，是指单位质量流体经过泵后以下能量的增加值（　　）。
A. 包括内能在内的总能量　　　　　　　B. 机械能
C. 压能　　　　　　　　　　　　　　　D. 位能（即实际的升扬高度）
6. 流体经过泵后，压力增大 $\Delta p(\text{N/m}^2)$，则单位质量流体压能的增加为（　　）。
A. Δp　　　　B. $\Delta p/\rho$　　　　C. $\Delta p/\rho g$　　　　D. $\Delta p/2g$
7. 离心泵的（　　）是用来将动能转变为压能的装置。
A. 泵壳和叶轮　　B. 叶轮　　　　C. 泵壳　　　　D. 叶轮和导轮
8. 离心式通风机的铭牌上标明的全风压为 $100\text{mmH}_2\text{O}$，意思是（　　）。
A. 输送任何条件的气体介质全风压都达 $100\text{mmH}_2\text{O}$
B. 输送空气时不论流量多少，全风压都可达 $100\text{mmH}_2\text{O}$
C. 输送任何气体介质当效率最高时，全风压为 $100\text{mmH}_2\text{O}$
D. 输送 $20℃$、101325Pa 空气，在效率最高时，全风压为 $100\text{mmH}_2\text{O}$
9. 输送气体的密度越大，则风机的风压（　　）。
A. 越高　　　　B. 越低　　　　C. 不变　　　　D. 不能确定
10. 某同学进行离心泵特性曲线测定实验，启动泵后，出水管不出水，泵进口处真空计指示真空度很高，他对故障原因作出了正确判断，排除了故障，你认为以下可能的原因中，哪一个是真正的原因（　　）。
A. 水温太高　　　　B. 真空计坏了　　　　C. 吸入管路堵塞　　　　D. 排出管路堵塞

三、判断题

1. 若被输送的流体黏度增高，则离心泵的压头减小，流量减小，效率下降，轴功率增大。　　　　　　　　　　　　　　　　　　　　　　　　　　　　（　　）
2. 离心泵的流量调节阀安装在离心泵出口管路上，关小出口阀门后，真空表的读数减小，压力表的读数也减小。　　　　　　　　　　　　　　　　　　（　　）
3. 离心泵的安装高度超过允许安装高度时，离心泵会发生气蚀现象。　（　　）
4. 离心泵启动时，如果泵内没有充满液体而存在气体时，离心泵就不能输送液体。这种现象称为气缚现象。　　　　　　　　　　　　　　　　　　　　　（　　）
5. 离心泵采用并联操作的目的是提高流量，串联操作的目的是提高扬程。（　　）
6. 风机的风压是指单位质量的气体通过风机而获得的能量。　　　　　（　　）
7. 离心泵的最大安装高度不会大于 10m。　　　　　　　　　　　　（　　）
8. 离心泵的允许吸上真空度随泵的流量增大而减少。　　　　　　　　（　　）

四、问答题

1. 启动离心泵前为什么要灌泵和要关闭泵的出口阀门？
2. 停泵前为什么要关闭泵的出口阀门？
3. 若离心泵的实际安装高度大于允许安装高度会发生什么现象？如何防止气蚀现象的发生？

五、计算题

1. 以离心泵把水由储罐 A 输至储罐 B，B 内液位比 A 内液位高 1.2m，管子内径 80mm，$p_A = -0.2\text{kgf/cm}^2$ （$1\text{kgf/cm}^2 = 98.0665\text{kPa}$，下同），$p_B = 0.25\text{kgf/cm}^2$（均为表压），1min 输送 500kg 水。AB 间管线总长 5m（包括局部阻力），摩擦系数 0.02，轴功率 0.77kW，求泵的效率。

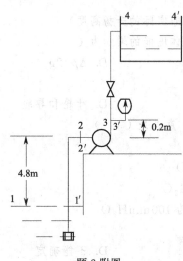

题 2 附图

2. 如附图所示的输水系统，输水量为 $36\text{m}^3/\text{h}$，输水管路均为 $\phi 80\text{mm} \times 2\text{mm}$ 的钢管，已知：吸入管路的阻力损失为 2J/kg，压出管路的压头损失为 $0.5\text{mH}_2\text{O}$，压出管路上压力表的读数为 2.5kgf/cm^2，试求：(1) 水泵的升扬高度；(2) 水泵的轴功率 $N_轴$(kW)，设泵的效率 $\eta = 70\%$；(3) 若泵的允许吸上高度 $H_s = 6.5\text{m}$，水温为 20℃，校核此系统的安装高度是否合适？当时当地大气压为 1atm；$\rho_水 = 1000\text{kg/m}^3$。

3. 某厂准备用离心泵将 20℃ 的清水以 $40\text{m}^3/\text{h}$ 的流量由敞口的储水池送到某吸收塔的塔顶。已知塔内的表压强为 1.0kgf/cm^2，塔顶水入口距水池水面的垂直距离为 6m，吸入管和排出管的压头损失分别为 1m 和 3m，管路内的动压头忽略不计。当地的大气压为 $10.33\text{mH}_2\text{O}$，水的密度为 1000kg/m^3。现仓库内存有三台离心泵，其型号和铭牌上标有的性能参数如下，从中选一台比较合适的以做上述送水之用。

型　　号	流量/(m³/h)	扬程/m	允许吸入真空高度/m
3B57A	50	38	7.0
3B33	45	32	6.0
3B19	38	20	5.0

第三章 机械分离

混合物可分为均相混合物和非均相混合物两大类。凡物系内部各处物料性质均匀，且不存在相界面者，称为均相混合物。溶液和混合气体都是均相混合物。凡物系内部有隔开两相的界面存在，且界面两侧物料性质截然不同者，称为非均相混合物或非均相物系。含尘气体及含雾气体属于气态非均相物系，悬浮液、乳浊液及泡沫液属于液态非均相物系。

非均相物系中，处于分散状态的物质，如悬浮液中的固体颗粒、乳浊液中的液滴、泡沫液中的气泡，称为分散相或分散物质；包围着分散物质的流体，则称为连续相或分散介质。由于非均相物系中分散相和连续相具有不同的物理性质，工业上一般采用机械方法将两相进行分离。工业上分离非均相混合物的目的如下。

（1）回收有价值的分散物质。例如从某些类型干燥器出来的气体及从结晶机出来的晶浆中都带有一定量的固体颗粒，必须回收这些悬浮的颗粒作为产品。

（2）净化分散介质以满足后续生产工艺的要求。例如某些催化反应的原料气中夹带会影响催化剂活性的杂质，因此，在气体进入反应器之前，必须除去其中尘粒状的杂质。

（3）环境保护和安全生产。为了保护人类生态环境，要求排放的废气或废液浓度达到排放标准；很多含碳物质及金属细粉与空气形成爆炸物，必须除去这些物质以消除隐患。

非均相混合物的特点是体系内包含一个以上的相，相界面两侧物质的性质完全不同，如由固体颗粒与液体构成的悬浮液、由固体颗粒与气体构成的含尘气体等。这类混合物的分离就是将不同的相分开，通常采用机械的方法。

第一节 重力沉降

知识与技能

1. 理解颗粒在流体中的运动状态，会计算沉降速度。
2. 认识重力沉降设备。

在流体与固体颗粒组成的非均相物系中，流体与颗粒间的相对运动状况有以下三种：流体在静止颗粒表面流过；颗粒在静止流体中运动；流体与颗粒均处于运动状态，但仍维持一定的相对速度。然而，在上述三种情况下，只要流体与颗粒间的相对运动速度相等，则流体与颗粒间的作用力就是相同的。

一、运动流体中颗粒的流动

1. 曳力

当流体以一定的速度绕过颗粒流动时，流体与颗粒之间产生一对大小相等、方向相反的作用力，将流体作用于颗粒上的力称为曳力，而将颗粒对流体的作用力称为阻力。下面研究曳力与流体的流速、物性以及颗粒性质之间的关系。

如图 3-1 所示，现假定流体接近颗粒表面时的速度为 u，由于流体作用于颗粒表面任一点的力均可分解为与表面相垂直和相切的两个分力，故可设 A 点所受的压力为 p，所受的剪应力为 τ_w，若 A 点的法向与流体流速方向之间的夹角为 α，则在流动方向上流体作用于颗粒微元面积 dS 上的曳力为

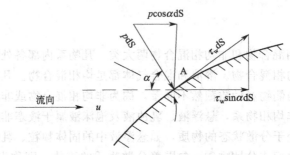

图 3-1　作用于颗粒上的形体曳力和表面曳力

$$\mathrm{d}F_d = p\cos\alpha\,\mathrm{d}S + \tau_w\sin\alpha\,\mathrm{d}S \tag{3-1}$$

将上式沿整个颗粒表面积分，则可得到总曳力为

$$F_d = \int_S p\cos\alpha\,\mathrm{d}S + \int_S \tau_w\sin\alpha\,\mathrm{d}S \tag{3-2}$$

由上式可以看出总曳力由两部分组成，其中 $\int_S p\cos\alpha\,\mathrm{d}S$ 为压力改变所导致的曳力，主要取决于颗粒的形状和位向，称为形体曳力；而 $\int_S \tau_w\sin\alpha\,\mathrm{d}S$ 则是由于流体和颗粒表面的摩擦所导致的曳力，主要由颗粒表面积的大小决定，称为表面曳力。两者又均与流体的性质、流体的流速有关。图 3-2 表示了在同样的流动条件下，物体的形状和位向对曳力的影响。实际上，影响曳力的因素十分复杂，只有少数几何形状简单的颗粒可求其理论解，所以，目前大都将形体曳力和表面曳力合在一起，即研究总曳力，并可利用下式计算。

(a) 平板平行于流向　　(b) 平板垂直于流向　　(c) 流线形物体

图 3-2　物体的形状和位向对曳力的影响

$$F_d = \zeta A_p \frac{1}{2}\rho u^2 \tag{3-3}$$

式中　F_d——颗粒所受的总曳力，N；
　　　A_p——颗粒在流体流动方向上的投影面积，m^2；
　　　ζ——曳力系数；
　　　ρ——流体的密度，kg/m^3；
　　　u——流体与颗粒间的相对速度，m/s。

2. 曳力系数

对于光滑球体，影响曳力的因素为球体的直径，流体的黏度和密度以及流体与颗粒间的相对速度，即 $F_d = f(d, u, \rho, \mu)$

利用因次分析方法可以得出

$$\zeta = \frac{F_d}{\frac{1}{2}\rho u^2 A_p} = \phi\left(\frac{d\rho u}{\mu}\right) \tag{3-4}$$

若令 $Re_t = \frac{d\rho u}{\mu}$（$Re_t$ 为颗粒运动雷诺数），于是

$$\zeta = \phi(Re_t) \tag{3-5}$$

由式(3-5)可知，ζ 是颗粒与流体相对运动时雷诺数 Re_t 的函数，由实验测得的综合结果示于图 3-3 中。

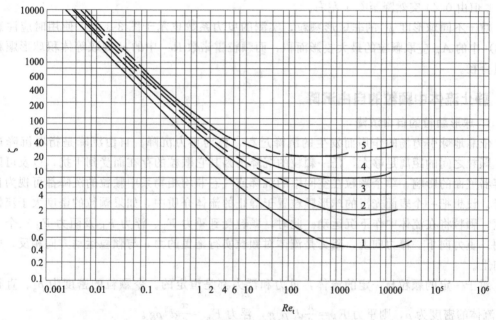

图 3-3 曳力系数 ζ 与颗粒雷诺数的关系

1—$\phi_s = 1$；2—$\phi_s = 0.806$；3—$\phi_s = 0.6$；4—$\phi_s = 0.220$；5—$\phi_s = 0.125$

图中球形颗粒（$\phi_s = 1$）的曲线在不同的雷诺数范围内可用公式表示于下：

当 $Re_t < 2$ 为斯托克斯（Stokes）定律区，$\zeta = \dfrac{24}{Re_t}$；当 $2 < Re_t < 500$ 为阿仑（Allen）区，$\zeta = \dfrac{18.5}{Re_t^{0.6}}$；当 $500 < Re_t < 2 \times 10^5$ 为牛顿（Newton）定律区，$\zeta \approx 0.44$。

在斯托克斯定律区，以其 ζ 值代入式(3-3)中，得 $F_d = 3\pi d u \mu$。与斯托克斯的理论解完全一致。在该区内，曳力与速度成正比，即服从一次方定律。

随着 Re_t 的增大，球面上的边界层开始脱体，脱体点在 $\theta = 85°$ 处，如图 3-4(a) 所示。此时在球的后部形成许多旋涡，称为尾流。尾流区的压强降低，使形体曳力增大。

必须指出，形体曳力的存在并不以边界层脱体为其前提。在斯托克斯定律区（爬流区）并不发生边界层的脱体，但是形体曳力同样存在。边界层脱体现象的发生只是使形体曳力明

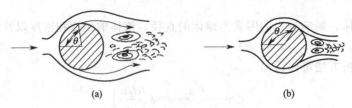

图 3-4　绕球流动时的尾流

显地增加而已。

Re_t 大于 500 以后，形体曳力占重要地位，表面曳力可以忽略。此时，曳力系数不再随 Re_t 而变化（$\zeta=0.44$），曳力与流速的平方成正比，即服从平方定律。

当 Re_t 值达 2×10^5 时，边界层内的流动自层流转为湍流。在湍流边界层内流体的动量增大，使脱体点后移至 $\theta=140°$ 处，如图 3-4(b) 所示。由于尾流区缩小，形体曳力突然下降，ζ 值由 0.44 突然降至 0.1 左右。

对于不同球形度 ϕ_s 的非球形颗粒，实测的曳力系数也示于图 3-3 上。使用时应注意式 (3-3) 中的 A_p 应取颗粒的最大投影面积，而颗粒雷诺数 Re_t 中的 d 则取等体积球形颗粒的当量直径。

二、静止流体中颗粒的自由沉降

1. 球形颗粒的自由沉降

依靠地球引力场的作用而发生的沉降过程，称为重力沉降。自由沉降是指在沉降过程中，颗粒之间的距离足够大，任一颗粒的沉降不因其它颗粒的存在而受到干扰，以及可以忽略容器壁面的影响。单个颗粒在空间中的沉降或气态非均相物系中颗粒的沉降都可视为自由沉降。设想把一个表面光滑的球形颗粒置于静止的流体介质中，如果颗粒的密度大于流体的密度，颗粒将在流体中作下沉运动。此时，颗粒受到重力 F_g、浮力 F_b 及阻力 F_d 三个力的作用。重力向下、浮力向上，阻力是流体对颗粒实行拖曳的力，与颗粒运动方向相反，此时也向上。

对于一定的颗粒与一定的流体，重力和浮力都是恒定的。令颗粒的密度为 ρ_s、直径为 d，流体的密度为 ρ，则重力 $F_g=\frac{\pi}{6}d^3\rho_s g$，浮力 $F_b=\frac{\pi}{6}d^3\rho g$。

阻力随颗粒与流体间的相对运动速度而变，如式(3-3) 所示为

$$F_d=\zeta A_p \cdot \frac{1}{2}\rho u^2$$

根据牛顿第二运动定律，三力的代数和应等于颗粒质量 m 与其加速度 a 的乘积，即

$$F_g-F_b-F_d=ma \tag{3-6}$$

或

$$\frac{\pi}{6}d^3\rho_s g-\frac{\pi}{6}d^3\rho g-\zeta\frac{\pi}{4}d^2\left(\frac{\rho u^2}{2}\right)=\frac{\pi}{6}d^3\rho_s a \tag{3-6a}$$

当颗粒开始沉降的瞬间，$u=0$，因而 $F_d=0$，故加速度 a 具有最大值。随后 u 值不断增加，直至达某一数值 u_t 时，阻力、浮力与重力三者的代数和为零，加速度 $a=0$，颗粒开始作匀速沉降运动。可见，颗粒的沉降过程可分为两个阶段，起初为加速阶段，而后为等速阶段。等速阶段时颗粒相对于流体的运动速度 u_t 称为"沉降速度"，又叫"终端速度"。由于工业上沉降操作所处理的颗粒往往甚小，阻力随速度增长甚快，可在短时间内就达到等速运动，所以加速阶段常常可以忽略不计。

当 $a=0$ 时，$u=u_t$ 代入上述力平衡式，可得

$$u_t = \left[\frac{4gd(\rho_s-\rho)}{3\rho\zeta}\right]^{\frac{1}{2}} \tag{3-7}$$

把曳力系数计算式代入上式，即可求得不同 Re_t 范围内颗粒的沉降速度。

当 $Re_t < 2$ 时

$$u_t = \frac{gd^2(\rho_s-\rho)}{18\mu} \tag{3-8}$$

当 $Re_t = 2 \sim 500$ 时

$$u_t = 0.27\left[\frac{d(\rho_s-\rho)g}{\rho}Re_t^{0.6}\right]^{\frac{1}{2}} \tag{3-9}$$

当 $Re_t = 500 \sim 2\times 10^5$ 时

$$u_t = 1.74\left[\frac{d(\rho_s-\rho)g}{\rho}\right]^{\frac{1}{2}} \tag{3-10}$$

也可以将曳力系数写成如下的一般式

$$\zeta = \frac{b}{Re_t^n} \tag{3-11}$$

不同 Re_t 范围的常数 b 和 n 的值列于表 3-1 中。

表 3-1 常数 b 和 n 的值

区域	Re_t	K	b	n
斯托克斯定律区	<2	<3.3	24	1
阿仑区	2~500	3.3~43.6	18.5	0.6
牛顿定律区	500~2×10⁵	>43.6	0.44	0

2. 沉降速度的计算

计算在给定介质中球形颗粒的沉降速度，可采用试差法。

根据式(3-8)~式(3-10)计算沉降速度 u_t 时，需要预先知道沉降雷诺数 Re_t 值才能选用相应的计算式。但是 u_t 为待求，Re_t 也就为未知。所以沉降速度 u_t 的计算需要用试差法，即先假设沉降属于某一定律区（如 Stokes 定律区），则可直接选用相应的沉降速度公式计算 u_t，然后检验 $Re_t = \dfrac{\rho u_t d}{\mu}$ 值是否在假设的范围内。如果与原设一致，则求得的 u_t 有效。否则，应按算出的 Re_t 值另选其它定律区公式计算，直到按求得 u_t 算出的 Re_t 值与所选用公式的 Re_t 值范围相符为止。

3. 影响沉降速度的因素

实际颗粒的沉降需考虑下列因素。

(1) 干扰沉降 实际非均相物系中存在许多颗粒，相邻颗粒的运动改变了原来单个颗粒周围的流场，颗粒沉降受到相互干扰，称为干扰沉降。在颗粒的体积分数<0.2%的悬浮物系中，用单颗粒自由沉降计算引起的偏差<1%。当颗粒浓度高时，由于颗粒下沉而被置换的流体作反向运动，使作用于颗粒上的曳力增加。此外，悬浮物系的有效密度和黏度也较纯流体大，故干扰沉降的沉降速度比自由沉降小。通常，干扰沉降速度仍按自由沉降计算，必要时可用经验法则给予修正。

(2) 器壁效应　容器的壁面和底面均增加颗粒沉降时的曳力,使颗粒的实际沉降速度较自由沉降速度低。当容器尺寸远远大于颗粒尺寸时(例如在 100 倍以上),器壁效应可忽略,否则需加以考虑。

(3) 分子运动　当颗粒直径小到可与流体分子的平均自由程相比时,颗粒可穿过快速运动的流体分子之间,沉降速度大于按斯托克斯定律计算的值。另外,对于 $d<0.5\mu m$ 的颗粒,沉降将受到流体分子热运动的影响。此时,流体已不能当作连续介质,上述关于颗粒所受曳力的讨论的前提已不再成立。

(4) 颗粒形状　对于非球形颗粒,由于曳力系数比同体积球形颗粒大,所以实际沉降速度比按等体积球形颗粒计算的沉降速度为小。

(5) 液滴或气泡的运动　与刚性固体颗粒相比,液滴或气泡的运动规律有所不同。其主要差别在于液滴或气泡在曳力和压力作用下产生变形,使曳力增大;同时,滴、泡内部的流体产生环流运动,降低了相界面上的相对速度,使曳力减小。

三、重力沉降设备

1. 降尘室

借重力沉降从气流中分离出尘粒的设备称为降尘室。最常见的降尘室如图 3-5(a) 所示。

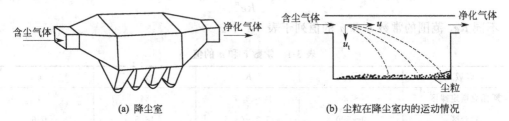

(a) 降尘室　　　　　　　　(b) 尘粒在降尘室内的运动情况

图 3-5　降尘室示意图

含尘气体进入降尘室后,因流道截面积扩大而速度减慢,只要颗粒能够在气体通过降尘室的时间内降至室底,便可从气体中分离出来。颗粒在降尘室内的运动情况示于图 3-5(b) 中。

设 l 为降尘室的长度,m;H 为降尘室的高度,m;b 为降尘室的宽度,m;u 为气体在降尘室的水平通过速度,m/s;V_s 为降尘室的生产能力(即含尘气通过降尘室的体积流量),m^3/s。

则位于降尘室最高点的颗粒沉降至室底需要的时间为

$$\theta_t = \frac{H}{u_t}$$

气体通过降尘室的时间为

$$\theta = \frac{l}{u}$$

为满足除尘要求,气体在降尘室内的停留时间至少需等于颗粒的沉降时间,即

$$\theta \geq \theta_t \quad \text{或} \quad \frac{l}{u} \geq \frac{H}{u_t} \tag{3-12}$$

气体在降尘室内的水平通过速度为

$$u = \frac{V_s}{Hb}$$

将此式代入式(3-12)，并整理得

$$V_s \leqslant blu_t \tag{3-13}$$

可见，理论上降尘室的生产能力只与其沉降面积 bl 及颗粒的沉降速度 u_t 有关，而与降尘室高度 H 无关。故降尘室应设计成扁平形，或在室内均匀设置多层水平隔板，构成多层降尘室，如图 3-6 所示。隔板间距一般为 40~100mm。

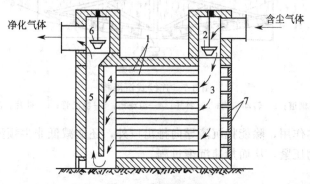

图 3-6　多层除尘室
1—隔板；2,6—调节闸阀；3—气体分配道；4—气体集聚道；5—气道；7—清灰口

若降尘室设置 n 层水平隔板，则多层降尘室的生产能力变为

$$V_s \leqslant (n+1)blu_t \tag{3-14}$$

降尘室结构简单，流动阻力小，但体积庞大，分离效率低，通常只适用于分离粒度大于 $50\mu m$ 的粗颗粒，一般作为预除尘使用。多层降尘室虽能分离较细的颗粒且节省占地地面，但清灰比较麻烦。

需要指出，沉降速度 u_t 应根据需要完全分离下来的最小颗粒尺寸计算。此外，气流速度 u 不应过高，一般应保证气体流动的雷诺数处于层流区，以免干扰颗粒的沉降或把已沉降下来的颗粒重新扬起。根据经验，多数尘粒（包括金属、石棉、石灰、木屑等）的分离，可取 $u < 3m/s$，易被扬起的尘粒（如淀粉、炭墨等）可取 $u < 1.5m/s$。

2. 连续式沉降槽

悬浮液在任何设备内静置都可构成重力沉降器。工业上对大量悬浮液的分离常采用连续式沉降槽或增稠器。

连续式沉降槽是底部略呈锥状的大直径浅槽，如图 3-7 所示。料浆经中央进料口送到液面以下 0.3~1.0m 处，在尽可能减小扰动的条件下，迅速分散到整个横截面上，液体向上流动，清液经由槽顶端四周的溢流堰连续流出，称为溢流；固体颗粒下沉至底部，槽底有徐徐旋转的耙将沉渣缓慢地聚拢到底部中央的排渣口连续排出。排出的稠浆称为底流。

连续式沉降槽的直径，小者数米，大者可达数百米，高度为 2.5~4m。有时将数个沉降槽垂直叠放，共用一根中心竖轴带动各槽的转耙。这种多层沉降槽可以节省地面，但操作控制较为复杂。

连续式沉降槽适用于处理量大而浓度不高且颗粒不甚细微的悬浮料浆，常见的污水处理就是一例。经过这种设备处理后的沉渣中还含有约 50% 的液体。

为了使给定尺寸的沉降槽获得最大可能的生产能力，应尽可能提高沉降速度。向悬浮液中添加少量电解质或表面活性剂，使细粒产生"凝聚"如"絮凝"；改变一些物理条件（如加热、冷冻或震动），使颗粒的粒度或相界面积发生变化，这些都有利于提高沉降速度。沉

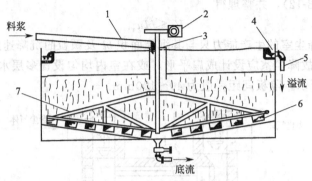

图 3-7 连续式沉降槽

1—进料槽道；2—转动机构；3—料井；4—溢流槽；5—溢流管；6—叶片；7—转耙

降槽中装置搅拌耙的作用，除能把沉渣导向排出口外，还能减低非牛顿型悬浮物系的表观黏度，并能促使沉淀物压紧，从而加速沉聚过程。

 例 3-1 现有密度为 $8010kg/m^3$、直径 $0.16mm$ 的钢球置于密度为 $980kg/m^3$ 的某液体中，盛放液体的玻璃管内径为 $20mm$。测得小球的沉降速度为 $1.70mm/s$，试验温度为 $20℃$，试计算此时液体的黏度。

解：按式(3-12) 可得

$$\mu = \frac{d^2(\rho_s-\rho)g}{18u_t} = \frac{(0.16\times10^{-3})^2(8010-980)\times9.81}{18\times1.70\times10^{-3}}$$
$$= 0.0567(Pa \cdot s)$$

校核颗粒雷诺数

$$Re_t = \frac{du_t\rho}{\mu} = \frac{0.16\times10^{-3}\times1.70\times10^{-3}\times980}{0.0567} = 4.70\times10^{-3} < 2$$

上述计算有效。

参观重力沉降设备的工作过程，了解重力沉降设备的结构分类等。

阅读材料

非球形颗粒的自由沉降

颗粒在流体中运动时所受到的曳力，还与其形状密切相关。颗粒形状与球形的差异程度，可用球形度 ϕ_s 来表示

$$\phi_s = \frac{与该颗粒体积相等的球的表面积}{一个颗粒的表面积} \tag{3-15}$$

球形度 ϕ_s 值越小，颗粒形状与圆球的差异越大。当颗粒为球形时，$\phi_s=1$。几种 ϕ_s 值下的曳力系数 ζ 与颗粒雷诺数 Re_t 的关系曲线已示于图 3-3 中。

非球形颗粒绕流时，颗粒雷诺数 Re_t 中的 d 要用当量直径 d_e 代替。d_e 是与该颗粒体积相等的圆球直径。即：

$$V_p = \frac{\pi}{6} d_e^3$$

$$d_e = \sqrt[3]{\frac{6}{\pi} V_p} \tag{3-16}$$

由图 3-3 可见，颗粒的球形度越小，对应于同一 Re_t 值的曳力系数 ζ 越大，但 ϕ_s 值对 ζ 的影响在斯托克斯定律区并不显著。

第二节 过 滤

知识与技能

1. 理解过滤以及过滤方式等基本概念。
2. 认识过滤设备。
3. 理解过滤基本方程、过滤时间与滤液量的关系，会计算简单的过滤时间等问题。

过滤是分离悬浮液最普遍和最有效的单元操作之一。过滤操作可获得清净的液体或固相产品。与沉降分离相比，过滤操作可使悬浮液的分离更迅速更彻底。在某些场合下，过滤是沉降的后续操作。过滤也属于机械分离操作，与蒸发、干燥等非机械操作相比，其能量消耗比较低。

一、过滤基本概念

过滤是以某种多孔物质为介质，在外力作用下，使悬浮液中的液体通过介质的孔道，而固体颗粒被截留在介质上，从而实现固、液分离的操作。过滤操作采用的多孔物质称为过滤介质，所处理的悬浮液称为滤浆或料浆，通过多孔通道的液体称为滤液，被截留的固体物质称为滤饼或滤渣。图 3-8 是过滤操作示意图。

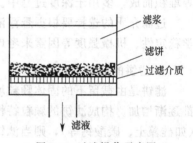

图 3-8 过滤操作示意图

实现过滤操作的外力可以是重力、压强差或惯性、离心力。在化工中应用最多的还是以压强差为推动力的过滤。

1. 过滤方式

过滤的基本方式有两种：深层过滤和滤饼过滤。

在深层过滤操作中，颗粒尺寸比过滤介质孔径小，但过滤介质的孔道弯曲细长，当流体通过过滤介质时，颗粒随流体一起进入介质的孔道中，在惯性和扩散作用下，颗粒在运动过程中趋于孔道壁面，并在表面力和静电的作用下附着在孔道壁面上，如图 3-9 所示。这种过滤方式的特点是过滤在过滤介质内部进行，过滤介质表面无固体颗粒层形成。由于过滤介质孔道细长，通常过滤阻力较大。这种过滤方式常用于净化含颗粒尺寸甚小，且含量甚微的情况。

在滤饼过滤操作中，流体中的固体颗粒被截留在过滤介质表面上，形成一颗粒层，称为滤饼（如图 3-10 所示）。对于这种操作，当过滤开始时，特别小的颗粒可能会通过过滤介质，得到浑浊的液体，但随着过滤的进行，较小的颗粒在过滤介质表面形成"架桥"现象，形成滤饼，其后，滤饼成为主要的"过滤介质"，从而使通过滤饼层的液体变为清液，固体颗粒得到有效的分离。滤饼过滤适用于处理颗粒含量较高的悬浮液，是化工生产中的主要过滤方式，本节主要讨论滤饼过滤。

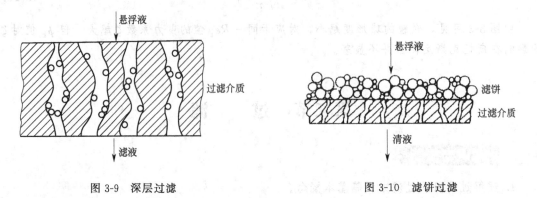

图 3-9　深层过滤　　　　　　　　　图 3-10　滤饼过滤

2. 过滤介质

工业操作使用的过滤介质主要有以下几种。

(1) 织物介质　由天然或合成纤维、金属丝等编织而成的滤布、滤网，是工业生产使用最广泛的过滤介质。它的价格便宜，清洗及更换方便，可截留颗粒的最小直径为 $5\sim65\mu m$。

(2) 多孔固体介质　此类介质包括素瓷、烧结金属（或玻璃）、或由塑料细粉黏结而成的多孔性塑料管等，能截留小至 $1\sim3mm$ 的微小颗粒。

(3) 堆积介质　此类介质由各种固体颗粒（细砂、木炭、石棉、硅藻土）或非编织纤维等堆积而成，多用于深度过滤中。

过滤介质的选择要根据悬浮液中固体颗粒的含量及粒度范围，介质所能承受的温度和化学稳定性、机械强度等因素来考虑。

3. 滤饼的压缩性和助滤剂

滤饼是由截留下的固体颗粒堆积而成的床层，随着操作的进行，滤饼的厚度与流动阻力都逐渐增加。构成滤饼的颗粒特性对流动阻力的影响悬殊。颗粒如果是不易变形的坚硬固体（如硅藻土、碳酸钙等），则当滤饼两侧的压强差增大时，颗粒的形状和颗粒间的空隙都不发生明显变化，单位厚度床层的流动阻力可视为恒定，这类滤饼称为不可压缩滤饼。相反，如果滤饼是由某些类似氢氧化物的胶体物质构成，则当滤饼两侧的压强差增大时，颗粒的形状和颗粒间的空隙便有明显的改变，单位厚度饼层的流动阻力随压强差升高而增大，这种滤饼称为可压缩滤饼。

为了减小可压缩滤饼的流动阻力，有时将某种质地坚硬而能形成疏松饼层的另一种固体颗粒混入悬浮液或预涂于过滤介质上，以形成疏松饼层，使滤液得以畅流。这种预混或预涂的粒状物质称为助滤剂。

对助滤剂的基本要求如下：(1) 应是能形成多孔饼层的刚性颗粒，使滤饼有良好的渗透性及较低的流动阻力；(2) 应具有化学稳定性，不与悬浮液发生化学反应，也不溶于液相中；(3) 在过滤操作的压强差范围内，应具有不可压缩性，以保持滤饼有较高的空隙率。

应予注意，一般以获得清净滤液为目的时，采用助滤剂才是适宜的。

二、过滤设备

各种生产工艺形成的悬浮液的性质有很大的差异，过滤的目的、原料的处理量也很不相同。长期以来，为适应各种不同要求而发展了多种形式的过滤机，这些过滤机可按产生压差的方式不同而分成两大类，压滤或吸滤（如叶滤机、板框压滤机、回转真空过滤机等）和离心过滤。各种过滤机的规格及主要性能可查阅有关产品样本。下面重点介绍常见的板框压滤机和叶滤机。

1. 板框压滤机

板框压滤机是一种具有较长历史但仍沿用不衰的间歇式压滤机，它由多块带棱槽面的滤板和滤框交替排列组装于机架所构成，见图 3-11。滤板和滤框的个数在机座长度范围内可自行调节，一般为 10～60 块不等，过滤面积约为 2～80m²。

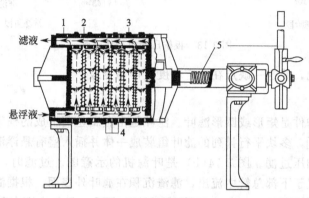

图 3-11 板框压滤机
1—固定头；2—滤板；3—滤框；4—滤布；5—压紧装置

滤板和滤框的构造见图 3-12。板和框的四角开有圆孔，组装叠合后即分别构成供滤浆、滤液、洗涤液进出的通道（图 3-13）。操作开始前，先将四角开孔的滤布盖于板和框的交界面上，借手动、电动或液压传动使螺旋杆转动压紧板和框。悬浮液从通道 1 进入滤框，滤液穿过框两边的滤布，从每一滤板的左下角经通道 3 排出机外。待框内充满滤饼，即停止过滤。此时可根据需要，决定是否对滤饼进行洗涤，可进行洗涤的板框压滤机（可洗式板框压滤机）的滤板有两种结构：洗涤板与非洗涤板，两者应交替排列。洗涤液由通道 2 进入洗涤板的两侧，穿过整块框内的滤饼，在非洗涤板的表面汇集，由右下角小孔流入通道 4 排出。洗涤完毕后，即停车松开螺旋，卸除滤饼，洗涤滤布，为下一次过滤做好准备。

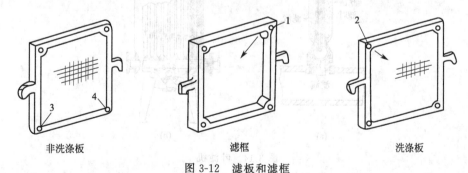

非洗涤板　　　　滤框　　　　洗涤板
图 3-12 滤板和滤框
1—悬浮液通道；2—洗涤液入口通道；3—滤液通道；4—洗涤液出口通道

板框压滤机的优点是结构紧凑，过滤面积大，主要用于过滤含固量多的悬浮液。由于它可承受较高的压差，其操作压强一般为 0.3～1.0MPa，因此可用于过滤细小颗粒或液体黏度较高的物料。它的缺点是装卸、清洗大部分借手工操作，劳动强度较大。近代各种自动操

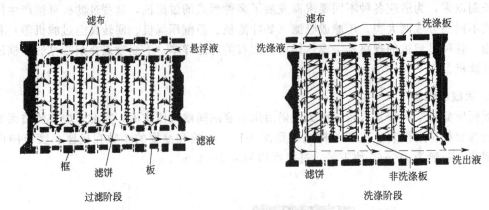

图 3-13 板框压滤机操作简图

作板框压滤机的出现,使这一缺点在一定程度上得到克服。

2. 叶滤机

叶滤机的主要构件是矩形或圆形滤叶。滤叶是由金属丝网组成的框架其上覆以滤布所构成〔参见图 3-14(a)〕,多块平行排列的滤叶组装成一体并插入盛有悬浮液的滤槽中。滤槽可以是封闭的,以便加压过滤。图 3-14(b) 是叶滤机的示意图。过滤时,滤液穿过滤布进入网状中空部分并汇集于下部总管中流出,滤渣沉积在滤叶外表面。根据滤饼的性质和操作压强的大小,滤饼层厚度可达 2~35mm。每次过滤结束后,可向滤槽内通入洗涤水进行滤饼的洗涤,也可将带有滤饼的滤叶移入专门的洗涤槽中进行洗涤,然后用压缩空气、清水或蒸汽反向吹卸滤渣。

叶滤机的操作密封,过滤面积较大(一般为 $20\sim100m^2$),劳动条件较好。在需要洗涤时,洗涤液与滤液通过的途径相同,洗涤比较均匀。每次操作时,滤布不用装卸,但一旦破损,更换较困难。对密闭加压的叶滤机,因其结构比较复杂,造价较高。

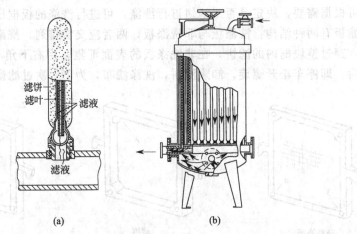

图 3-14 叶滤机

三、过滤基本方程

1. 过滤速度与过滤速率

单位时间获得的滤液体积称为过滤速率,单位为 m^3/s。单位过滤面积上的过滤速率称为过滤速度,单位为 m/s。若过滤过程中其它因素不变,则由于滤饼厚度不断增加而使过滤速度逐渐变小。任一瞬间的过滤速度可写成如下形式：

$$u = \frac{dV}{A d\theta} \tag{3-17}$$

式中 V——滤液量，m^3；
$\quad\quad \theta$——过滤时间，s；
$\quad\quad A$——过滤面积，m^2。

2. 滤饼阻力

对于不可压缩滤饼，任一瞬间单位面积上的过滤速率与滤饼上、下游两侧的压强差 Δp 成正比，Δp 也是过滤操作的推动力；同时与滤饼厚度 L、滤液黏度 μ 等成反比。考虑到滤饼本身的性质，以及滤料颗粒形状、尺寸及床层空隙率对滤液流动的影响（床层空隙率 ε 愈小及颗粒比表面 a 愈大，则床层愈致密，对流体流动的阻滞作用也愈大），引入比阻的概念。比阻（r）是单位厚度滤饼的阻力，它在数值上等于黏度为 $1Pa \cdot s$ 的滤液以 $1m/s$ 的平均流速通过厚度为 $1m$ 的滤饼层时所产生的压强降。则滤饼阻力为

$$R_1 = rL \tag{3-18}$$

3. 过滤介质的阻力

滤饼过滤中，过滤介质的阻力一般都比较小，但有时却不能忽略，尤其在过滤初始滤饼尚薄的期间。过滤介质的阻力当然也与其厚度及本身的致密程度有关。通常把过滤介质的阻力视为常数，仿照式(3-18)可以写出过滤介质阻力

$$R_2 = rL_e \tag{3-19}$$

式中，L_e 为过滤介质的当量滤饼厚度，m。

由于很难划定过滤介质与滤饼之间的分界面，更难测定分界面处的压强，因而过滤介质的阻力与最初所形成的滤饼层的阻力往往是无法分开的，所以过滤操作中总是把过滤介质与滤饼联合起来考虑。

通常，滤饼与滤布的面积相同，所以两层中的过滤速度应相等，则

$$\frac{dV}{A d\theta} = \frac{\Delta p_c + \Delta p_m}{\mu(R_1 + R_2)} = \frac{\Delta p}{\mu(R_1 + R_2)} \tag{3-20}$$

式中，$\Delta p = \Delta p_1 + \Delta p_2$，代表滤饼与滤布两侧的总压强降，称为过滤压强差。在实际过滤设备上，常有一侧处于大气压下，此时 Δp 就是另一侧表压的绝对值，所以 Δp 也称为过滤的表压强。式(3-20)表明，可用滤液通过串联的滤饼与滤布的总压强降来表示过滤推动力，用两层的阻力之和来表示总阻力。

式(3-20)也可表示为

$$\frac{dV}{A d\theta} = \frac{\Delta p}{\mu(rL + rL_e)} = \frac{\Delta p}{\mu r(L + L_e)} \tag{3-21}$$

在一定的操作条件下，以一定介质过滤一定悬浮液时，L_e 为定值；但同一介质在不同的过滤操作中，L_e 值不同。

4. 过滤基本方程

在滤饼过滤过程中，滤饼厚度 L 随时间增加，滤液量也不断增多。

若每获得 $1m^3$ 滤液所形成的滤饼体积为 v（m^3），则任一瞬间的滤饼厚度 L 与当时已经获得的滤液体积 V 之间的关系应为

$$LA = vV$$

则
$$L = \frac{vV}{A} \tag{3-22}$$

式中，v 为滤饼体积与相应的滤液体积之比，无量纲，或 m^3/m^3。

同理，如生成厚度为 L_e 的滤饼所应获得的滤液体积以 V_e 表示，则

$$L_e = \frac{vV_e}{A} \tag{3-23}$$

式中，V_e 为过滤介质的当量滤液体积，或称虚拟滤液体积，m^3。

在一定的操作条件下，以一定介质过滤一定的悬浮液时，V_e 为定值，但同一介质在不同的过滤操作中，V_e 值不同。

于是，式(3-23) 可以写成：

$$\frac{dV}{A d\theta} = \frac{\Delta p}{\mu r v \left(\frac{V+V_e}{A} \right)} \tag{3-24}$$

或

$$\frac{dV}{d\theta} = \frac{A^2 \Delta p}{\mu r v (V+V_e)} \tag{3-25}$$

式(3-25) 是过滤速率与各有关因素间的一般关系式。该式可称为过滤基本方程式。对于不可压缩滤饼，需针对操作的具体方式进行计算。

过滤操作有两种典型的方式，即恒压过滤及恒速过滤。有时，为避免过滤初期因压强差过高而引起滤液浑浊或滤布堵塞，可采用先恒速后恒压的复合操作方式，过滤开始时以较低的恒定速率操作，当表压升至给定数值后，再转入恒压操作。当然，工业上也有既非恒速亦非恒压的过滤操作，如用离心泵向压滤机送料浆即属此例。

四、过滤时间与滤液量

1. 恒压过滤

若过滤操作是在恒定压强差下进行的，则称为恒压过滤。恒压过滤是最常见的过滤方式。恒压过滤时滤饼不断变厚，致使阻力逐渐增加，但推动力 Δp 恒定，因而过滤速率逐渐变小。

对于一定的悬浮液，压强差 Δp 不变时，式(3-25) 中，令 $K = \frac{2\Delta p}{\mu r' v}$ 则式(3-25) 变为

$$\frac{dV}{d\theta} = \frac{KA^2}{2(V+V_e)} \tag{3-26}$$

恒压过滤时，K、A、V_e 都是常数，故上式的积分形式为

$$\int (V+V_e) dV = \frac{KA^2}{2} \int d\theta$$

如前所述，式中 V_e 为与过滤介质阻力相对应的虚拟滤液体积，假定获得体积为 V_e 的滤液所需的虚拟过滤时间为 θ_e（常数），则积分的边界条件为

过滤时间	滤液体积
$0 \to \theta_e$	$0 \to V_e$
$\theta_e \to \theta + \theta_e$	$V_e \to V + V_e$

此处过滤时间是指虚拟的过滤时间（θ_e）与实在的过滤时间（θ）之和；滤液体积是指虚拟滤液体积（V_e）与实在的滤液体积（V）之和，于是可写出

$$\int_0^{V_e} (V+V_e) d(V+V_e) = \frac{KA^2}{2} \int_0^{\theta_e} d(\theta + \theta_e)$$

及
$$\int_{V_e}^{V+V_e}(V+V_e)\mathrm{d}(V+V_e)=\frac{KA^2}{2}\int_{\theta_e}^{\theta+\theta_e}\mathrm{d}(\theta+\theta_e)$$

积分以上二式得到
$$V_e^2=KA^2\theta_e \tag{3-27}$$

及
$$V^2+2V_eV=KA^2\theta \tag{3-28}$$

式(3-27)与式(3-28)相加可得
$$(V+V_e)^2=KA^2(\theta+\theta_e) \tag{3-29}$$

式(3-29)称为恒压过滤方程式,它表明恒压过滤时滤液体积与过滤时间的关系为抛物线方程,如图3-15所示。图中曲线的Ob段表示实在的过滤时间θ与实在的滤液体积V之间的关系,而O_eO段则表示与介质阻力相对应的虚拟过滤时间θ_e与虚拟滤液体积V_e之间的关系。

当过滤介质阻力可以忽略时,$V_e=0$,$\theta_e=0$,则式(3-29)简化为
$$V^2=KA^2\theta \tag{3-30}$$

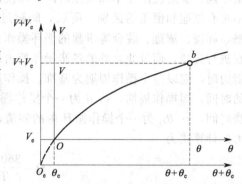

图3-15 恒压过滤的滤液体积与过滤时间关系曲线

又令 $q=\dfrac{V}{A}$ 及 $q_e=\dfrac{V_e}{A}$

则式(3-27)~式(3-29)可分别写成如下形式,即
$$q_e^2=K\theta_e \tag{3-31}$$
$$q^2+2q_eq=K\theta \tag{3-32}$$
$$(q+q_e)^2=K(\theta+\theta_e) \tag{3-33}$$

上式也称恒压过滤方程式。

恒压过滤方程式中的K是由物料特性及过滤压强差所决定的常数,称为过滤常数,其单位为m^2/s;θ_e与q_e是反映过滤介质阻力大小的常数,均称为介质常数,其单位分别为 s 及 m^3/m^2,三者总称过滤常数。

当介质阻力可以忽略时,$q_e=0$,$\theta_e=0$,则式(3-31)或式(3-32)可简化为
$$q^2=K\theta \tag{3-34}$$

2. 恒速过滤

过滤设备(如板框压滤机)内部空间的容积是一定的,当料浆充满此空间后,供料的体积流量就等于滤液流出的体积流量,即过滤速率。所以,当用排量固定的正位移泵向过滤机供料而未打开支路阀时,过滤速率便是恒定的。这种维持速率恒定的过滤方式称为恒速过滤。

恒速过滤时的过滤速度为
$$\frac{\mathrm{d}V}{A\mathrm{d}\theta}=\frac{V}{A\theta}=\frac{q}{\theta}=u_R=常数 \tag{3-35}$$

所以
$$q=u_R\theta \tag{3-36}$$

或
$$V=Au_R\theta \tag{3-37}$$

式中,u_R为恒速阶段的过滤速度,m/s。

式(3-37)也表明,恒速过滤时,V(或q)与θ的关系是通过原点的直线。

五、过滤机生产能力

过滤机的生产能力通常是指单位时间获得的滤液体积,少数情况下也有按滤饼的产量或滤饼中固相物质的产量来计算的。

洗涤滤饼的目的在于回收滞留在缝隙间的滤液,或净化构成滤饼的颗粒。当滤饼需要洗涤时,单位面积洗涤液的用量 q_W 需由实验决定。然后可以按过滤机的洗涤液流经滤饼的通道不同,决定洗涤速率和洗涤时间。在洗涤过程中滤饼不再增厚,洗涤速率为一常数,从而不再有恒速和恒压的区别。所以,间歇过滤机的特点是在整个过滤机上依次进行过滤、洗涤、卸渣、清理、装合等步骤的循环操作。在每一循环周期中,全部过滤面积只有部分时间在进行过滤,而过滤之外的各步操作所占用的时间也必须计入生产时间内。因此在计算生产能力时,应以整个操作周期为基准。操作周期为 $T=\theta+\theta_W+\theta_D$。式中,$T$ 为一个操作循环的时间,即操作周期,s;θ 为一个操作循环内的过滤时间,s;θ_W 为一个操作循环内的洗涤时间,s;θ_D 为一个操作循环内的卸渣、清理、装合等辅助操作所需时间,s。则生产能力的计算式为

$$Q=\frac{3600V}{T}=\frac{3600V}{\theta+\theta_W+\theta_D} \tag{3-38}$$

式中 V ——一个操作循环内所获得的滤液体积,m^3;

Q ——生产能力,m^3/h。

例 3-2 用一板框压滤机在 300kPa 压强差下过滤某悬浮液。已知过滤常数 K 为 $7.5\times 10^{-5} m^2/s$,q_e 为 $0.012 m^3/m^2$。要求每一操作周期得 $8 m^3$ 滤液,过滤时间为 0.5h。设滤饼不可压缩,且滤饼与滤液体积之比为 0.025。试求:过滤时间;若操作压强差提高至 600kPa,现有一台板框过滤机,每框的尺寸为 635mm×635mm×25mm,若要求每个过滤周期仍得 $8 m^3$ 滤液,则至少需要多少个框才能满足要求?过滤时间又为多少?

解:由 $(q+q_e)^2=K\tau$ 和 $q=\dfrac{V}{A}$

有 $(8/A+0.012)^2=7.5\times 10^{-5}\times 0.5\times 3600$

则过滤面积为 $A=22.5 m^2$

滤饼体积 $V=8\times 0.025=0.2(m^3)$

框数 $n=\dfrac{0.2}{0.635\times 0.635\times 0.025}=20$

过滤总面积 $A_总=0.635^2\times 2\times 20=16.13(m^2)$

因 $\dfrac{K_2}{K_1}=\dfrac{\Delta p_2}{\Delta p_1}=2$,$K_2=2K_1$,同样由 $(q+q_e)^2=K\tau$

$$(8/16.13+0.012)^2=1.5\times 10^{-4}\tau$$
$$\tau=0.478h$$

 技能训练

恒压过滤

1. 实训目的

(1) 了解板框过滤机的结构,掌握其操作方法。

(2) 测定恒压过滤操作时的过滤常数。

2. 实训内容

测定恒压过滤操作时的过滤常数 K、q_e、θ_e。

3. 实训装置及参数设置

(1) 实训装置如图 3-16 所示。

(2) 部分实训参数设置如图 3-17 所示。

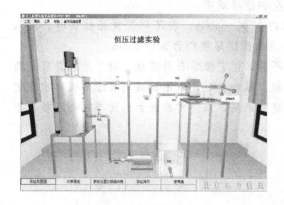

图 3-16 恒压过滤实训装置图　　　　图 3-17 恒压过滤参数设置

4. 实训操作

详见仿真软件操作指导。

回转真空过滤机

回转真空过滤机是工业上使用较广的一种连续式过滤机，其操作如图 3-18 所示。在水平安装的中空转鼓表面上覆以滤布，转鼓下部浸入盛有悬浮液的滤槽中并以 0.1～3r/min 的转速转动。转鼓内分 12 个扇形格，每格与转鼓端面上的带孔圆盘相通。此转动盘与装于支架上的固定盘借弹簧压力紧密叠合，这两个互相叠合而又相对转动的圆盘组成一副分配头，如图 3-19 所示。

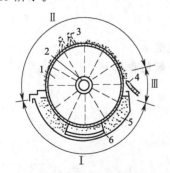

转动盘　　固定盘

图 3-18 回转真空过滤机操作简图　　图 3-19 回转真空过滤机的分配头
1—转鼓；2—分配头；3—洗涤水喷嘴；　　1、2—与滤液储罐相通的槽；
4—刮刀；5—悬浮液槽；6—搅拌器　　　　3—与洗液储罐相通的槽；
Ⅰ—过滤区；Ⅱ—洗涤脱水区；Ⅲ—卸渣区　　4、5—通压缩空气的孔

转鼓表面的每一格按顺时针方向旋转一周时，相继进行着过滤、脱水、洗涤、卸渣、再生等操作。例如，当转鼓的某一格转入液面下时，与此格相通的转盘上的小孔即与固定盘上的槽1（图3-19，下同）相通，抽吸滤液。当此格离开液面时，转鼓表面与槽2相通，将滤饼中的液体吸干。当转鼓继续旋转时，可在转鼓表面喷洒洗涤液进行滤饼洗涤，洗涤液通过固定盘的槽3抽往洗液储槽。转鼓的右边装有卸渣用的刮刀，刮刀与转鼓表面的距离可以调节，且此时该格转鼓内部与固定盘的孔4相通，借压缩空气吹卸滤渣。卸渣后的转鼓表面在必要时可由固定盘的孔5吹入压缩空气，以再生和清理滤布。

转鼓浸入悬浮液的面积约为全部转鼓面积的30%~40%。在不需要洗涤滤饼时，浸入面积可增加至60%，脱离吸滤区后转鼓表面形成的滤饼厚度约为3~40mm。

回转真空过滤机的过滤面积不大，压差也不高，但它操作自动连续，对于处理量较大而压差不需很大的物料的过滤比较合适。在过滤细、黏物料时，采用助滤剂预涂的操作也比较方便，此时可将卸料刮刀略微离开转鼓表面一定的距离，以使转鼓表面的助滤剂层不被刮下而在较长的操作时间内发挥助滤作用。

 巩固练习

一、填空题

1. 一球形石英颗粒，在空气中按斯托克斯定律沉降，若空气温度由20℃升至50℃，则其沉降速度将_____。

2. 降尘室的生产能力与降尘室的_____和_____有关，与降尘室的_____无关。

3. 在除去某粒径的颗粒时，若降尘室的高度增加一倍，则沉降时间_____，气流速度_____，生产能力_____。

4. 在滞流（层流）区，颗粒的沉降速度与颗粒直径的_____次方成正比。在湍流区，颗粒的沉降速度与颗粒直径的_____次方成正比。

5. 在过滤的大部分时间中，_____起到了主要过滤介质的作用。

6. 过滤介质阻力忽略不计，滤饼不可压缩，则恒速过滤过程中滤液体积由V_1增至$V_2=2V_1$时，则操作压差由ΔP_1增大至$\Delta P_2=$_____。

二、选择题

1. 自由沉降的意思是（   ）。
A. 颗粒在沉降过程中受到的流体阻力可忽略不计
B. 颗粒开始的降落速度为零，没有附加一个初始速度
C. 颗粒在降落的方向上只受重力作用，没有离心力等的作用
D. 颗粒间不发生碰撞或接触的情况下的沉降过程

2. 颗粒的沉降速度不是指（   ）。
A. 等速运动段的颗粒降落的速度
B. 加速运动段任一时刻颗粒的降落速度
C. 加速运动段结束时颗粒的降落速度
D. 净重力（重力减去浮力）与流体阻力平衡时颗粒的降落速度

3. 对于恒压过滤（   ）。
A. 滤液体积增大一倍则过滤时间增大为原来的$\sqrt{2}$倍

B. 滤液体积增大一倍则过滤时间增大至原来的2倍

C. 滤液体积增大一倍则过滤时间增大至原来的4倍

D. 当介质阻力不计时，滤液体积增大一倍，则过滤时间增大至原来的4倍

4. 恒压过滤时，如介质阻力不计，滤饼不可压缩，过滤压差增大一倍时同一过滤时刻所得滤液量（　　）。

A. 增大至原来的2倍　　　　　　B. 增大至原来的4倍

C. 增大至原来的$\sqrt{2}$倍　　　　　　D. 增大至原来的1.5倍

5. 过滤推动力一般是指（　　）。

A. 过滤介质两边的压差　　　　　B. 过滤介质与滤饼构成的过滤层两边的压差

C. 滤饼两面的压差　　　　　　　D. 液体进出过滤机的压差

6. 用板框压滤机恒压过滤某一滤浆（滤渣为不可压缩，且忽略介质阻力），若过滤时间相同，要使其得到的滤液量增加一倍的方法有（　　）。

A. 将过滤面积增加1倍　　　　　B. 将过滤压差增加1倍

C. 将滤浆温度提高1倍　　　　　D. 将过滤压差增加2倍

7. 当固体微粒在大气中沉降属于斯托克斯定律区（层流区域）时，以（　　）的大小对沉降速度的影响最为显著。

A. 颗粒密度　　B. 空气黏度　　C. 颗粒直径　　D. 空气温度

8. 恒压过滤时过滤速率随过程的进行而不断（　　）。

A. 加快　　　　B. 减慢　　　　C. 不变　　　　D. 不确定

三、判断题

1. 离心机的分离因数α愈大，表明它的分离能力愈强。　　　　　　　　（　）

2. 固体颗粒在大气中沉降在斯托克斯定律区域时，以颗粒直径的大小对沉降速度的影响最为显著。　　　　　　　　　　　　　　　　　　　　　　　　（　）

3. 沉降器的生产能力与沉降高度有关。　　　　　　　　　　　　　　　（　）

4. 恒压过滤过程的过滤速度是恒定的。　　　　　　　　　　　　　　　（　）

5. 要使固体颗粒在沉降器内从流体中分离出来，颗粒沉降所需要的时间必须大于颗粒在沉降器内的停留时间。　　　　　　　　　　　　　　　　　　　　　（　）

6. 粒子的离心沉降速度与重力沉降速度一样，是一个不变值。　　　　　（　）

7. 滤渣的比阻越大，说明越容易过滤。　　　　　　　　　　　　　　　（　）

8. 恒压过滤时过滤速率随过程的进行不断下降。　　　　　　　　　　　（　）

四、问答题

1. 影响沉降的因素有哪些？

2. 恒压过滤时，如加大操作压力或提高滤浆温度，过滤速率会发生什么变化？为什么？

五、计算题

1. 某板框过滤机框的长、宽、厚为250mm×250mm×20mm，框数为8，以此过滤机恒压过滤某悬浮液，测得过滤时间为8.75min与15min时的滤液量分别为0.15m³及0.20m³，试计算过滤常数K。

2. 用板框压滤机过滤某悬浮液，恒压过滤10min，得滤液10m³。若过滤介质阻力忽略不计，试求：(1) 过滤1h后的滤液量；(2) 过滤1h后的过滤速率$dV/d\tau$。

第四章 传　热

传热是自然界中普遍存在的一种现象，在科学技术、工业生产以及日常生活中都占有很重要的地位，尤其与化学工业更为密切。因为，化工生产中的化学反应通常是在一定的温度下进行的，这不仅需要将反应物加热到适当的温度，而且反应后的产物也常需冷却。比如，在蒸馏、吸收、干燥等操作中，反应的物料都有一定的温度要求。此外，高温或低温下操作的设备和管道也都要求保持一定的温度，以减少它们和外界的热量交换。一般来讲，化工生产对传热过程有两方面的要求：一是强化传热过程，即在传热设备中加热或冷却物料，希望以高传热速率来进行热量传递，使物料达到指定温度或回收热量，同时使传热设备紧凑，节省设备费用。一是削弱传热过程，即对高、低温设备或管道进行保温，以减少热量损失。可见传热是化工生产中重要的单元操作之一。

第一节　认识换热器

 知识与技能

1. 了解传热过程的分类，掌握传热方式。
2. 认识常见的换热器，了解其种类与结构。

在化工生产中的强化传热过程和削弱传热过程中，都要用到传热设备。换热器就是将热流体的部分热量传递给冷流体的设备，又称热交换器。在化工生产中，换热器可作为加热器、冷却器、冷凝器、蒸发器和再沸器等广泛应用。

一、传热过程

1. 传热过程分类

化工生产中常见的情况是冷热流体之间进行热交换。根据冷热流体的接触情况，工业上的传热过程分为直接接触式传热、蓄热式传热和间壁式传热三类。

(1) 直接接触式传热　直接接触式传热是指传热中的冷、热流体在传热设备中通过直接混合的方式进行热量交换，又称混合式传热。该传热方便、有效，而且传热设备结构简单，常用于热气体的水冷或热水的空气冷却，其缺点是在工艺上必须允许两种流体能够相互混合。

(2) 蓄热式传热　蓄热式传热是指冷、热两种流体交替通过同一蓄热室，通过填料将从热流体来的热量传递给冷流体，以达到换热的目的，如图4-1所示。蓄热式传热设备结构简单，可耐高温，常用于气体的余热或冷量的利用。但是，由于填料需要蓄热，其设备体积较大，且两种流体交替时难免会有一定程度的混合。

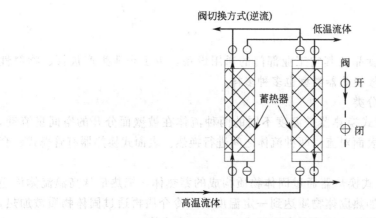

图 4-1 蓄热式传热

(3) 间壁式传热 在多数情况下，化工工艺上不允许冷热流体直接接触，故直接接触式传热和蓄热式传热在工业上并不多见，实际工业上应用最多的是间壁式传热过程，如图 4-2 所示。间壁式传热是在冷、热两种流体之间用一金属壁（或石墨等导热性能好的非金属壁）隔开，以便使两种流体在不相混合的情况下进行热量传递。这类换热器中以套管式换热器和列管式换热器为典型设备。

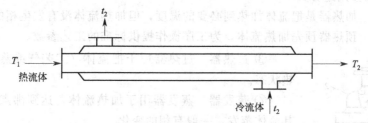

图 4-2 间壁式传热

2. 传热方式

(1) 热传导 热量从物体内温度较高的部分传递到温度较低的部分，或传递到与之接触的另一物体的过程称为热传导，又称导热。在纯的热传导过程中，物体各部分之间不发生相对位移，即没有物质的宏观位移。从微观角度来看，气体、液体、导电固体和非导电固体的导热机理各不相同。气体传导中，气体分子作不规则热运动时相互碰撞。导体固体传导中，自由电子在晶格间运动；良好的导电体中有相当多的自由电子在晶格之间运动，正如这些自由电子能传导电能一样，它们也能将热能从高温处传到低温处。非导电体的导热是通过晶格结构的振动来实现的。液体传导类似于气体和非导电固体。

(2) 热对流 热对流是指流体内部质点发生相对位移而引起的热量传递过程。对流只能发生在流体中。根据引起质点发生相对位移的原因，热对流分为自然对流和强制对流。自然对流是指流体原来是静止的，但内部由于温度不同、密度不同，造成流体内部上升下降运动而发生对流。强制对流是指流体在某种外力的强制作用下运动而发生的对流。

(3) 热辐射 辐射是一种以电磁波传播能量的现象。物体会因各种原因发射出辐射能，其中物体因热的原因发出辐射能的过程称为热辐射。物体放热时，热能变为辐射能，以电磁波的形式在空间传播，当遇到另一物体，则部分或全部被吸收，重新又转变为热能。热辐射不仅是能量的转移，而且伴有能量形式的转化。此外，辐射能可以在真空中传播，不需要任何物质作为媒介。

二、换热器

1. 换热器种类

换热器是化工、石油、食品及其它工业部门的通用设备，由于企业生产规模、物料性质、传热要求等各不相同，故换热器类型也多种多样。

(1) 换热器按传热原理分类

① 表面式换热器　表面式换热器是温度不同的两种流体在被壁面分开的空间里流动，通过壁面的导热和流体在壁表面对流，两种流体之间进行换热。表面式换热器有管壳式、套管式和其它型换热器等。

② 蓄热式换热器　蓄热式换热器通过固体物质构成的蓄热体，把热量从高温流体传递给低温流体，热介质先通过加热固体物质达到一定温度后，冷介质再通过固体物质被加热，使之达到热量传递的目的。蓄热式换热器有旋转式、阀门切换式等。

③ 流体连接间接式换热器　流体连接间接式换热器是把两个表面式换热器由在其中循环的热载体连接起来的换热器，热载体在高温流体换热器和低温流体之间循环，在高温流体接受热量，在低温流体换热器把热量释放给低温流体。

④ 直接接触式换热器　直接接触式换热器是两种流体直接接触进行换热的设备，如冷水塔、气体冷凝器等。

(2) 换热器按用途分类

① 加热器　加热器是把流体加热到必要的温度，但加热流体没有发生相的变化。

② 预热器　预热器预先加热流体，为工序操作提供标准的工艺参数。

③ 过热器　过热器用于把流体（工艺气或蒸汽）加热到过热状态。

④ 蒸发器　蒸发器用于加热流体，达到沸点以上温度，使其流体蒸发，一般有相的变化。

2. 换热器的结构

换热器因类型不同而具有不同结构。下面以列管式换热器为例简要介绍换热器的结构。

列管式换热器又称为管壳式换热器，是最典型的间壁式换热器。该换热器主要由壳体、管束、管板、折流挡板和封头等组成，如图4-3所示。壳体内装有管束，管束两端固定在管板上。换热器内一种流体在管内流动，其行程称为管程；另一种流体在管外流动，其行程称为壳程。管束的壁面即为传热面。为提高壳程流体流速，往往在壳体内安装一定数目与管束相互垂直的折流挡板。折流挡板不仅可防止流体短路、增加流体流速，还迫使流体按规定路径多次错流通过管束，使湍动程度大为增加。常用的折流挡板有圆缺形和圆盘形两种，前者更为常用。该换热器具有如下优点：单位体积设备所能提供的传热面积大，传热效果好，结构坚固，可选用的结构材料范围宽广，操作弹性大，大型装置中普遍采用。但由于冷热流体温度不同，壳体和管束受热不同，其膨胀程度也不同，如两者温差较大，管子会扭弯，从管板上脱落，甚至毁坏换热器。所以，列管式

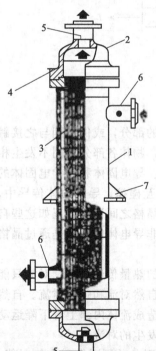

图4-3　列管式换热器结构
1—壳体；2—顶盖；3—管束；
4—管板；5、6—连接管口；
7—支架

换热器必须从结构上考虑热膨胀的影响,采取各种补偿的办法,消除或减小热应力。

  技能运用

组织学生到企业参观传热流程和了解换热器的结构分类等。

  技能训练

换热器单元仿真

1. 实训目的

(1) 学会列管式换热器的冷态开车与正常停车操作。

(2) 掌握列管式换热器操作中事故的分析、判断及排除。

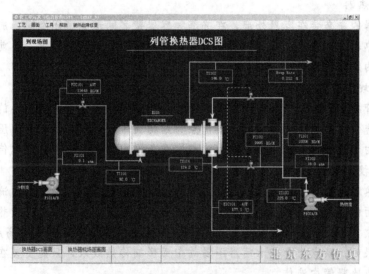

图 4-4 列管式换热器的 DCS 图

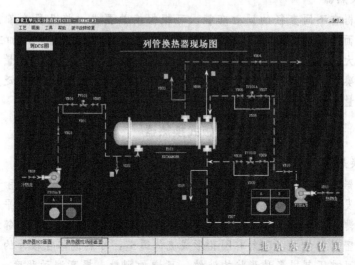

图 4-5 列管式换热器的现场图

2. 实训内容

冷态开车，正常停车，PIC101 阀卡，P101A 泵坏，P102A 泵坏，TV101 阀卡，部分管堵，换热器结垢严重。

3. 实训工艺流程图

实训工艺列管式换热器的 DCS 图如图 4-4 所示，现场图如图 4-5 所示。

4. 实训操作

详见仿真软件操作指导。

管式换热器

1. 夹套换热器

夹套换热器的夹套装在容器外部，在夹套和容器壁之间形成密闭空间，成为一种流体的通道。夹套换热器结构简单、加工方便，但是传热面积小、传热效率低。目前夹套换热器广泛用于反应器的加热和冷却。

2. 沉浸式蛇管换热器

沉浸式蛇管换热器的蛇管一般由金属管子弯绕而制成，适应容器所需要的形状，沉浸在容器内，冷热流体在管内外进行换热。其优点为结构简单，防腐，能承受高压。但是传热面积不大，同时由于蛇管外对流传热系数小，常常在容器内加搅拌设施以强化传热。

3. 喷淋式换热器

喷淋式换热器的冷却水从最上面的管子的喷淋装置中淋下来，沿管表面流下来，被冷却的流体从最上面的管子流入，从最下面的管子流出，与外面的冷却水进行换热。在下流过程中，冷却水可收集再进行重新分配。其优点为结构简单、造价便宜，能耐高压，便于检修、清洗，传热效果好；缺点为冷却水喷淋不易均匀而影响传热效果，只能安装在室外。目前它常被用于冷却或冷凝管内液体。

4. 套管式换热器

套管式换热器有不同直径的同心套管，可根据换热要求，将几段套管用 U 形管连接，目的是增加传热面积；冷热流体可以逆流或并流。其优点为结构简单，加工方便，能耐高压，传热系数较大，能保持完全逆流使平均对数温差最大，可增减管段数量，应用方便。其缺点为结构不紧凑，金属消耗量大，接头多而易漏，占地较大。目前它广泛用于超高压生产过程，可用于流量不大，所需传热面积不多的场合。

板式换热器

1. 平板式换热器

平板式换热器早在 20 世纪 20 年代开始用于食品工业，50 年代逐渐用于化工及其相近工业部门，现已发展成为一种传热效果较好，结构紧凑的化工换热设备。平板式换热器主要由一组长方形的薄金属板平行排列构成，用框架夹紧组装在支架上。两相邻流体板的边缘用垫片压紧，达到密封的作用，四角有圆孔形成流体通道，冷热流体在板片的两侧流过，通过板片换热。板上可被压制成多种形状的波纹，可增加刚性；提高湍动程度；增加传热面积；易于液体的均匀分布等。平板式换热器传热效率高，总传热系数大，结构紧凑，操作灵活，安装检修方便。但是它耐温、耐压性较差，易渗漏，处理量小。

2. 螺旋板式换热器

螺旋板式换热器主要由两张平行的薄钢板卷制而成，构成一对互相隔开的螺旋形流道。冷热两流体以螺旋板为传热面相间流动，两板之间焊有定距柱以维持流道间距，同时也可增加螺旋板的刚度。在换热器中心设有中心隔板，使两个螺旋通道隔开。在顶、底部分分别焊有盖板或封头和两流体的出入接管。螺旋板式换热器结构紧凑，传热效率高，不易堵塞，结构紧凑，成本较低；但是操作压力和温度不能太高，螺旋板难以维修，流体阻力较大。

翅式换热器

1. 板翅式换热器

板翅式换热器是一种传热效果好，更为紧凑的板式换热器。过去由于焊接技术的限制，制造成本较高，仅限用于宇航、电子、原子能等少数部门，作为散热冷却器。现已逐渐在石油化工、天然气液化、气体分离等部门中广泛应用。板翅式换热器由平隔板和各种型式的翅片构成板束组装而成。在两块平行薄金属板（平隔板）间，夹入波纹状或其它形状的翅片，两边以侧条密封，即组成一个单元体。各个单元体又以不同的叠积适当排列，并用钎焊固定，成为常用的逆流或错流式板翅式换热器组装件，或称为板束；再将带有集流进出口的集流箱焊接到板束上，就成为板翅式换热器。虽然板翅式换热器结构高度紧凑，传热效率高，允许较高的操作压力；但是由于它制造工艺复杂，所以检修清洗困难。

2. 翅片管换热器

翅片管换热器在化工生产中常遇到一侧为气体或高黏度液体，另一侧为饱和蒸汽冷凝或低黏度液体之间的传热过程。在这种情况下，由于气体或高黏度液体侧的对流传热系数很小，因而成为整个传热过程的控制因素，为了强化传热，必须减小这侧的热阻。所以，可以在换热管对流传热系数小的一侧加上翅片。翅片可分为横向和纵向两类。翅片管较为重要的应用是空气冷却器。空冷器主要由翅片管束、风机和构架组成。热流体由物料管线分配流入各管束，冷却后由排出管汇集排出。冷空气由安装在管束排下面的轴流式通风机向上吹过管束及其翅片间；通风机也可以安装在管束上面，而将冷空气由底部引入。空冷器装置比较庞大，占空间多，费动力是其缺点。由于管外翅片的存在，既增强了湍流程度，更极大地增加了管外表面的传热面积，使原来很差的空气侧传热情况大为改善。

第二节　确定换热器管壁温度与厚度

知识与技能

1. 掌握傅里叶定律以及热导率。
2. 会计算换热器管壁壁温和厚度。

换热器是实现石油、化工、轻工、制药、能源等工业生产中热量交换和传递不可缺少的设备，在保证工艺过程对介质所要求的特定温度和提高能源利用率方面具有重要作用。所以应用传热理论来确定换热器管壁温度与厚度具有重要作用。

一、传热基本概念

1. 热负荷

热负荷（Q）是指热流体或冷流体达到指定温度需要吸收或放出的热量，J/s 或 W。

2. 传热速率

传热速率（Q）又称热流量，是指单位时间内通过传热面传递的热量，J/s 或 W。

3. 热流密度

热流密度（q）又称热通量，单位时间内通过单位传热面传递的热量，J/(s·m²) 或 W/m²。

$$q = \frac{Q}{A} \tag{4-1}$$

式中，A 为总传热面积，m²。

4. 稳态传热与非稳态传热

稳态传热是指传热系统中传热速率、热通量及温度等有关物理量分布规律仅为位置的函数而不随时间变化。非稳态传热是指传热系统中传热速率、热通量及温度等有关物理量分布规律不仅要随位置而变，而且也是时间的函数。连续生产过程的传热多为稳态传热。

二、傅里叶定律

1. 定律内容

1882 年傅里叶在大量实验研究的基础上提出了导热基本定律，即某一微元的热传导速率（单位时间内传导的热量）与该微元等温面的法向温度梯度及该微元的导热面积成正比，表达式为

$$dQ = -\lambda dA \frac{dt}{dx} \tag{4-2}$$

式中　dQ——热传导速率，W 或 J/s；

dA——导热面积，m²；

$\dfrac{dt}{dx}$——温度梯度，表示热传导方向上单位长度的温度变化率，规定温度梯度的正方向总是指向温度增加的方向，℃/m 或 K/m；

λ——热导率，表征材料导热性能的物性参数，W/(m·℃) 或 W/(m·K)。

傅里叶导热定律也可用热通量来表示

$$q = -\lambda \frac{dt}{dx} \tag{4-3}$$

2. 热导率

由傅里叶定律式(4-3) 给出

$$\lambda = -\frac{q}{dt/dx} \tag{4-4}$$

式(4-4) 即为热导率的定义式。该式表明，热导率在数值上等于单位温度梯度下的热通量。热导率是分子微观运动的宏观表现，与分子运动和分子间相互作用力有关，其数值大小取决于物质的结构及组成、温度和压力等因素。热导率越大，导热性能越好。从强化传热来看，应该选用热导率大的材料；相反如果要削弱传热，应该选用热导率小的材料。

三、平壁传热

1. 单层平壁

设有一高度和宽度很大的平壁，平壁面积相对于其厚度来说非常大，厚度为 δ，如图 4-6 所示，平壁内温度只沿 x 方向变化，其它方向上无温度变化；同时，各点的温度不随时间而变，属于一维稳定温度场。

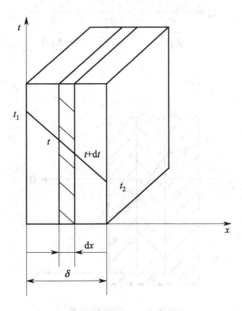

图 4-6 单层平壁传热

在平壁内取厚度为 $\mathrm{d}x$ 的薄层，设垂直于 x 轴面的传热面积为 A。在稳定温度场中，各传热面的传热速率相同，代入傅里叶公式(4-2) 中分离变量积分得

$$\int_0^\delta Q\mathrm{d}x = -\int_{t_1}^{t_2} \lambda A \mathrm{d}t$$

设 λ 不随 t 而变，得

$$Q = \frac{\lambda}{\delta} A(t_1 - t_2) = \frac{t_1 - t_2}{\frac{\delta}{\lambda A}} \tag{4-5}$$

式中，Q——热流量，即单位时间通过平壁的热量，W 或 J/s；

A——平壁的面积，m^2；

δ——平壁的厚度，m；

λ——平壁的热导率，W/(m·℃) 或 W/(m·K)；

t_1，t_2——平壁两侧的温度，℃。

式(4-5) 中 $\frac{\delta}{\lambda A}$ 可看作热阻，常用 R 表示，$t_1 - t_2$ 为平壁两侧温度差，表示传热的推动力。

式(4-5) 通常也可用热通量表示

$$q = \frac{\lambda}{\delta}(t_1 - t_2) \tag{4-6}$$

2. 多层平壁

在传热过程中，常以多层平壁为主，如图 4-7 所示的三层平壁。假设该平壁属于一维、稳定的温度场；各层接触良好，且接触面两侧温度相同。各层厚度分别为 δ_1、δ_2 和 δ_3，热导率分别为 λ_1、λ_2 和 λ_3，且为常数。各层接触面温度分别为 t_1、t_2、t_3 和 t_4。根据稳态传热通过各层的传热速率都相等的原理，则有

$$Q = \frac{t_1 - t_2}{\dfrac{\delta_1}{\lambda_1 A}} = \frac{t_2 - t_3}{\dfrac{\delta_2}{\lambda_2 A}} = \frac{t_3 - t_4}{\dfrac{\delta_3}{\lambda_3 A}} \tag{4-7}$$

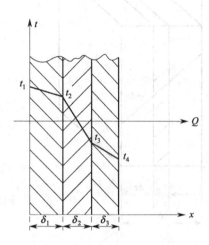

图 4-7 三层平壁传热

由式(4-7) 可得

$$Q = \frac{\sum \Delta t_i}{\sum \dfrac{\delta_i}{\lambda_i A}} = \frac{t_1 - t_4}{\sum_{i=1}^{3} \dfrac{\delta_i}{\lambda_i A}} = \frac{t_1 - t_4}{\sum R_i} \tag{4-7a}$$

或

$$q = \frac{\sum \Delta t_i}{\sum \dfrac{\delta_i}{\lambda_i}} = \frac{t_1 - t_4}{\sum_{i=1}^{3} \dfrac{\delta_i}{\lambda_i}} \tag{4-7b}$$

进一步整理可以推出

$$(t_1 - t_2) : (t_2 - t_3) : (t_3 - t_4) = \frac{\delta_1}{\lambda_1 A} : \frac{\delta_2}{\lambda_2 A} : \frac{\delta_3}{\lambda_3 A} = R_1 : R_2 : R_3 \tag{4-8}$$

式(4-8) 说明，在稳定多层壁导热过程中，哪层热阻大，哪层温差就大；反之，哪层温差大，哪层热阻一定大。当总温差一定时，传热速率的大小取决于总热阻的大小。总推动力等于各推动力之和。

稳定 n 层壁导热可推导出

$$Q = \frac{t_1 - t_{n+1}}{\sum\limits_{i=1}^{n} \dfrac{\delta_i}{\lambda_i A}} \tag{4-9}$$

四、圆筒壁传热

1. 单层圆筒壁

假设如图 4-8 所示,单层圆筒壁传热各点温度不随时间而变;各点温度只沿径向变化。设圆筒内外半径分别为 r_1、r_2,内外表面分别维持恒定的温度 t_1 和 t_2,且管长 L 足够长。与平壁不同的是圆筒壁导热的特点是传热面积随半径而变化。

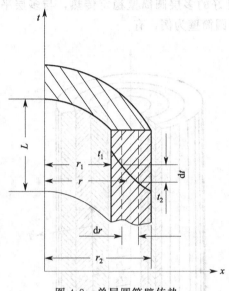

图 4-8 单层圆筒壁传热

在圆筒壁内半径 r 处取厚度为 dr 同心薄层圆筒,即在稳态传热中,各传热面的传热速率相同,不随 x 而变,代入傅里叶公式中

$$Q = -\lambda A \frac{dt}{dr} = -\lambda \cdot 2\pi r l \frac{dt}{dr} \tag{4-10}$$

若 $t_1 > t_2$,λ 为常数,分离变量积分为

$$\int_{r_1}^{r_2} Q dr = -\int_{t_1}^{t_2} \lambda \cdot 2\pi r l \, dt$$

整理得

$$Q = \frac{2\pi \lambda l(t_1 - t_2)}{\ln \frac{r_2}{r_1}} = \frac{2\pi l(t_1 - t_2)}{\frac{1}{\lambda} \ln \frac{r_2}{r_1}} \tag{4-11}$$

式(4-11) 可以变为

$$Q = \frac{2\pi \lambda l(t_1 - t_2)(r_2 - r_1)}{(r_2 - r_1)\ln \frac{r_2}{r_1}} = \frac{\lambda}{r_2 - r_1} \cdot \frac{2\pi l(r_2 - r_1)(t_1 - t_2)}{\ln \frac{r_2}{A_1}} = \frac{t_1 - t_2}{\frac{\delta}{\lambda} \cdot \frac{1}{2\pi l r_m}} = \frac{t_1 - t_2}{\frac{\delta}{\lambda A_m}} \tag{4-12}$$

式中,$r_m = \dfrac{r_2 - r_1}{\ln \dfrac{r_2}{r_1}}$ 为对数平均温度;A_m 为平均导热面积,$A_m = 2\pi r_m l$。

如果 $\dfrac{r_2}{r_1} < 2$,在圆筒壁中,可以用算术平均值代替对数平均值,此时 $A_m = \dfrac{A_1 + A_2}{2}$(在

工程计算中,误差<4%可以接受)。

通过平壁的热传导,各处的 Q 和 q 均相等;而在圆筒壁的热传导中,圆筒的内外表面积不同,各层圆筒的传热面积不相同,所以尽管在各层圆筒的不同半径 r 处传热速率 Q 相等,但各处热通量 q 却不等。

2. 多层圆筒壁

对于层与层之间接触良好的多层圆筒壁稳定传热,与多层平壁类似,也是串联传导过程,如图 4-9 所示,以三层圆筒壁为例,有

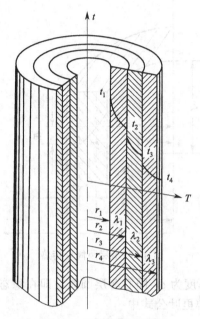

图 4-9　三层圆筒壁传热

$$Q = \frac{t_1 - t_2}{\dfrac{\delta_1}{\lambda_1 A_{m1}}} = \frac{t_2 - t_3}{\dfrac{\delta_2}{\lambda_2 A_{m2}}} = \frac{t_3 - t_4}{\dfrac{\delta_3}{\lambda_3 A_{m3}}} \tag{4-13}$$

多层圆筒壁导热的总推动力为总温度差,总热阻为各层热阻之和。由于圆筒壁各层热阻所用的传热面积不相等,所以在计算时应采用各层各自的平均面积。由于各层圆筒的内外表面积均不相同,所以在稳定传热时,单位时间通过各层的传热量 Q 虽然相同,但单位时间通过各层内外壁单位面积的热通量 q 却不相同,其相互关系为

$$Q = 2\pi r_1 l q_1 = 2\pi r_2 l q_2 = 2\pi r_3 l q_3 \tag{4-14a}$$

或

$$r_1 q_1 = r_2 q_2 = r_3 q_3 \tag{4-14b}$$

式中,q_1、q_2、q_3 分别为半径 r_1、r_2、r_3 处的热通量。

例 4-1　一红砖平面墙厚度为 500mm,一侧壁面温度为 200℃,另一侧壁面温度为 30℃,红砖的热导率为 0.57W/(m·℃)。

求:(1) 通过平壁的热通量 q。

(2) 平壁内距离高温侧 350mm 处的温度。

解:(1) 已知 $t_1 = 200℃$,$t_2 = 30℃$,$\delta = 0.5m$,$\lambda = 0.57W/(m·℃)$

单层平壁热通量 $q = \dfrac{t_1 - t_2}{\dfrac{\delta}{\lambda}} = \dfrac{200 - 30}{\dfrac{0.5}{0.57}} = 194$ （W/m²）

(2) 设平壁内距离 350mm 处的温度为 t，则有

$$q = \dfrac{200 - t}{\dfrac{0.35}{0.57}} = 194$$

解得：$t = 200 - 194 \times \dfrac{0.35}{0.57} = 81(℃)$

例 4-2 某炉壁由下列三种材料组成，内层是耐火砖，$\lambda_1 = 1.4\text{W}/(\text{m}\cdot℃)$，$\delta_1 = 230\text{mm}$；中间是保温砖，$\lambda_2 = 0.15\text{W}/(\text{m}\cdot℃)$，$\delta_2 = 115\text{mm}$；最外层是建筑砖，$\lambda_3 = 0.8\text{W}/(\text{m}\cdot℃)$，$\delta_3 = 230\text{mm}$。今测得其内壁温度 $t_1 = 900℃$，外壁温度 $t_4 = 80℃$。

求：(1) 通过炉墙单位面积的热损失。
(2) 各层的温差。
(3) 各层接触面的温度（假设各层接触良好）。

解：设 t_2 为耐火砖和保温砖之间接触面的温度。t_3 为保温砖和建筑砖之间接触面的温度。

(1) 由多层平壁定态热传导公式可以导出 q

$$q = \dfrac{Q}{S} = \dfrac{t_1 - t_4}{\dfrac{\delta_1}{\lambda_1} + \dfrac{\delta_2}{\lambda_2} + \dfrac{\delta_3}{\lambda_3}} = \dfrac{900 - 80}{\dfrac{0.23}{1.4} + \dfrac{0.115}{0.15} + \dfrac{0.23}{0.8}} = \dfrac{820}{0.164 + 0.767 + 0.288} = 673(\text{W/m}^2)$$

(2) Δt_1、Δt_2、Δt_3 分别为耐火砖层、保温砖层和建筑砖层的温差。因是多层平壁的定态热传导，故 $q_1 = q_2 = q_3 = q$

由 $q = \dfrac{\Delta t_1}{\dfrac{\delta_1}{\lambda_1}}$ 可得，$\Delta t_1 = q\dfrac{\delta_1}{\lambda_1} = 673 \times \dfrac{0.23}{1.4} = 110.6$ （℃）

$$\Delta t_2 = q\dfrac{\delta_2}{\lambda_2} = 673 \times \dfrac{0.115}{0.15} = 516.0(℃)$$

$$\Delta t_3 = q\dfrac{\delta_3}{\lambda_3} = 673 \times \dfrac{0.23}{0.8} = 193.5(℃)$$

(3) $t_2 = t_1 - \Delta t_1 = 900 - 110.6 = 789.4$ （℃）
$t_3 = t_2 - \Delta t_2 = 789.4 - 516.0 = 273.4$ （℃）

阅读材料

热导率

各种物质的热导率一般由实验测定，常见物质的热导率分别见表 4-1～表 4-3。通常来说，金属固体热导率＞非金属固体热导率＞液体热导率＞气体热导率。

1. 固体
常见的固体热导率大概范围如下：

金属固体，$10^1 \sim 10^2$ W/(m·K)；建筑材料，$10^{-1} \sim 10^0$ W/(m·K)；绝缘材料，$10^{-2} \sim 10^{-1}$ W/(m·K)。在一定温度范围内（温度变化不大），大多数均质固体热导率与温度呈线性关系

$$\lambda = \lambda_0 (1 + at) \tag{4-15}$$

式中　λ——t℃时的热导率，W/(m·℃) 或 W/(m·K)；

　　　λ_0——0℃时的热导率，W/(m·℃) 或 W/(m·K)；

　　　a——温度系数，1/℃，对大多数金属材料为负值，对大多数非金属材料为正值。

在传热过程中，物体内不同位置的温度各不相同，因而热导率也随之不同。在工程计算中，热导率可取固体两侧温度下热导率的算数平均值或取两侧温度的算术平均值下的热导率。

2. 液体

液体分为金属液体和非金属液体两类，金属液体热导率较高，非金属液体较低。而在非金属液体中，水的热导率最大。除水和甘油等少量液体物质外，绝大多数液体随温度升高，热导率略有下降。一般来说，纯液体的热导率大于溶液的热导率。

3. 气体

气体热导率比液体热导率更小，不利于导热，但可用来保温或隔热。固体绝缘材料的热导率之所以小，就是因为其结构呈纤维状或多孔状，其空隙率很大，孔隙中含有大量空气的缘故。气体温度升高，热导率增大。在通常压力范围内，压强对热导率的影响一般不考虑。

表 4-1　常用金属材料的热导率　　　　　　　　　　单位：W/(m·℃)

材料	0℃	100℃	200℃	300℃	400℃
铝	228	228	228	228	228
铜	374	379	372	267	363
铁	73.3	67.5	61.6	54.7	48.9
铅	35.1	33.4	31.4	29.8	—
镍	93.0	82.6	73.3	63.97	59.3
银	414	409	373	362	359
碳钢	52.3	48.9	44.2	41.9	34.9
不锈钢	16.3	17.5	17.5	18.5	—

表 4-2　常用非金属材料的热导率　　　　　　　　　单位：W/(m·℃)

名称	温度/℃	热导率	名称	温度/℃	热导率
石棉被	30	0.10~0.14	聚四氟乙烯		0.242
软木	30	0.0430	泡沫塑料		0.0465
保温灰	—	0.0698	木材(横向)		0.14~0.175
锯屑	20	0.0465~0.0582	木材(纵向)		0.384
棉花	100	0.0698	耐火砖	230	0.872
厚纸	20	0.14~0.349	耐火砖	1200	1.64
玻璃	30	1.09	混凝土		1.28
泥土	20	0.0698~0.930	绒毛毡		0.0465
冰	0	2.33	85%氧化镁粉	0~100	0.0698
软橡胶		0.129~0.159	聚氯乙烯		0.0116~0.174
硬橡胶	0	0.150	聚乙烯	—	0.329

表 4-3　某些液体的热导率　　　　　　　　　单位：W/(m·℃)

名称	温度/℃	热导率	名称	温度/℃	热导率
石油	20	0.180	四氯化碳	0	0.185
汽油	30	0.135	四氯化碳	68	0.163
煤油	20	0.149	二硫化碳	30	0.161
正戊烷	30	0.135	乙苯	30	0.149
正乙烷	30	0.138	氯苯	10	0.144
正庚烷	30	0.140	硝基苯	30	0.164
正辛烷	60	0.14	氯化钙盐水 30%	30	0.55
丁醇,100%	20	0.182	氯化钙盐水 15%	30	0.59
丁醇,80%	20	0.237	氯化钙盐水 25%	30	0.57
乙醚	30	0.138	氨水溶液	20	0.45
氯甲烷	30	0.154	水银	28	0.36
丙酮	30	0.17	水	30	0.62

第三节　确定对流传热系数

 知识与技能

1. 了解对流传热过程的特点和影响对流传热系数的因素。
2. 了解确定对流传热系数方法。

化工生产中处理的物料大部分是流体，流体的加热和冷却都包含对流传热。实际上对流传热是对流传热和热传导两种基本传热方式共同作用的传热过程。例如，间壁式换热器中的流体与间壁侧面之间的热量传递，反应器中固体物料或催化剂与流体之间的热量传递等，都是这样的传热过程。

一、对流传热过程分析

流体在平壁上流过时，流体和壁面间将进行换热，引起壁面法向方向上温度分布的变化，形成一定的温度梯度。近壁处是流体温度发生显著变化的区域，称为热边界层或温度边界层。由于对流是依靠流体内部质点发生位移来进行热量传递，因此对流传热的快慢与流体流动的状况有关。层流流动时，由于流体质点只在流动方向上作一维运动，在传热方向上无质点运动，此时主要依靠热传导方式来进行热量传递，但由于流体内部存在温差还会有少量的自然对流，此时传热速率小，应尽量避免此种情况。

流体在换热器内的流动大多数情况下为湍流，流体作湍流流动时，靠近壁面处流体流动分别为层流底层、过渡层（缓冲层）、湍流核心。

层流底层：流体质点只沿流动方向上作一维运动，在传热方向上无质点的混合，温度变化大，传热主要以热传导的方式进行，即导热为主，热阻大，温差大。

湍流核心：在远离壁面的湍流中心，流体质点充分混合，温度趋于一致（热阻小），传热主要以对流方式进行，即质点相互混合交换热量，温差小。

过渡层：温度分布不像湍流主体那么均匀，也不像层流底层变化明显，传热以热传导和对流两种方式共同进行。质点混合，分子运动共同作用，温度变化平缓。

根据在热传导中的分析，温差大热阻就大。所以，流体作湍流流动时，热阻主要集中在层流底层中。如果要加强传热，必须采取措施来减小层流底层的厚度。

二、对流传热系数

1. 对流传热系数

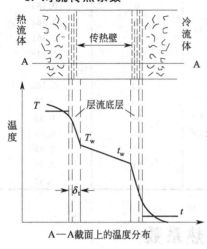

图 4-10 对流传热温度分布

对流传热大多是指流体与固体壁面之间的传热,其传热速率与流体性质及边界层的状况密切相关。如图 4-10 所示,在靠近壁面处引起温度的变化形成温度边界层。温度差主要集中在层流底层中。假设流体与固体壁面之间的传热热阻全集中在厚度为 δ_t 的有效膜中,在有效膜之外无热阻存在,在有效膜内传热主要以热传导的方式进行。该膜既不是热边界层,也非流动边界层,而是集中了全部传热温差并以导热方式传热的虚拟膜。即如果流体主体的湍动程度越大,虚拟膜和层流内层都会减小变薄,则在相同温差下可以传递更多的热量。

使用傅里叶定律表示传热速率在虚拟膜内。

流体被加热

$$Q = \frac{\lambda}{\delta_t} A(t_w - t) \tag{4-16a}$$

式中,δ_t 为冷流体虚拟膜厚度;t_w、t 分别为冷流体侧壁温和流体平均温度。

流体被冷却

$$Q = \frac{\lambda'}{\delta_t'} A(T_w - T) \tag{4-16b}$$

式中,δ_t' 为热流体虚拟膜厚度;T_w、T 分别为热流体侧壁温和流体平均温度。

如设 $\alpha = \frac{\lambda}{\delta_t}$,则式(4-16a) 和式(4-16b) 分别写成

$$Q = \alpha A(t_w - t) \tag{4-17a}$$

$$Q' = \alpha' A(T_w - T) \tag{4-17b}$$

式中 Q',Q ——对流传热速率,W;
α',α ——对流传热系数,W/(m² · ℃);
A ——对流传热面积,m²。

式(4-17a) 和式(4-17b) 称为对流传热方程式,也称牛顿冷却定律。对流传热是一个非常复杂的物理过程,实际上由于有效膜厚度难以测定,牛顿冷却定律只是一种推论,是一个实验定律。该定律把诸多影响对流过程的因素都归结到了 α 中。α 的大小反映了流体与固体壁面的对流传热过程的强度。在不同的流动截面上,如果流体温度和流体状态发生改变,α 的大小也会发生相应改变。

2. 影响对流传热系数的因素

对流传热是流体在具有一定形状及尺寸的设备中流动时发生的热流体到壁面或壁面到冷流体的热量传递过程,它常与下列因素有关。

(1) 流动原因 在自然对流中,由于流体内部存在温差引起密度差形成的浮升力,造成流体内部质点的上升和下降运动,一般流速较小,α 也较小。而在强制对流中,在外力作用下引起的流动运动,一般流速较大,故 α 较大。

(2) 流体物性 当流体种类确定后,影响 α 较大的有密度、黏度、热导率、热容等因

素。一般来讲，热导率增大，$α$也增大；密度增大，雷诺数随之增大，所以$α$也增大；热容增大，单位体积流体的热容量大，则$α$较大；黏度增大，雷诺数随之减小，所以$α$也减小。

(3) 流动型态　在层流时，热流主要依靠热传导的方式传热。由于流体的热导率比金属的热导率小得多，所以热阻大。在湍流时，质点充分混合且层流底层变薄，$α$较大。

(4) 传热面　不同的壁面形状、尺寸也会影响流型，会造成边界层分离，产生旋涡，增加湍动，使$α$增大。比如形状（如管、板、管束等）、大小（如管径和管长等）、位置（比如管子的排列方式、管或板是垂直放置还是水平放置等）。

(5) 相变　主要有蒸汽冷凝和液体沸腾。发生相变时，由于汽化或冷凝的潜热远大于温度变化的显热。一般情况下，有相变时对流传热系数较大，机理各不相同，比较复杂。

三、对流传热系数经验关联式

1. 经验关联式内涵

确定对流传热系数是一个复杂的问题，通常通过实验得其经验关联式。目前较为常用的经验关联式常用努塞尔数 $\lambda = \dfrac{\alpha l}{Nu}$，其中

$$Nu = ARe^a Pr^k Gr^g \tag{4-18}$$

式中　　Re——雷诺数，表征流体流动型态对对流传热的影响；

Pr——普兰特数，反映流体物性对对流传热的影响，$Pr = \dfrac{c_p \mu}{\lambda}$；

Gr——格拉斯霍夫数，表征自然对流对对流传热的影响，$Gr = \dfrac{\beta g \Delta t l^3 \rho^2}{\mu^2}$；

A和a、k、g——拟合系数，需经试验确定。

上述四个特征数中相关字母物理量意义如下

u——流速，m/s；

$ρ$——流体的密度，kg/m³；

$μ$——流体的黏度，Pa·s；

l——传热面的特征尺寸，可以是管内径或外径，或平板高度等，m；

c_p——流体的定压比热容，kJ/(kg·℃)；

Δt——流体与壁面间的温度差，℃；

$β$——流体的膨胀系数，1/℃；

g——重力加速度，m/s²；

$λ$——流体的热导率，W/(m·℃)。

在此基础上，可以求得对流系数

$$\alpha = \dfrac{\lambda}{l} A \left(\dfrac{du\rho}{\mu} \right)^a \left(\dfrac{c_p \mu}{\lambda} \right)^k \left(\dfrac{\beta g \Delta t l^3 \rho^2}{\mu^2} \right)^g \tag{4-19}$$

2. 经验关联式应用

(1) 定性温度　由于沿流动方向流体温度的逐渐变化，在处理实验数据时常取一个有代表性的温度以确定物性参数的数值，这个温度称为定性温度。定性温度取决于流体进出口温度的平均值 $t_m = \dfrac{t_2 + t_1}{2}$ 和膜温 $t = \dfrac{t_m + t_w}{2}$ 两个主要方面。

(2) 特性尺寸　特性尺寸是代表换热面几何特征的长度量，通常选取对流动与换热有主要影响的某一几何尺寸。

(3) 应用范围 因为实验范围是有限的，所以特征数关联式的应用也是有限的。一般在强制对流中，$Nu=BRe^a Pr^f$；自然对流中 $Nu=CPr^f Gr^h$。两式中 B、C、a、f、h 均为实验测定系数。

(4) 应用举例

① 圆形直管内的无相变的湍流 在圆形直管内无相变湍流中，如果 $Re>10000$，$0.7<Pr<160$，$\mu<2\times10^{-5} Pa\cdot s$，$l/d>60$，则采用 $Nu=0.023Re^{0.8}Pr^k$ 来计算传热对流系数

$$\alpha=0.023\frac{\lambda}{d}\left(\frac{du\rho}{\mu}\right)^{0.8}\left(\frac{c_p\mu}{\lambda}\right)^k \tag{4-20}$$

在此情况下，定性温度取流体进出温度的算术平均值 t_m，特征尺寸为管内径 d。如果流体被加热时，$k=0.4$；流体被冷却时，$k=0.3$。

② 圆形直管内的层流 在圆形直管内的层流，如果 $Gr<25000$ 时，自然对流影响小可忽略，此时

$$Nu=1.86\left(RePr\frac{d}{l}\right)^{1/3}\left(\frac{\mu}{\mu_w}\right)^{0.14} \tag{4-21}$$

适用范围：$Re<2300$，$\left(RePr\dfrac{d}{l}\right)>10$，$l/d>60$。

定性温度、特征尺寸取法与前相同，μ_w 按壁温确定，工程上可近似处理为

对于液体，加热时 $\left(\dfrac{\mu}{\mu_w}\right)^{0.14}=1.05$

冷却时 $\left(\dfrac{\mu}{\mu_w}\right)^{0.14}=0.95$

如果 $Gr>25000$ 时，自然对流的影响不能忽略时，乘以校正系数 $f=0.8(1+0.015Gr^{1/3})$。

在换热器设计中，应尽量避免在强制层流条件下进行传热，因为此时对流传热系数小，从而使总传热系数也很小。

例 4-3 某列管式换热器，由 38 根长 2m，内直径为 20mm 的无缝钢管组成。苯在管内流动，由 20℃ 被加热到 80℃，流量为 8.32kg/s，外壳中通入水蒸气进行加热。

求：(1) 求管壁对苯的对流传热系数 α_i。

(2) 若苯的流量提高一倍，其它量不变，此时对流传热系数又为多少？

解：(1) 根据经验关联式计算：

① 苯的定性温度 $t_m=\dfrac{20+80}{2}=50(℃)$，在定性温度下苯的物性可由附录查出

$\rho=860 kg/m^3$，$c_p=1.80 kJ/(kg\cdot ℃)$，$\mu=0.45\times10^{-3} Pa\cdot s$，$\lambda=0.14 W/(m\cdot ℃)$

② 加热管内流速

$$u=\frac{V_s}{\frac{\pi}{4}d_i^2 n}=\frac{\frac{8.32}{860}}{0.785\times(0.02)^2\times38}=0.82(m/s)$$

③ 确定 Re，Pr，$\dfrac{L}{d_i}$ 等

特征尺寸 $d_i=0.02 m$

$$Re = \frac{d_i u \rho}{\mu} = 31000 > 10^4 \quad \text{流体流动状态为湍流}$$

$$Pr = \frac{c_p \mu}{\lambda} = \frac{(1.80 \times 10^3) \times 0.45 \times 10^{-3}}{0.14} = 5.79 \quad \text{符合 } 0.7 < Pr < 120$$

$$\frac{L}{d_i} = \frac{2}{0.02} = 100 > 60,\text{且 }\mu_{\text{苯}} < 2\mu_{\text{水}},\text{苯被加热取 } n = 0.4$$

④ 求 α_i

$$\alpha_i = 0.023 \times \frac{\lambda}{d_i}(Re)^{0.8}(Pr)^{0.4} = 0.023 \times \frac{0.14}{0.02} \times (31000)^{0.8} \times (5.79)^{0.4} = 1270 [\text{W}/(\text{m}^2 \cdot \text{℃})]$$

(2) 当苯的流量提高一倍，求 α_i'。此时，即 $u' = 2u$，其它量不变，引起 Re 增大及 α 增大，

$$\alpha_i' = \alpha_i \left(\frac{u'}{u}\right)^{0.8} = 1270 \times (2)^{0.8} = 2210 [\text{W}/(\text{m}^2 \cdot \text{℃})]$$

 阅读材料

无相变的管外强制对流传热系数经验关联式

流体可垂直流过单管和管束两种情况。由于工业中所用的换热器多为流体垂直流过管束，由于管间的相互影响，其流动的特性及传热过程均较单管复杂得多。故仅介绍后一种情况的对流传热系数的计算。

1. 流体垂直流过管束

流体垂直流过管束时，管束的排列情况可以有直列和错列两种。

各排管 α 的变化规律：第一排管，直列和错列基本相同；第二排管，直列和错列相差较大；第三排管以后（直列第二排管以后），基本恒定。一般来讲，错列传热效果比直列好。

单列的对流传热系数用下式计算

$$Nu = C\varepsilon Re^n Pr^{0.4} \tag{4-22}$$

适用范围：$5000 < Re < 70000$，$x_1/d = 1.2 \sim 5$，$x_2/d = 1.2 \sim 5$。

(1) 特性尺寸取管外径 d_o，定性温度取法与前相同 t_m。
(2) 流速 u 取每列管子中最窄流道处的流速，即最大流速。
(3) C、ε、n 取决于排列方式和管排数，由实验测定。

对于前几列而言，各列的 ε、n 不同，因此 α 也不同。

排列方式不同（直列和错列），对于相同的列，ε、n 不同，α 也不同。

(4) 对某一排列方式，由于各列的 α 不同，应按下式求平均的对流传热系数：

$$\alpha_m = \frac{\alpha_1 A_1 + \alpha_2 A_2 + \alpha_3 A_3 + \cdots}{A_1 + A_2 + A_3 + \cdots} = \frac{\sum \alpha_i A_i}{\sum A_i} \tag{4-23}$$

式中 α_i——各列的对流传热系数；
A_i——各列传热管的外表面积。

2. 流体在换热器管壳间流动

一般在列管换热管的壳程加折流挡板，折流挡板分为圆形和圆缺形两种。由于装有不同形式的折流挡板，流动方向不断改变，在较小的 Re 下（$Re = 100$）即可达到湍流。

圆缺形折流挡板，弓形高度 $25\%D$，α 的计算式为

$$Nu = 0.36 Re^{0.55} Pr^{\frac{1}{3}} \left(\frac{\mu}{\mu_w}\right)^{0.14} \tag{4-24}$$

适用范围：$Re = 2 \times 10^3 \sim 10^6$。定性温度：进、出口温度平均值；$t_w \to \mu_w$。

第四节 确定传热用水量

知识与技能

1. 能用物料守恒和能量守恒确定传热用水量以及水流方向。
2. 学会平均温度差的计算方法。

换热器中冷、热两流体进行热交换，若忽略热损失，则根据能量守恒原理，热流体放出的热量 Q_1 必等于冷流体吸收的热量 Q_2，即 $Q_1 = Q_2$，该式为热量衡算式。热量衡算式与传热速率方程式为换热器传热计算的基础。设计换热器时，根据热负荷要求，用传热速率方程式计算所需传热面积。

一、传热过程热量计算

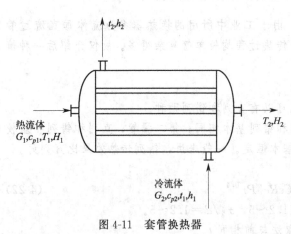

图 4-11 套管换热器

在换热器的计算中，如果换热器保温良好，热损失可以忽略不计。稳定传热过程中，根据能量守恒，单位时间内热流体放出的热量等于冷流体吸收的热量。如图 4-11 所示套管换热器中换热过程。冷、热流体的平均热容为 c_{p2}、c_{p1}。冷、热流体的进、出口温度分别为 t_1、t_2、T_1、T_2，冷、热流体的质量流量为 G_1、G_2。设换热器绝热良好，热损失可以忽略，则两流体流经换热器时，单位时间内热流体放出热等于冷流体吸收热。

(1) 流体在换热过程中无相变

$$Q = G_1 c_{p1}(T_1 - T_2) = G_2 c_{p2}(t_2 - t_1) \tag{4-25}$$

(2) 流体在换热过程中有相变 若热流体有相变，如饱和蒸汽冷凝，而冷流体无相变，如下所示

$$Q = G_1[r + c_{p1}(T_s - T_2)] = G_2 c_{p2}(t_1 - t_2) \tag{4-26}$$

式中 Q——流体放出或吸收的热量，J/s；

r——流体的气化潜热，kJ/kg；

T_s——饱和蒸汽温度（$=T_1$）。

热负荷是由生产工艺条件决定的，是对换热器换热能力的要求；而传热速率是换热器本身在一定操作条件下的换热能力，是换热器本身的特性，二者是不同的。对于一个能满足工艺要求的换热器，其传热速率值必须等于或略大于热负荷值。而在实际设计换热器时，通常认为传热速率和热负荷在数值上相等，通过热负荷可确定换热器应具有的传热速率，再依据传热速率来计算换热器所需的传热面积。因此，传热过程计算的基础是传热速率方程和热量衡算式。

二、总传热速率方程

在实际生产中,需要冷热两种流体进行热交换,但不允许它们混合,为此需采用间壁式换热器。此时,冷、热两流体分别处在间壁两侧,两流体间热交换包括了固体壁面的导热和流体与固体壁面间的对流传热。冷热流体通过间壁式换热器传热的总传热热速率方程式为

$$Q = KA\Delta t_m \tag{4-27}$$

式中　Q——传热速率(或热负荷),W;

　　　A——换热器传热面积,m^2;

　　　K——平均总传热系数,$W/(m^2 \cdot ℃)$ 或 $W/(m^2 \cdot K)$;

　　　Δt_m——冷热流体的平均温度差,即传热推动力,℃或K。

影响传热过程速率的因素主要有三个,即换热器的传热面积、传热系数和传热平均温度差。下面简要从传热系数和传热平均温度差两个方面给予介绍。

1. 传热系数

传热系数,是指整个过程中的平均值,它与间壁两侧传热的对流系数均有关系。其物理意义为,当传热平均温度差为1℃时,在单位时间内通过单位传热面积所传递的热量。该值是换热器工作效率的一项重要指标。传热系数可选用生产实际的经验数据或直接测定,也可进行计算。

如图 4-12 所示,间壁两侧流体的热交换过程包括如下三个串联的传热过程:热流体通过对流传热将热量传递给固体壁;固体壁以热传导方式将热量从热侧传递给冷侧;热量通过对流热从壁面传给冷流体。

设间壁两侧热、冷流体温度分别为 T、t(平均温度),间壁热、冷两侧温度分别为 T_w、t_w,间壁热、冷两侧以及间壁传热面积分别为 A_i、A_o 和 A_m,热、冷流体的对流传热系数分别为 α_i 和 α_o,间壁热导率和厚度分别 λ 为 δ。根据单位时间通过 dA 冷、热流体交换的热量 dQ 应正比于壁面两侧流体的温差,即

$$dQ = KdA(T-t)$$

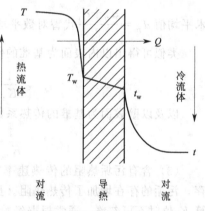

图 4-12　间壁两侧流体传热过程

这样,两流体的热交换过程由三个串联的传热过程组成。

热流体通过对流传热将热量传递给固体壁　$dQ_1 = \alpha_i dA_i (T - T_w)$

固体壁以热传导方式将热量从热侧传递给冷侧　$dQ_2 = \dfrac{\lambda}{\delta} dA_m (T_w - t_w)$

热量通过对流热从壁面传给冷流体　$dQ_3 = \alpha_o dA_o (t_w - t)$

对于稳定传热

$$dQ = dQ_1 = dQ_2 = dQ_3$$

∴

$$dQ = \frac{T - T_w}{\dfrac{1}{\alpha_i dA_i}} = \frac{T_w - t_w}{\dfrac{\delta}{\lambda dA_m}} = \frac{t_w - t}{\dfrac{1}{\alpha_o dA_o}} = \frac{T - t}{\dfrac{1}{\alpha_i dA_i} + \dfrac{b}{\lambda dA_m} + \dfrac{1}{\alpha_o dA_o}}$$

与 $dQ = KdA(T-t)$,即 $dQ = \dfrac{T-t}{\dfrac{1}{KdA}}$ 对比,得

$$\frac{1}{K\mathrm{d}A}=\frac{1}{\alpha_i\mathrm{d}A_i}+\frac{\delta}{\lambda\mathrm{d}A_m}+\frac{1}{\alpha_o\mathrm{d}A_o} \tag{4-28}$$

式中，K 为总传热系数，$W/(m^2 \cdot K)$。

(1) 平壁传热 当传热面为平壁或薄壁管时，$A=A_i=A_o=A_m$。

式(4-28) 可简化为

$$\frac{1}{K}=\frac{1}{\alpha_i}+\frac{\delta}{\lambda}+\frac{1}{\alpha_o} \tag{4-29}$$

(2) 圆筒壁传热 当传热面为圆筒壁时，两侧的传热面积不等，传热系数也就不同。但是 $KA=K_iA_i=K_oA_o=K_mA_m$，如以外表面为基准（在换热器系列化标准中常如此规定），即取上式中 $\mathrm{d}A=\mathrm{d}A_o$，则

$$\frac{1}{K_o}=\frac{1}{\alpha_o}+\frac{\delta}{\lambda}\frac{\mathrm{d}A_o}{\mathrm{d}A_m}+\frac{1}{\alpha_i}\frac{\mathrm{d}A_o}{\mathrm{d}A_i} \tag{4-30}$$

如果采用管壁内径 d_i、外径 d_o 和平均直径 d_m 来代替传热面积，则

$$\frac{1}{K_o}=\frac{1}{\alpha_o}+\frac{\delta}{\lambda}\cdot\frac{d_o}{d_m}+\frac{1}{\alpha_i}\cdot\frac{d_o}{d_i} \tag{4-31a}$$

式中，d_m 为换热管的对数平均直径，$d_m=\dfrac{d_o-d_i}{\ln\dfrac{d_o}{d_i}}$。当 $d_o/d_i<2$，为简化计算可用算术平均值 $d_m=\dfrac{d_o+d_i}{2}$ 代替对数平均值。

类似可得出以内表面为基准的传热系数

$$\frac{1}{K_i}=\frac{1}{\alpha_o}\cdot\frac{d_i}{d_o}+\frac{\delta}{\lambda}\cdot\frac{d_i}{d_m}+\frac{1}{\alpha_i} \tag{4-31b}$$

以及以壁表面为基准的传热系数

$$\frac{1}{K_m}=\frac{1}{\alpha_o}\cdot\frac{d_m}{d_o}+\frac{\delta}{\lambda}+\frac{1}{\alpha_i}\cdot\frac{d_m}{d_i} \tag{4-31c}$$

(3) 含有污垢热阻的传热速率方程 换热器使用一段时间后，由于传热表面有污垢积存，污垢的存在增加了传热热阻。虽然污垢不厚，但是由于其热导率小、热阻大，因此在计算 K 值时不可忽略。通常根据经验直接估计污垢热阻值，将其考虑在 K 中，即

$$\frac{1}{K_o}=\frac{1}{\alpha_o}+R_{so}+\frac{\delta}{\lambda}\cdot\frac{d_o}{d_m}+R_{si}+\frac{1}{\alpha_i}\cdot\frac{d_o}{d_i} \tag{4-32}$$

式中，R_{so}、R_{si} 为传热面外侧与内侧的污垢热阻，$m^2 \cdot K/W$。

如果使用金属薄管，流体清洁，管壁热阻和污垢可忽略，式(4-32) 可简化为

$$\frac{1}{K_o}\approx\frac{1}{\alpha_o}+\frac{1}{\alpha_i} \tag{4-33}$$

2. 传热平均温度差

按照参与热交换的冷热流体在沿换热器传热面流动时各点温度变化情况，可分为恒温差传热和变温差传热。恒温差传热是指两侧流体均发生相变，且温度不变，则冷热流体温差处处相等，不随换热器位置而变的情况。如间壁的一侧液体保持恒定的沸腾温度 t 下蒸发；而间壁的另一侧，饱和蒸汽在温度 T 下冷凝过程，此时传热面两侧的温度差保持均一不变。

$$\Delta t_m=T-t \tag{4-34}$$

变温差传热是指传热温度随换热器位置而变的情况。当间壁传热过程中一侧或两侧的流

体，沿着传热壁面在不同位置点温度不同，因此传热温度差也必随换热器位置而变化，该过程可分为单侧变温和双侧变温两种情况。单侧变温是指用蒸汽加热—冷流体，蒸汽冷凝放出潜热，冷凝温度 T 不变，而冷流体的温度从 t_1 上升到 t_2。或者热流体温度从 T_1 下降 T_2，放出显热去加热另一较低温度 t 下沸腾的液体，后者温度始终保持在沸点 t。双侧变温是指平均温度差与换热器内冷热流体流动方向有关。换热器常见的几种流体流动型式如图 4-13 所示。

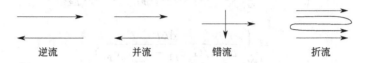

图 4-13 换热器内冷热流体流动方向

（1）逆流和并流的平均温度差　并流中参与换热的两种流体沿传热面平行而同向流动，逆流中参与换热的两种流体沿传热面平行而反向流动。沿传热面的局部温度差 $(T-t)$ 是变化的，所以在计算传热速率时必须用积分的方法求出整个传热面上的平均温度差 Δt_m。下面以逆流操作（两侧流体无相变）为例，推导 Δt_m 的计算式。

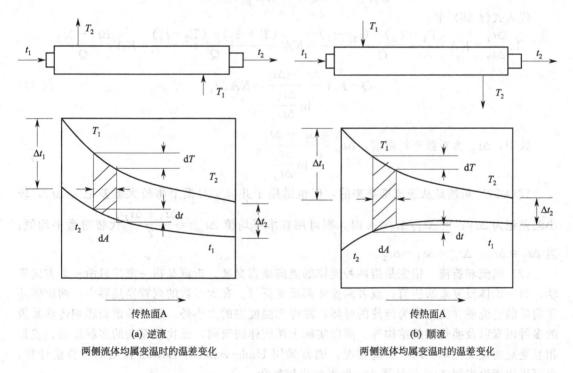

图 4-14 冷热流体流动温度变化

如图 4-14 冷热流体流动温度变化所示，热流体质量流量为 G_1，比热容为 c_{p1}，出口温度为 T_1、T_2；冷流体的质量流量为 G_2，比热容为 c_{p2}，进出口温度为 t_1、t_2。

在稳定传热过程中：G_1、G_2 为定值；c_{p1}、c_{p2} 及 K 沿传热面为定值；换热器无损失。

现取换热器中一微元段为研究对象，其传热面积为 dA，在 dA 内热流体因放出热量温度下降 dT，冷流体因吸收热量温度升高 dt，传热量为 dQ。

dA 段热量衡算微分式为 $dQ = G_1 c_{p1} dT = G_2 c_{p2} dt$

$\mathrm{d}A$ 段传热速率方程微分式为 $\mathrm{d}Q = K(T-t)\mathrm{d}A$

$$\mathrm{d}Q = G_1 c_{p1} \mathrm{d}T = G_2 c_{p2} \mathrm{d}t = K(T-t)\mathrm{d}A$$

$$K(T-t)\mathrm{d}A = \frac{\mathrm{d}T}{1/G_1 c_{p1}} = \frac{-\mathrm{d}t}{-1/G_2 c_{p2}} = \frac{\mathrm{d}(T-t)}{(1/G_1 c_{p1} - 1/G_2 c_{p2})} \tag{4-35}$$

分离变量后积分得

$$\int_0^A K\,\mathrm{d}A = \int_{\Delta t_1}^{\Delta t_2} \frac{\mathrm{d}(T-t)}{(T-t)(1/G_1 c_{p1} - 1/G_2 c_{p2})}$$

$$= \int_{\Delta t_1}^{\Delta t_2} \frac{\mathrm{d}\Delta t}{\Delta t(1/G_1 c_{p1} - 1/G_2 c_{p2})}$$

$$KA = \frac{1}{(1/G_1 c_{p1} - 1/G_2 c_{p2})} \ln \frac{\Delta t_1}{\Delta t_2} \tag{4-36}$$

式中，$\Delta t_1 = T_1 - t_2$；$\Delta t_2 = T_2 - t_1$。

对整个换热器进行热量衡算 $Q = G_1 c_{p1}(T_1 - T_2) = G_2 c_{p2}(t_2 - t_1)$

得

$$\frac{1}{G_1 c_{p1}} = \frac{T_1 - T_2}{Q}; \quad \frac{1}{G_2 c_{p2}} = \frac{t_2 - t_1}{Q}$$

代入式(4-36)中

$$\ln \frac{\Delta t_1}{\Delta t_2} = KA \frac{(T_1 - T_2) - (t_2 - t_1)}{Q} = KA \frac{(T_1 - t_2) - (T_2 - t_1)}{Q} = KA \frac{\Delta t_1 - \Delta t_2}{Q}$$

$$Q = KA \frac{\Delta t_1 - \Delta t_2}{\ln \frac{\Delta t_1}{\Delta t_2}} = KA \Delta t_m \tag{4-37}$$

式中，Δt_m 为对数平均温度，$\Delta t_m = \dfrac{\Delta t_1 - \Delta t_2}{\ln \dfrac{\Delta t_1}{\Delta t_2}}$。

式(4-37)虽然是从逆流推导来的，但也适用于并流。习惯上将较大温差记为 Δt_1，较小温差记为 Δt_2；当 $\Delta t_1/\Delta t_2 < 2$ 时，则可用算术平均值 $\Delta t_m = \dfrac{\Delta t_1 + \Delta t_2}{2}$ 代替对数平均值；当 $\Delta t_1 = \Delta t_2$，$\Delta t_m = \Delta t_1 = \Delta t_2$。

(2) 错流和折流　错流是指两种流体的流向垂直交叉。折流是指一流体只沿一个方向流动，另一流体反复来回折流；或者两流体都反复折回。在大多数的列管换热器中，两流体并非简单的逆流或并流，因为传热的好坏，除考虑温度差的大小外，还要考虑到影响传热系数的多种因素以及换热器的结构等。所以实际上两流体的流向，是比较复杂的多程流动，或是相互垂直的交叉流动。对于这些情况，通常采用 Underwood 和 Bowan 提出的图算法计算，也可采用理论求解 Δt_m 的计算式，但形式比较复杂。

(3) 流向的选择　各种流动型式，逆流和并流可以看成是两种极端情况。在流体进出口温度相同的条件下，逆流的平均温差最大，并流最小，其它流动型式的 Δt_m 介于两者之间。从提高传热推动力来言，逆流最佳。一般情况下在热负荷 Q、K 相同时，采用逆流可以较小的传热面积 A 完成相同的换热任务；在热负荷 Q、A 相同时，可以节省加热和冷却介质的用量或多回收热。逆流时，传热面上冷热流体间的温度差较为均匀。但有些时候，在某些方面并流优于逆流。如工艺上要求加热某一热敏性物质时，要求加热温度不高于某值；或者易固化物质冷却时，要求冷却温度不低于某值，易于控制流体出口温度。还比如采用折流和其它复杂流型的目的是为了提高对流传热系数 α，从而提高 K 来减小传热面积。

三、传热过程的强化措施

强化传热过程就是利用较少的传热面积或较小的体积传热设备来完成同样的传热任务以提高经济性，即提高冷热流体间的传热速率。由传热方程可知，增大总传热系数、传热面积和平均温度差可提高传热速率。

1. 增大传热平均温度差

增大传热平均温度提高加热剂 T_1 的温度（如用蒸汽加热，可提高蒸汽的压力来达到提高其饱和温度的目的）；降低冷却剂 t_1 的温度。如果两侧变温情况下，尽量采用逆流流动。但总体利用增大 Δt_m 来强化传热是有限的。

2. 增大总传热系数

根据传热系数计算公式式(4-32)，可知整个传热热阻主要由对流传热热阻、导热热阻和污垢组成。所以增大总传热系数应该包括：尽可能利用有相变的热载体（α 大）；用 λ 大的热载体；减小金属壁、污垢及两侧流体热阻中较大者的热阻；提高 α 较小一侧流体对流传热系数。在无相变传热中提高 α 的方法主要有增大流速、管内加扰流元件和改变传热面形状及增加粗糙度等。

3. 增大单位体积的传热面积

增大传热面积不能单靠加大设备尺寸来实现，而是必须改变设备的结构，使单位体积的设备提供较大的传热面积。例如用螺线管代替光滑管，此外提高流体流速，减少"死区"，也可以使传热面得到充分利用。

例 4-4 某列管换热器由 $\phi 25mm \times 2.5mm$ 的钢管组成。热空气流经管程，冷却水在管外与空气逆流流动。已知管内空气一侧的 α_i 为 $50 W/(m^2 \cdot ℃)$，污垢热阻 R_{si} 为 $0.5 \times 10^{-3} m^2 \cdot ℃/W$；水侧的 α_o 为 $1000 W/(m^2 \cdot ℃)$，污垢热阻 R_{so} 为 $0.2 \times 10^{-3} m^2 \cdot ℃/W$。

求：(1) 基于管外表面积的总传热系数 K_o；

(2) 忽略管壁和污垢热阻分别将 α_i 和 α_o 提高一倍后计算 K_o 值。

解：(1) 求 K_o

$$K_o = \frac{1}{\dfrac{d_o}{\alpha_i d_i} + R_{si}\dfrac{d_o}{d_i} + \dfrac{\delta}{\lambda} \cdot \dfrac{d_o}{d_m} + R_{so} + \dfrac{1}{\alpha_o}}$$

$$= \frac{1}{\dfrac{0.025}{50 \times 0.02} + 0.5 \times 10^{-3} \times \dfrac{0.025}{0.02} + \dfrac{0.0025}{45} \times \dfrac{0.025}{0.0225} + 0.2 \times 10^{-3} + \dfrac{1}{1000}}$$

$$= \frac{1}{0.0269} = 37.2 [W/(m^2 \cdot ℃)]$$

(2) 当管壁和污垢热阻可略，且 $\alpha_i' = 2\alpha_i = 2 \times 50 = 100 [W/(m^2 \cdot ℃)]$

则 $K_o = \dfrac{1}{\dfrac{d_o}{\alpha_i' d_i} + \dfrac{1}{\alpha_o}} = \dfrac{1}{\dfrac{0.025}{100 \times 0.02} + \dfrac{1}{1000}} = \dfrac{1}{0.0135} = 74 [W/(m^2 \cdot ℃)]$

将 α_o 提高一倍，即 $\alpha_o' = 2\alpha_o = 2 \times 1000 = 2000 [W/(m^2 \cdot ℃)]$

此时 $K_o = \dfrac{1}{\dfrac{d_o}{\alpha_i d_i} + \dfrac{1}{\alpha_o'}} = \dfrac{1}{\dfrac{0.025}{50 \times 0.02} + \dfrac{1}{2000}} = \dfrac{1}{0.0255} = 39 [W/(m^2 \cdot ℃)]$

例 4-5 在一内钢管为 $\phi 180mm \times 10mm$ 的套管换热器中，将流量为 3500kg/h 的某液态烃从 100℃ 冷却到 60℃，其平均比热容为 2380J/(kg·K)。环隙逆流走冷却水，其进出口温度分别为 40℃ 和 50℃，平均比热容为 4174J/(kg·K)。内管内外侧对流传热系数分别为 2000W/(m²·K) 和 3000W/(m²·K)，钢的热导率可取为 45W/(m·K)。假定热损失和污垢热阻可以忽略。

求：(1) 冷却水用量；
(2) 基于内管外侧面积的总传热系数；
(3) 对数平均温差；
(4) 内管外侧传热面积。

解：(1) 由 $\quad G_1 c_{p1}(T_1 - T_2) = G_c c_{p2}(t_2 - t_1)$

得 $\quad G_2 = \dfrac{G_1 c_{p1}(T_1 - T_2)}{c_{p2}(t_2 - t_1)} = \dfrac{3500 \times 2380 \times (100 - 60)}{4174 \times (50 - 40)} = 7982 (kg/h)$

(2) $\quad d_m = \dfrac{d_o - d_i}{\ln \dfrac{d_o}{d_i}} = \dfrac{180 - 160}{\ln \dfrac{180}{160}} = 169.80 (mm)$

$\dfrac{1}{K_o} = \dfrac{1}{\alpha_i} \cdot \dfrac{d_o}{d_i} + \dfrac{b}{\lambda} \cdot \dfrac{d_o}{d_m} + \dfrac{1}{\alpha_o}$

$= \dfrac{1}{2000} \times \dfrac{180}{160} + \dfrac{0.01}{45} \times \dfrac{180}{169.8} + \dfrac{1}{3000} = 1.1314 \times 10^{-3}$

所以 $\quad K_o = 883.8571 W/(m^2 \cdot K)$

(3) $\quad \Delta t_{m逆} = \dfrac{\Delta t_2 - \Delta t_1}{\ln \dfrac{\Delta t_2}{\Delta t_1}} = \dfrac{50 - 20}{\ln \dfrac{50}{20}} = 32.75℃$

(4) 由 $\quad Q = K_o A \Delta t_{m逆} = G_1 c_{p1}(T_1 - T_2)$

得 $\quad A = \dfrac{G_1 c_{p1}(T_1 - T_2)}{K_o \Delta t_{m逆}} = \dfrac{3500 \times 2380 \times (100 - 60)}{3600 \times 883.857 \times 32.75} = 3.1975 (m^2)$

测定（冷水-热水）传热实训

1. 实训目的

(1) 通过对冷水-热水简单套管换热器的实训研究，掌握对流传热系数 α 及总传热系数 K_o 的测定方法。

(2) 学会应用线性回归分析方法，确定关联式 $Nu = ARe^m Pr^{0.4}$ 中常数 A、m 的值。

2. 实训内容

(1) 在套管式换热器中，测定 5~6 个不同流速下管内冷水与管间热水之间的总传热系数 K_o，流体与管壁面间对流传热系数 α_o 和 α_i。

(2) 将测定值同运用 K_o 与 $α_o$、$α_i$ 之间关系式计算得出的 $α_i$ 值进行比较，计算得出 Nu_1（实训）和 Nu_2（计算）的值。

(3) 对实训数据进行线性回归，求关联式 Nu_1（实训）$=ARe^mPr^{0.4}$ 和 Nu_2（计算）$=ARe^mPr^{0.4}$ 中常数 A、m 的值。

3. 实训装置及仪表面板

(1) 实训装置如图 4-15 所示。

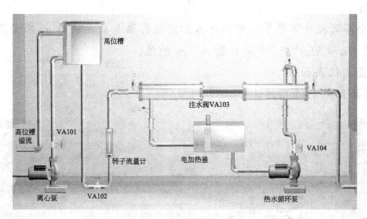

图 4-15 传热（冷水-热水）实训装置图

(2) 实训装置仪表面板如图 4-16 所示。

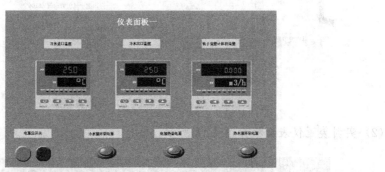

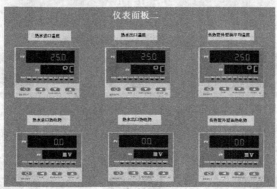

图 4-16 实训装置仪表面板

4. 实训操作

详见仿真软件操作指导。

测定（气-气）传热实训

1. 实训目的

通过对空气-水蒸气简单套管换热器的实训研究，掌握对流传热系数 α_i 的测定方法，加深对其概念和影响因素的理解，并应用线性回归分析方法，确定关联式 $Nu = ARe^m Pr^{0.4}$ 中常数 A、m 的值。

2. 实训内容

测定 5~6 个不同流速下简单套管换热器的对流传热系数 α_i；对 α_i 的实训数据进行线性回归，求关联式 $Nu = ARe^m Pr^{0.4}$ 中常数 A、m 的值。

3. 实训装置及仪表面板

（1）实训装置如图 4-17 所示。

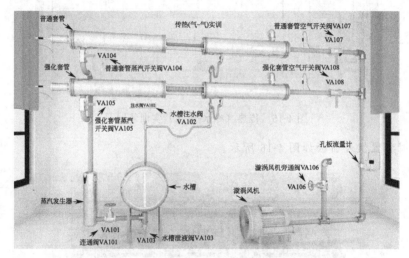

图 4-17 传热（气-气）实训装置图

（2）实训装置仪表面板如图 4-18 所示。

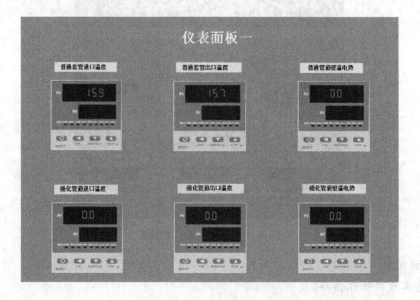

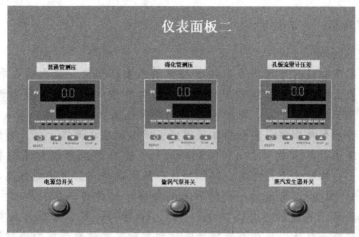

图 4-18　实训装置仪表面板

4. 实训操作

详见仿真软件操作指导。

辐射

任何物体，只要其热力学温度大于零度，都会不停地以电磁波的形式向外辐射能量；同时，又不断吸收来自外界其它物体的辐射能。当物体向外界辐射的能量与其从外界吸收的辐射能不等时，该物体与外界就产生热量的传递，这种传热方式称为热辐射。此外，辐射能可以在真空中传播，不需要任何物质作为媒介。

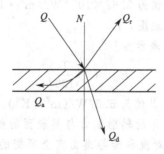

图 4-19　投在物体上辐射能的分布

如图 4-19 所示投在物体上辐射能的分布，假设外界投射到物体表面上的总能量 Q，其中一部分进入表面后被物体吸收 Q_a，一部分被物体反射 Q_r，其余部分穿透物体 Q_d。按能量守恒定律有

$$Q=Q_a+Q_r+Q_d \quad 或 \quad \frac{Q_a}{Q}+\frac{Q_r}{Q}+\frac{Q_d}{Q}=1 \tag{4-38}$$

式中　$\dfrac{Q_a}{Q}$——吸收率，用 a 表示；

$\dfrac{Q_r}{Q}$——反射率，用 r 表示；

$\dfrac{Q_d}{Q}$——穿透率，用 d 表示。

式(4-38)可表示为 $a+r+d=1$。

吸收率、反射率和透过率的大小取决于物体的性质、温度、表面状况和辐射线的波长等。一般来说，表面粗糙的物体吸收率大。对于固体和液体不允许热辐射透过，即 $d=0$；而气体对热辐射几乎无反射能力，即 $r=0$。能全部吸收辐射能的物体，即 $a=1$ 的物体称为黑体。黑体是一种理想化物体，实际物体只能或多或少地接近黑体，但没有绝对的黑体，如没有光泽的黑漆表面，其吸收率为 $a=0.96\sim0.98$。能全部反射辐射能的物体，即 $r=1$，称为白体。实际上白体也是不存在的，实际物体也只能或多或少地接近白体，如表面磨光的铜，其反射率为 $r=0.97$。能透过全部辐射能的物体，称为透热体，即 $d=1$。一般来说，单原子和由对称双原子构成的气体，如 He、O_2、N_2 和 H_2 等，可视为透热体。而多原子气体和不对称的双原子气体则只能有选择地吸收和发射某些波段范围的辐射能。能够以相同的吸收率吸收所有波长的辐射能的物体，称为灰体。工业上遇到的多数物体，能部分吸收所有波长的辐射能，吸收率相差不多，可近似视为灰体。

辐 射 能 力

物体在一定温度下，单位表面积、单位时间内所发射的全部辐射能（波长从 0 到 ∞），称为该物体在该温度下的辐射能力，以 E 表示，单位 W/m^2。目前常用斯蒂芬-波尔茨曼定律和克希霍夫定律来表示物体的辐射能力。

1. 斯蒂芬-波尔茨曼定律

斯蒂芬-波尔茨曼定律是指黑体的辐射能力与其表面的热力学温度的四次方成正比。

$$E_b=\sigma_0 T^4 \tag{4-39}$$

式中 E_b——黑体的辐射能力，W/m^2；

σ_0——黑体辐射常数，其值为 $5.67\times10^{-8}W/(m^2\cdot K^4)$；

T——黑体表面的热力学温度，K。

为了方便，通常将式(4-39)表示为

$$E_b=C_0\left(\dfrac{T}{100}\right)^4 \tag{4-40}$$

式中，C_0 为黑体辐射系数，其值为 $5.67W/(m^2\cdot K^4)$。

斯蒂芬-波尔茨曼定律表明黑体的辐射能力与其表面的热力学温度的四次方成正比，也称为四次方定律。显然热辐射与对流和传导遵循完全不同的规律。斯蒂芬-波尔茨曼定律表明辐射传热对温度异常敏感，低温时热辐射往往可以忽略，而高温时则成为主要的传热方式。

由于黑体是一种理想化的物体，在工程上要确定实际物体的辐射能力。在同一温度下，实际物体的辐射能力恒小于同温度下黑体的辐射能力。为了清楚表明不同物体的辐射能力，引入物体的黑度 ε，表示实际物体的辐射能力与黑体的辐射能力之比。由于实际物体的辐射能力小于同温度下黑体的辐射能力，黑度表示实际物体接近黑体的程度，$\varepsilon<1$。

影响物体黑度 ε 的因素有：物体的种类、表面温度、表面状况（如粗糙度、表面氧化程度等）、波长。物体的黑度是物体的一种性质，只与物体本身的情况有关，与外界因素无关，其值可用实验测定。不同的材料黑度 ε 值差异较大。氧化表面的材料比磨光表面的材料 ε 值大，说明其辐射能力也大。

灰体的辐射能力为

$$E = \varepsilon E_0 = \varepsilon C_0 \left(\frac{T}{100}\right)^4 = C \left(\frac{T}{100}\right)^4 \tag{4-41}$$

式中，C 为灰体的辐射系数，$C = 5.669\varepsilon$ W/(m² · K⁴)，C 总小于同温度下的 C_0。

2. 克希霍夫定律

克希霍夫定律表明了物体的发射能力和吸收率之间的关系。设有两块很大且相距很近的平行平板，两板间为透热体，一板为黑体，另一板为透过率为 0 的灰体。设灰体的吸收率、辐射能力及表面的热力学温度为 a_1、E_1、T_1；黑体的吸收率、辐射能力及表面的热力学温度为 a_0、E_0、T_0；且 $T_1 > T_0$。灰体 I 所发射的能量 E_1 投射到黑体 II 上被全部吸收；黑体 II 所发射的能量 E_0 投射到灰体 I 上只能被部分吸收，即 $a_1 E_0$ 的能量被吸收，其余部分 $(1 - a_1 E_0)$ 被反射回黑体后被黑体 II 吸收。因此，两平板间热交换的结果，以灰体 I 为例，发射的能量为 E_1，吸收的能量为 $a_1 E_0$，两者的差为

$$Q = E_1 - a_1 E_0 \tag{4-42}$$

当两平壁间的热交换达到平衡时，温度相等 $T_1 = T_0$，且灰体 I 所发射的辐射能与其吸收的能量必然相等，即 $E_1 = a_1 E_0$ 或 $\frac{E_1}{a_1} = E_0$。 \tag{4-43}

把上面这一结论推广到任一平壁，得

$$\frac{E}{a} = \frac{E_1}{a_1} = E_0 \tag{4-44}$$

式(4-44) 即是克希霍夫定律，此定律说明任何物体的辐射能力与其吸收率的比值恒为常数，且等于同温度下黑体的辐射能力，故其数值与物体的温度有关。与前面的公式相比较，得

$$\frac{E}{E_0} = a = \varepsilon \tag{4-45}$$

式(4-45) 说明在同一温度下，物体的吸收率与其黑度在数值上相等。这样实际物体难以确定的吸收率可用其黑度的数值表示。

两固体间的相互辐射

工业上常遇到两固体间的相互辐射传热，一般可视为灰体间的热辐射。两灰体间由于热辐射而进行热交换时，从一个物体发射出来的能量只能部分到达另一物体，而达到另一物体的这部分能量由于还要反射出一部分能量，从而不能被另一物体全部吸收。同理，从另一物体反射回来的能量，也只有一部分回到原物体，而反射回的这部分能量又部分反射和部分吸收，这种过程被反复进行，直到继续被吸收和反射的能量变为微不足道。两固体间的辐射传热总的结果是热量从高温物体传向低温物体。它们之间的辐射传热计算非常复杂，与两固体的吸收率、反射率、形状及大小有关，还与两固体间的距离和相对位置有关。

第五节 设计与选用换热器

知识与技能

1. 了解换热器的设计步骤。

2. 了解选用换热器的注意事项。

换热器作为一种交换热量的设备,具有传热阻力小、传热能力大的特点。要选择适合于生产系统的换热器,就需要了解各种换热器的性能和特点,从换热器的特点和换热器强化传热的方式分析,以此提高换热器的节能效果。

一、设计换热器

换热器的设计主要考虑以下几个方面。

(1) 根据工艺任务,计算热负荷。

(2) 计算平均温度差;先按单壳程多管程的计算,如果校正系数 $\varphi < 0.8$,应增加壳程数。

(3) 依据经验选取总传热系数,估算传热面积。

(4) 确定冷热流体流经管程或壳程,选定流体流速;由流速和流量估算单管程的管子根数,由管子根数和估算的传热面积,估算管子长度,再由系列标准选适当型号的换热器。

(5) 核算总传热系数。分别计算管程和壳程的对流传热系数,确定垢阻,求出总传热系数,并与估算的总传热系数进行比较。如果相差较多,应重新估算。

(6) 计算传热面积。根据计算的总传热系数和平均温度差,计算传热面积,并与选定的换热器传热面积相比,应有 10%~25% 的裕量。

二、选用换热器

在实际工作中选用换热器主要考虑以下几个方面。

1. 管程或壳程的选择

选用换热器的原则主要考虑传热效果好、结构简单和清洗方便等几个方面,具体如下:不洁净或易结垢的液体宜在管程,因管内清洗方便。腐蚀性流体宜在管程,以免管束和壳体同时受到腐蚀。压力高的流体宜在管内,以免壳体承受压力。饱和蒸汽宜走壳程,饱和蒸汽比较清洁,而且冷凝液容易排出。流量小而黏度大的流体一般以壳程为宜。需要被冷却物料一般选壳程,便于散热。

2. 流体的流速

流体在管程或壳程中的流速,不仅直接影响表面传热系数,而且影响污垢热阻,从而影响传热系数的大小,特别对于含有泥沙等较易沉积颗粒的流体,流速过低甚至可能导致管路堵塞,严重影响到设备的使用,但流速增大,又将使流体阻力增大。因此选择适宜的流速是十分重要的。

3. 流动方式的选择

除逆流和并流之外,在列管式换热器中冷、热流体还可以作各种多管程多壳程的复杂流动。当流量一定时,管程或壳程越多,对流传热系数越大,对传热过程越有利。但是,采用多管程或多壳程必导致流体阻力损失,即输送流体的动力费用增加。因此,在决定换热器的程数时,需权衡传热和流体输送两方面的损失。当采用多管程或多壳程时,列管式换热器内的流动形式复杂,对数平均值的温差要加以修正。

4. 换管子的规格

管子的规格主要有 $\phi 19mm \times 2mm$ 和 $\phi 25mm \times 2.5mm$ 两种;管长主要考虑以 1.5m、2.0m、3.0m、6.0m 为宜。

排列方式主要有正三角形、正方形直列和错列排列等。

5. 折流挡板

安装折流挡板的目的是为提高壳程对流传热系数，为取得良好的效果，挡板的形状和间距必须适当。对圆缺形挡板而言，弓形缺口的大小对壳程流体的流动情况有重要影响。由图可以看出，弓形缺口太大或太小都会产生"死区"，既不利于传热，又往往增加流体阻力。挡板的间距对壳体的流动亦有重要的影响。间距太大，不能保证流体垂直流过管束，使管外表面传热系数下降；间距太小，不便于制造和检修，阻力损失亦大。一般取挡板间距为壳体内径的 0.2~1.0 倍。

目前，随着我国化工等工业的兴起，不少企业广泛使用一些高效节能的换热器，起到了节能减排的作用，但是传统的固定管板式换热器仍然是化工生产中最广泛使用的换热器，因此还有很大的节能空间。

技能运用

结合某个工厂实际选用一组换热器。

巩固练习

一、填空题

1. 传热的基本方式为_____、_____、_____。
2. 金属的热导率大都随其纯度的增加而_____，随其温度的升高_____。
3. 对流传热的热阻主要集中在_____，因_____强化对流传热的重要途径。
4. $\alpha = 0.023 \dfrac{\lambda}{d_{内}} Re^{0.8} Pr^n$ 式中两个准数 $Re =$ _____，$Pr =$ _____。若液体被冷却时 $n =$ _____。
5. 在平壁稳定热传导过程中，通过三层厚度相同的材料，三层间的温度差变化是依次降低，则三层材料的热导率的大小顺序_____。
6. 由多层等厚平壁构成的导热壁面中，所用材料的热导率愈小，则该壁面的热阻愈_____，其两侧的温差愈_____。

二、判断题

1. 多层导热时，其推动力为各层推动力之和，阻力也为各层阻力之和。（　　）
2. 流体对流传热系数一般来说有相变时的要比无相变时的为大。（　　）
3. 多层平壁稳定导热时，如果某层壁面热导率小，则该层的导热热阻大，推动力小。（　　）
4. 若以饱和蒸汽加热空气，传热的壁面温度一般取空气和蒸汽的平均温度。（　　）
5. 在同一种流体中，不可能同时发生自然对流和强制对流。（　　）
6. 对流传热系数是物质的一种物理性质。（　　）

三、选择题

1. 传热过程中当两侧流体的对流传热系数都较大时，影响传热过程的将是（　　）。
   A. 管壁热阻　　　　　　　　B. 管内对流传热热阻
   C. 污垢热阻　　　　　　　　D. 管外对流传热热阻

2. 下述措施中对提高换热器壳程对流传热系数有效的是（　　）。
   A. 设置折流挡板　　B. 增大板间距　　C. 增加管程数　　D. 增加管内流体的流速
3. 在确定换热介质的流程时，通常走管程的有（　　），走壳程的有（　　）。
   A. 高压流体　　　　B. 蒸汽　　　　　C. 易结垢流体　　D. 腐蚀性流体
   E. 黏度大流体　　　F. 被冷却流体
4. 采用多管程换热器，虽然能提高管内流体的流速，增大其对流传热系数，但同时也导致（　　）。
   A. 管内易结垢　　　　　　　　　　B. 壳程流体流速过低
   C. 平均温差下降　　　　　　　　　D. 管内流动阻力增大
5. 增大换热器传热面积的办法有（　　）。
   A. 选用粗管排列　　B. 选用翅片管　　C. 增加管程数　　D. 增加壳程数
6. 关于传热系数 K 下述说法中错误的是（　　）。
   A. 传热过程中总传热系数 K 实际上是个平均值
   B. 总传热系数 K 随着所取的传热面不同而异
   C. 总传热系数 K 可用来表示传热过程的强弱，与冷热流体的物性无关
   D. 要提高传热系数 K 值，应从降低最大热阻着手
7. 在一管道外包有两层保温材料，内外层热导率分别为 λ_1 和 λ_2，为使导热效果好，则 λ_1 和 λ_2 的关系应为（　　）。
   A. $\lambda_1 < \lambda_2$　　　B. $\lambda_1 > \lambda_2$　　　C. $\lambda_1 = \lambda_2$
8. 有一列管换热器，用饱和水蒸气（温度为 120 ℃）将管内一定流量的氢氧化钠溶液由 20℃加热到 80℃，该换热器的平均传热温度差 Δt 为（　　）。
   A. $\dfrac{-60}{\ln 2.5}$　　　B. $\dfrac{60}{\ln 2.5}$　　　C. $\dfrac{120}{\ln 2.5}$　　　D. $\dfrac{-120}{\ln 2.5}$

四、简答题

1. 换热器的设计中为何常常采用逆流操作？
2. 叙述热导率、对流传热系数、传热系数的单位及物理意义？
3. 强化传热的途径有哪些？

五、计算题

1. 在一列管式换热器中，将 100℃ 的热水冷却到 50℃，热水流量为 60m³/h，冷却水在管内流动，温度从 20℃ 升到 45℃。已知传热系数 K 为 2000W/(m²·℃)，换热管为 $\phi 25mm \times 2.5mm$ 的钢管，长为 3m。求冷却水量和换热管数（逆流）。［已知：热水密度＝960kg/m³，$c_{热水} = c_{冷水} = 4.187$ kJ/（kg·K）］
2. 在一单程逆流列管式换热器中用水冷却空气，两流体的进口温度分别为 20℃ 和 110℃。在换热器使用的初期，冷却水及空气的出口温度分别为 45℃ 和 40℃，使用一年后，由于污垢热阻的影响，在冷热流体的流量和进口温度不变的情况下，冷却水出口温度降至 38℃，试求：(1) 空气出口温度为多少？(2) 总传热系数为原来的多少倍？(3) 若使冷却水加大一倍，空气流量及两流体进口温度不变，冷热流体的出口温度各为多少？（$\alpha_水 \gg \alpha_{空气}$）(4) 冷却水流量加大后，换热器的传热速率有何变化？变为多少？
3. 外径为 200mm 的蒸汽管道，管外壁温度为 160℃。管外包以热导率为 $\lambda = 0.08 + 1.1 \times 10^{-4} t$ 的保温材料。要求保温层外壁面温度不超过 60℃，热损失不超过 150W/m。问保温层

的厚度应为多少？

4. 在套管式换热器中用120℃的饱和蒸汽于环隙间冷凝以加热管内湍流的苯。苯的流量为4000kg/h，比热容为1.9kJ/(kg·℃)，温度从30℃升至60℃。蒸汽冷凝传热系数为$1×10^4$W/(m^2·℃)，换热管内侧污垢热阻为$4×10^{-4}$$m^2$·℃/W，忽略管壁热阻、换热管外侧污垢热阻及热损失。换热管为ϕ54mm×2mm的钢管，有效长度为12m。试求：(1) 饱和蒸汽流量（已知冷凝潜热为2204kJ/kg）；(2) 管内苯的对流传热系数α_i；(3) 当苯的流量增加50%，而其它条件维持不变时，苯的出口温度是多少？(4) 若想维持苯的出口温度仍为60℃，应采取哪些措施？进行定量计算。

5. 一废热锅炉，由ϕ25mm×2mm锅炉钢管组成，管外为水沸腾，温度为227℃，管内走合成转化气，温度由575℃下降到472℃。已知转化气一侧$\alpha_i = 300$W/(m^2·K)，水侧$\alpha_o = 10000$W/(m^2·K)，钢的热导率为45W/(m·K)，若忽略污垢热阻，试求：(1) 以内壁面为基准的总传热系数K_i；(2) 单位面积上的热负荷q(W/m^2)；(3) 管内壁温度T_w及管外壁温度T_i；(4) 试以计算结果说明为什么废热锅炉中转化气温度高达500℃左右仍可使用钢管做换热管。

6. 热气体在套管式换热器中用冷水冷却，内管为ϕ25mm×2.5mm钢管，热导率$\lambda = 45$W/(m·K)。冷水在管内湍流流动，给热系数$\alpha_1 = 2000$W/(m^2·K)，热气在环隙中湍流流动，给热系数$\alpha_2 = 50$W/(m^2·K)。不计垢层热阻，试求：(1) 管壁热阻占总热阻的百分数；(2) 内管中冷水流速提高一倍，总传热系数K'有何变化；(3) 内隙中热气体流速提高一倍，总传热系数K''有何变化？

第五章 吸 收

化工生产过程中常遇到混合气体中含有对后续的工艺有害的气体,应设法将其除去,以达到净化气体的目的,如在合成氨工艺中,采用碳酸丙烯酯(或碳酸钾水溶液)脱除合成气中的二氧化碳等,以及在生产过程中需要回收混合气体中的有用组分或者制备一些气体的溶液,如用洗油处理焦炉气回收其中的芳烃等。另外,在工业生产所排放的废气中常含有少量的 SO_2、H_2S、HF 等有害气体成分,若直接排入大气,则对环境造成污染。因此,在排放之前必须加以治理,工业生产中通常采用吸收的方法,选用碱性吸收剂除去这些有害的酸性气体。

第一节 认识吸收塔

知识与技能

1. 了解气体吸收过程的原理及分类。
2. 了解吸收塔的结构及工艺流程。

在化工生产中,吸收是利用液体处理气体混合物的典型传质单元操作。实现吸收过程是在气液传质设备中进行的,因此,进行吸收操作的气液传质设备称为吸收设备。气液传质设备的形式多样,通常传质过程都是在塔设备内进行的,也称为吸收塔。

一、气体吸收过程原理与分类

1. 吸收过程原理

当气体混合物与适当的液体接触,气体中的一种或几种组分溶解于液体中,而不能溶解的组分仍留在气体中,使气体混合物得到了分离,这种利用气体混合物中各组分在液体中的溶解度不同来分离气体混合物的单元操作称为吸收操作。混合气体中,能够显著溶解的组分称为溶质或吸收质;不被溶解的组分称为惰性组分(惰气)或载体;吸收操作中所用的溶剂称为吸收剂或溶剂;吸收操作中所得到的溶液称为吸收液或溶液;吸收操作中排出的气体称为吸收尾气。

2. 吸收过程分类

(1) 物理吸收和化学吸收 在吸收过程中溶质与溶剂不发生显著化学反应,称为物理吸收。如果在吸收过程中,溶质与溶剂发生显著化学反应,则此吸收操作称为化学吸收。

(2) 单组分吸收与多组分吸收 在吸收过程中,若混合气体中只有一种组分被吸收,其余组分可认为不溶于吸收剂,称为单组分吸收;如果混合气体中有两种或多种组分进入液相,称为多组分吸收。

(3) 等温吸收与非等温吸收　气体溶于液体中时常伴随热效应，若热效应很小，或被吸收的组分在气相中的浓度很低，而吸收剂用量很大，液相的温度变化不显著，则可认为是等温吸收；若吸收过程中发生化学反应，其反应热很大，液相的温度明显变化，则该吸收过程为非等温吸收过程。

(4) 低浓度吸收与高浓度吸收　通常根据生产经验，规定当混合气中溶质组分 A 的摩尔分数大于 0.1，且被吸收的数量多时，称为高浓度吸收；如果溶质在气液两相中摩尔分数均小于 0.1 时，称为低浓度吸收。

二、吸收塔

1. 吸收塔分类

吸收塔有多种类型，根据塔的内件是填料还是板，将吸收塔分为两大类：填料塔与板式塔。

(1) 填料塔　填料塔中装有诸如瓷环之类的填料，气液两相在被润湿的填料表面进行传热和传质。

(2) 板式塔　板式塔内沿塔高安装有若干层筛孔之类的塔板，相邻两板有一定的间隔距离。塔内的气液两相在塔板上互相接触，进行传热和传质。

吸收过程是混合气体从塔底引入吸收塔，向上流动；吸收剂从塔顶引入，向下流动。吸收液从塔底引出，吸收尾气从塔顶引出。

填料塔与板式塔的结构不同，本章将重点介绍填料塔，板式塔在下一章中介绍。

2. 吸收塔（填料塔）的结构

填料塔由塔体、填料、液体分布装置、填料压板、填料支撑装置、液体再分布装置等构成，如图 5-1 所示。

3. 吸收塔工艺流程

填料塔操作时，液体自塔上部进入，通过液体再分布器均匀喷洒在塔截面上并沿填料表面成膜状流下。当塔较高时，由于液体有向塔壁面偏流的倾向，使液体再分布器逐渐变得不均匀，因而经过一定高度的填料层需要设置再分布器，将液体重新均匀分布到下段填料层的截面上，最后液体经填料支撑装置由塔下部排出。

气体自塔下部经气体分布装置送入，通过填料支撑装置在填料缝隙中的自由空间上升并与下降的液体相接触，最后从塔上部排出。为了除去排出气体中夹带的少量雾状液滴，在气体出口处常装有除沫器。填料层内气液两相呈逆流接触，填料的润湿表面即为气液两相接触的有效传质面积。

与吸收操作相反，使吸收质从吸收剂中分离出来的操作称为解吸或脱吸。其目的是循环使用吸收剂或回收溶质，实际生产中吸收过程和解吸过程往往联合使用。

在吸收塔中进行吸收，根据气、液两相的流动方向，分为逆流操作和并流操作两类，工业生产中以逆流操作为主。如图 5-2 所示，洗油脱除煤气中粗苯的流程简图。图中

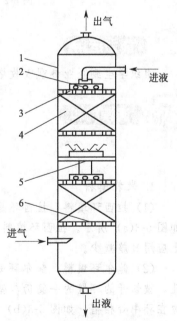

图 5-1　填料塔的结构
1—塔壳体；2—液体分布器；
3—填料压板；4—填料；
5—液体再分布装置；6—填料支撑板

虚线左侧为吸收部分，在吸收塔中，苯系化合物蒸气溶解于洗油中，吸收了粗苯的洗油（又称富油）由吸收塔底排出，被吸收后的煤气由吸收塔顶排出。图中虚线右侧为解吸部分，在解吸塔中，粗苯由液相释放出来，并为水蒸气带出，经冷凝分层后即可获得粗苯产品，解吸出粗苯的洗油（也称为贫油）经冷却后再送回吸收塔循环使用。

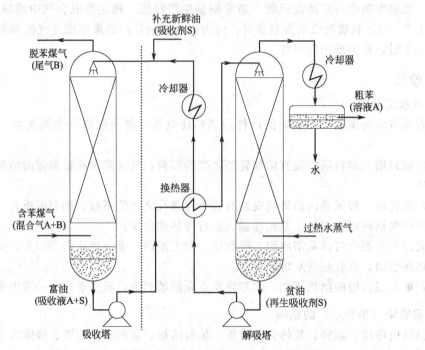

图 5-2 用洗油吸收苯系物质的吸收与解吸流程

组织学生到企业参观吸收塔的结构，了解吸收操作的流程。

常见的几种填料

1. 散装填料

（1）拉西环填料　拉西环是最早使用的一种形状简单的圆环形填料，外径与高度相等，如图 5-3(a) 所示。拉西环填料的气液分布较差，传质效率低，阻力大，通量小，目前工业上应用日趋减少。

（2）鲍尔环填料　鲍尔环是对拉西环的改进，在拉西环的侧壁上开出两排长方形的窗孔，被切开的环壁的一侧仍与壁面相连，另一侧向环内弯曲，形成内伸的舌叶，诸舌叶的侧边在环中心相搭，如图 5-3(b) 所示。鲍尔环由于环壁开孔，大大提高了环内空间及环内表面的利用率，减小了气流阻力，增大了气液接触面积，是一种性能优良的填料，得到了广泛的应用。

（3）矩鞍填料　矩鞍填料是兼顾环形和鞍形结构特点而设计出的一种新型填料，是一种半圆形马鞍状结构，四个边角为直角。该填料一般以金属材质制成，故又称为金属环矩鞍填料,如图 5-3(c) 所示。这种结构的填料在堆放时相互的接触面积较小,因而空隙率较大,流动阻力较小,气液接触面积较大,也是一种性能优良的填料。

2. 规整填料

目前工业上应用的规整填料绝大部分为波纹填料,它是将金属丝网或多孔板压制成波纹状,然后组装成若干个某高度(50~250mm)的圆盘状填料层。波纹与塔轴的倾角有 30°和 45°两种,组装时相邻两波纹板反向靠叠。各盘填料垂直装于塔内,相邻的两盘填料间交错 90°排列。

金属孔板波纹填料是板波纹填料的一种主要形式,如图 5-3(d) 所示。该填料的波纹板片上冲压许多小孔,可起到粗分配板片上的液体、加强横向混合的作用。波纹板片上轧成细小沟纹,可起到细分配板片上的液体、增强表面润湿性能的作用。金属孔板波纹填料的空隙率高,流体阻力小,流体分布均匀,是性能优良的规整填料。

(a) 拉西环填料

(b) 塑料鲍尔环填料

(c) 金属环矩鞍填料

(d) 金属孔板波纹填料

图 5-3 几种常见填料形状

第二节 确定吸收进行方向

 知识与技能

1. 掌握气体吸收过程的气液平衡关系原理。
2. 理解并运用相组成的表示方法做相关计算。

吸收过程是气液接触的过程,因此气液平衡关系是研究气体吸收过程的基础,该关系通常用气体在液体中的溶解度及亨利定律表示。气液相平衡能指出传质过程能否进行、进行的方向以及最终的极限。

一、吸收中常用的相组成表示法

1. 质量分数与摩尔分数

质量分数：质量分数是指在混合物中某组分的质量占混合物总质量的分数。对于混合物中的 A 组分有

$$w_A = \frac{m_A}{m} \tag{5-1}$$

式中 w_A——组分 A 的质量分数；
m_A——混合物中组分 A 的质量，kg；
m——混合物总质量，kg。

可见具有 n 种组分的质量分数和为 1

$$w_A + w_B + \cdots + w_n = 1 \tag{5-2}$$

摩尔分数：摩尔分数是指在混合物中某组分的物质的量 n_A 占混合物总物质的量 n 的分数。对于混合物中的 A 组分有

气相：
$$y_A = \frac{n_A}{n} \tag{5-3}$$

液相：
$$x_A = \frac{n_A}{n} \tag{5-4}$$

式中 y_A, x_A——分别为组分 A 在气相和液相中的摩尔分数；
n_A——液相或气相中组分 A 的物质的量；
n——液相或气相的总物质的量。

可见具有 n 种组分的摩尔分数和为 1

$$y_A + y_B + \cdots + y_n = 1 \tag{5-5}$$
$$x_A + x_B + \cdots + x_n = 1 \tag{5-6}$$

质量分数与摩尔分数的关系为

$$x_A = \frac{\dfrac{w_A}{M_A}}{\dfrac{w_A}{M_A} + \dfrac{w_B}{M_B} + \cdots + \dfrac{w_n}{M_n}} \tag{5-7}$$

式中，M_A、M_B、M_n 分别为各组分的相对分子质量。

2. 质量比与摩尔比

质量比是指混合物中某组分 A 的质量与惰性组分 B（不参加传质的组分）的质量之比，其定义式为

$$a_A = \frac{m_A}{m_B} \tag{5-8}$$

摩尔比是指混合物中某组分 A 的物质的量与惰性组分 B（不参加传质的组分）的物质的量之比，其定义式为

$$Y_A = \frac{n_A}{n_B} \tag{5-9}$$

$$X_A = \frac{n_A}{n_B} \tag{5-10}$$

式中，Y_A、X_A 分别为组分 A 在气相和液相中的摩尔比。

质量分数与质量比的关系为

$$w_A = \frac{\bar{a}_A}{1+\bar{a}_A} \tag{5-11}$$

$$\bar{a}_A = \frac{w_A}{1-w_A} \tag{5-12}$$

摩尔分数与摩尔比的关系为

$$x = \frac{X}{1+X} \tag{5-13}$$

$$y = \frac{Y}{1+Y} \tag{5-14}$$

$$X = \frac{x}{1-x} \tag{5-15}$$

$$Y = \frac{y}{1-y} \tag{5-16}$$

3. 质量浓度与摩尔浓度

质量浓度定义为单位体积混合物中某组分的质量。

$$G_A = \frac{m_A}{V} \tag{5-17}$$

式中　G_A——组分 A 的质量浓度，kg/m^3；
　　　V——混合物的体积，m^3；
　　　m_A——混合物中组分 A 的质量，kg。

摩尔浓度是指单位体积混合物中某组分的物质的量。

$$c_A = \frac{n_A}{V} \tag{5-18}$$

式中　c_A——组分 A 的摩尔浓度，$kmol/m^3$；
　　　n_A——混合物中组分 A 的物质的量，kmol。

质量浓度与质量分数的关系为

$$G_A = w_A \rho \tag{5-19}$$

式中，ρ 为混合物液相的密度，kg/m^3。

摩尔浓度与摩尔分数的关系为

$$c_A = x_A c \tag{5-20}$$

式中，c 为混合物在液相中的总摩尔浓度，$kmol/m^3$。

4. 气体的总压与理想气体混合物中组分的分压

总压与某组分的分压之间的关系为

$$p_A = p y_A \tag{5-21}$$

摩尔比与分压之间的关系为

$$Y_A = \frac{p_A}{p - p_A} \tag{5-22}$$

摩尔浓度与分压之间的关系为

$$c_A = \frac{n_A}{V} = \frac{p_A}{RT} \tag{5-23}$$

二、气体在液体中的溶解度

1. 溶解度曲线

平衡状态：在一定压力和温度下，使一定量的吸收剂与混合气体充分接触，气相中的溶质便向液相溶剂中转移，经长期充分接触之后，液相中溶质组分的浓度不再增加，此时，气液两相达到平衡，此状态为平衡状态。

饱和浓度：气液平衡时，溶质在液相中的浓度为饱和浓度（溶解度）。

平衡分压：气液平衡时，气相中溶质的分压为平衡分压。

相平衡关系：平衡时溶质组分在气液两相中的浓度关系为相平衡关系。

溶解度曲线：气液相平衡关系用二维坐标绘成的关系曲线称为溶解度曲线。

由图 5-4 可知，当总压 p、气相中溶质 y 一定时，吸收温度下降，溶解度大幅度提高。

由图 5-5 可见，在一定的温度下，气相中溶质组成 y 不变，当总压 p 增加时，在同一溶剂中溶质的溶解度 x 随之增加，这将有利于吸收，故吸收操作通常在加压条件下进行。

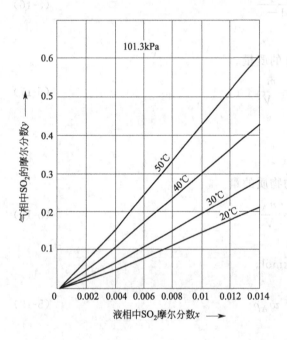

图 5-4　101.3kPa 下 SO_2 在水中的溶解度

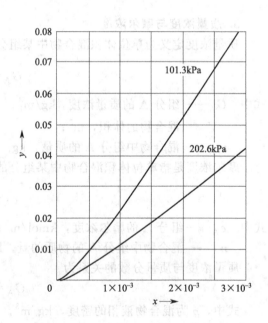

图 5-5　20℃下 SO_2 在水中的溶解度

结论：加压和降温有利于吸收操作过程；而减压和升温则有利于解吸操作过程。

2. 亨利定律

亨利定律：总压不高（如不超过 $5×10^5$ Pa）时，在一定温度下，稀溶液上方气相中溶质的平衡分压与溶质在液相中的摩尔分数成正比，其比例系数为亨利系数。

亨利定律的数学表达式为

$$p_A^* = Ex \tag{5-24}$$

式中　p_A^*——溶质在气相中的平衡分压，kPa；

　　　E——亨利系数，kPa；

　　　x——溶质在液相中的摩尔分数。

亨利系数的数值可由实验测得，表 5-1 列出了某些气体水溶液的亨利系数值。

表 5-1　某些气体水溶液的亨利系数（$E\times 10^{-6}$）　　　　单位：kPa

气体	温度/℃										
	0	10	20	30	40	50	60	70	80	90	100
H_2	5.87	6.44	6.92	7.39	7.61	7.75	7.75	7.71	7.65	7.61	7.55
N_2	5.35	6.77	8.15	9.36	10.5	11.4	12.2	12.7	12.8	12.8	12.8
CO	3.57	4.48	5.43	6.28	7.05	7.71	8.32	8.57	8.57	8.57	8.57
O_2	2.58	3.31	4.06	4.81	5.42	5.96	6.37	6.72	6.96	7.08	7.10

由表 5-1 中的数值可知：不同的物系在同一个温度下的亨利系数不同；当物系一定时，亨利系数随温度升高而增大。

亨利定律有不同的表达形式：

(1)
$$p_A^* = \frac{c_A}{H} \tag{5-25}$$

式中　c_A——溶质在液相中的摩尔浓度，$kmol/m^3$；

　　　H——溶解度系数，$kmol/(m^3\cdot kPa)$；

　　　p_A^*——溶质在气相中的平衡分压，kPa。

溶解度系数 H 与亨利系数 E 的关系为

$$\frac{1}{H} = \frac{EM_S}{\rho_S} \tag{5-26}$$

式中，ρ_S 为溶剂的密度，kg/m^3。

H 值由实验测定，并且随温度的升高而减小。

(2)
$$y^* = mx \tag{5-27}$$

式中　x——液相中溶质的摩尔分数；

　　　y^*——与液相组成 x 相平衡的气相中溶质的摩尔分数；

　　　m——相平衡常数，无量纲。

相平衡常数 m 与亨利系数 E 的关系为

$$m = \frac{E}{p} \tag{5-28}$$

当物系一定时，温度减小或压力增大，则 m 值减小。

(3)
$$Y^* = mX \tag{5-29}$$

式中　X——液相中溶质的摩尔比；

　　　Y^*——与液相组成 X 相平衡时气相中溶质的摩尔比。

三、相平衡关系在吸收过程中的应用

利用相平衡关系可以在吸收过程中解决如下问题：

(1) 判断过程进行的方向　发生吸收过程的充分必要条件是 $y>y^*$ 或 $x<x^*$；反之，溶质自液相转移至气相，即发生解吸过程。

(2) 指明过程进行的极限　当吸收塔无限高、溶剂量很小的情况下，$x_{1,\max}=x_1^*=\dfrac{y_1}{m}$；无限高的塔内，大量的吸收剂和较小气体流量，$y_{2,\min}=y_2^*=mx_2$；当 $x_2=0$ 时，$y_{2,\min}=0$，理论上实现气相溶质的全部吸收。

(3) 确定过程的推动力　根据吸收推动力，如图 5-6 所示，可以确定推动力的形式与大小。比如 $y-y^*$ 为以气相中溶质摩尔分数差表示的吸收过程的推动力；x^*-x 为以液相中溶质的摩尔分数差表示的吸收过程的推动力；$p_A - p_A^*$ 为以气相分压差表示的吸收过程推动力；$c_A^* - c_A$ 为以液相摩尔浓度差表示的吸收过程推动力等。

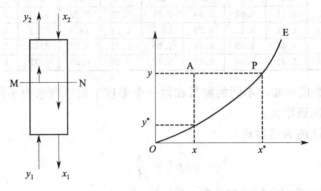

图 5-6 吸收推动力

例 5-1 某化工厂在一常压、298K 的吸收塔内，用水吸收混合气中的 SO_2。已知混合气体中含 SO_2 的体积分数为 20%，其余组分可看作惰性气体，出塔气体中含 SO_2 体积分数为 2%。

求：用摩尔分数、摩尔比和摩尔浓度表示出塔气体中 SO_2 的组成。

解：混合气可视为理想气体，以下标 2 表示出塔气体的状态。

$$y_2 = 0.02$$

$$Y_2 = \frac{y_2}{1-y_2} = \frac{0.02}{1-0.02} \approx 0.02$$

$$p_{A2} = py_2 = 101.3 \times 0.02 = 2.026 \text{(kPa)}$$

$$c_{A2} = \frac{n_{A2}}{V} = \frac{p_{A2}}{RT} = \frac{2.026}{8.314 \times 298} = 8.018 \times 10^4 \text{(kmol/m}^3\text{)}$$

例 5-2 某系统温度为 10℃，总压 101.3kPa，试求此条件下在与空气充分接触后的水中，每立方米水溶解了多少克氧气？

解：空气按理想气体处理，由道尔顿分压定律可知，氧气在气相中的分压为

$$p_A^* = py = 101.3 \times 0.21 = 21.27 \text{(kPa)}$$

氧气为难溶气体，故氧气在水中的液相组成 x 很低，气液相平衡关系服从亨利定律，由表 5-1 查得 10℃ 时，氧气在水中的亨利系数 E 为 3.31×10^6 kPa。

由

$$H = \frac{\rho_S}{EM_S}$$

$$c_A^* = Hp_A$$

则

$$c_A^* = \frac{\rho_S p_A}{EM_S}$$

故

$$c_A^* = \frac{1000 \times 21.27}{3.31 \times 10^6 \times 18} = 3.57 \times 10^{-4} \text{(kmol/m}^3\text{)}$$

$$m_A = 3.57 \times 10^{-4} \times 32 \times 1000 = 11.42 \text{(g/m}^3\text{)}$$

例 5-3 在总压 101.3kPa，温度 30℃ 的条件下，SO_2 摩尔分数为 0.3 的混合气体与 SO_2 摩尔分数为 0.01 的水溶液相接触，试问：

(1) 从液相分析 SO_2 的传质方向；

(2) 从气相分析，其它条件不变，温度降到 0℃ 时 SO_2 的传质方向；

(3) 其它条件不变，从气相分析，总压提高到 202.6kPa 时 SO_2 的传质方向，并计算以液相摩尔分数差及气相摩尔分数差表示的传质推动力。

解：(1) 查得在总压 101.3kPa，温度 30℃ 条件下 SO_2 在水中的亨利系数 $E=4850$kPa

所以

$$m=\frac{E}{p}=\frac{4850}{101.3}=47.88$$

从液相分析

$$x^*=\frac{y}{m}=\frac{0.3}{47.88}=0.00627<x=0.01$$

故 SO_2 必然从液相转移到气相，进行解吸过程。

(2) 查得在总压 101.3kPa，温度 0℃ 的条件下，SO_2 在水中的亨利系数 $E=1670$kPa

$$m=\frac{E}{p}=\frac{1670}{101.3}=16.49$$

从气相分析

$$y^*=mx=16.49\times0.01=0.16<y=0.3$$

故 SO_2 必然从气相转移到液相，进行吸收过程。

(3) 在总压 202.6kPa，温度 30℃ 条件下，SO_2 在水中的亨利系数 $E=4850$kPa

$$m=\frac{E}{p}=\frac{4850}{202.6}=23.94$$

从气相分析

$$y^*=mx=23.94\times0.01=0.24<y=0.3$$

故 SO_2 必然从气相转移到液相，进行吸收过程。

$$x^*=\frac{y}{m}=\frac{0.3}{23.94}=0.0125$$

以液相摩尔分数表示的吸收推动力为

$$\Delta x=x^*-x=0.0125-0.01=0.0025$$

以气相摩尔分数表示的吸收推动力为

$$\Delta y=y-y^*=0.3-0.24=0.06$$

结论：降低操作温度，E 减小、m 减小，溶质在液相中的溶解度增加，有利于吸收；压力不太高时，p 增大，E 变化忽略不计；但 m 增加使溶质在液相中的溶解度增加，有利于吸收。

几种常见气体的溶解度曲线

见图 5-7。

易溶气体：溶解度大的气体如 NH_3 等称为易溶气体；

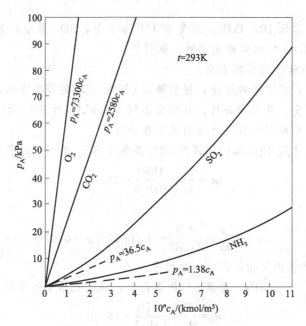

图 5-7　几种气体在水中的溶解度曲线

难溶气体：溶解度小的气体如 O_2、CO_2 等称为难溶气体；

溶解度适中的气体：介乎其间的如 SO_2 等称为溶解度适中的气体。

第三节　确定总传质速率方程

　知识与技能

1. 了解双膜模型理论。
2. 掌握吸收的机理及吸收速率方程式。

吸收操作是气液两相间的对流传质过程。对于相际间的对流传质问题，其传质机理往往是非常复杂的。为使问题简化，通常对对流传质过程作一定的假定，即所谓的吸收机理，亦称传质模型，其中最具代表性的是双膜模型。因此，确定总传质速率方程之前需掌握吸收过程的传质机理。

一、传质基本方式

吸收过程是溶质从气相转移到液相的质量传递过程。由于溶质从气相转移到液相是通过扩散进行的，因此传质过程也称为扩散过程。扩散的基本方式有两种：分子扩散和涡流扩散，而实际传质操作中多为对流扩散，即分子扩散和涡流扩散的共同作用。

1. 分子扩散

物质以分子运动的方式通过静止流体的转移，或物质通过层流流体，且传质方向与流体的流动方向相垂直，导致物质从高浓度向低浓度处传递，这种传质方式称为分子扩散。分子扩散只是由于分子热运动的结果，扩散的推动力是浓度差，扩散速率主要取决于扩散物质和静止流体的温度及某些物理性质。分子扩散现象在人们日常生活中经常遇到。将一勺砂糖放入一杯水之中，片刻后整杯的水就会变甜；如在密闭的室内，酒瓶盖被打开后，在其附近很快就可闻到酒味。这就是分子扩散的表现。

2. 涡流扩散

在湍流主体中，凭借流体质点的湍动和漩涡进行物质传递的现象，称为涡流扩散。比如将一勺砂糖放入一杯水之中，用勺搅动，则将融化得更快更匀，这便是涡流扩散的结果。涡流扩散速率比分子扩散速率大得多，涡流扩散速率主要取决于流体的流动形态。

对流扩散亦称为对流传质，对流传质包括湍流主体的涡流扩散和层流内层的分子扩散。

二、双膜理论

双膜理论基于双膜模型，它把复杂的对流传质过程描述为溶质以分子扩散形式通过两个串联的有效膜，认为扩散所遇到的阻力等于实际存在的对流传质阻力。其模型如图5-8所示。

双膜模型的基本假设：

(1) 相互接触的气液两相存在一个稳定的相界面，界面两侧分别存在着稳定的气膜和液膜。膜内流体流动状态为层流，溶质A以分子扩散方式通过气膜和液膜，由气相主体传递到液相主体。

(2) 相界面处，气液两相达到相平衡，界面处无扩散阻力。

(3) 在气膜和液膜以外的气液主体中，由于流体的充分湍动，溶质A的浓度均匀，溶质主要以涡流扩散的形式传质。

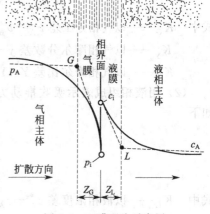

图5-8 双膜理论示意图

三、吸收过程的总传质速率方程

1. 气相对流传质速率方程

吸收的传质速率等于传质系数乘以吸收的推动力。吸收的推动力有多种不同的表示法，同样吸收的传质速率方程也有多种形式。不同形式的传质速率方程具有相同的意义，可用任意一个进行计算；但每个吸收传质速率方程中传质系数的数值和单位各不相同；传质系数的下标必须与推动力的组成表示法相对应。

气相传质速率方程如下

$$N_A = k_G(p_A - p_{Ai}) \tag{5-30}$$

$$N_A = k_y(y - y_i) \tag{5-31}$$

$$N_A = k_Y(Y - Y_i) \tag{5-32}$$

式中　　k_G——以气相分压差表示推动力的气相传质系数，$kmol/(m^2 \cdot s \cdot kPa)$；

k_y——以气相摩尔分数差表示推动力的气相传质系数，$kmol/(m^2 \cdot s)$；

k_Y——以气相摩尔比差表示推动力的气相传质系数，$kmol/(m^2 \cdot s)$；

p_A, y, Y——分别为溶质在气相主体中的分压、摩尔分数和摩尔比；

p_{Ai}, y_i, Y_i——分别为溶质在相界面处的分压、摩尔分数和摩尔比。

2. 液相对流传质速率方程

$$N_A = k_L(c_{Ai} - c_A) \tag{5-33}$$

$$N_A = k_x(x_i - x) \tag{5-34}$$
$$N_A = k_X(X_i - X) \tag{5-35}$$

式中 k_L——以液相摩尔浓度差表示推动力的液相对流传质系数,m/s;

k_x——以液相摩尔分数差表示推动力的液相传质系数,kmol/(m²·s);

k_X——以液相摩尔比差表示推动力的液相传质系数,kmol/(m²·s);

c_A, x, X——分别为溶质在液相主体中的摩尔浓度、摩尔分数及摩尔比;

c_{Ai}, x_i, X_i——分别为溶质在界面处的摩尔浓度、摩尔分数及摩尔比。

3. 总传质速率方程

(1) 用气相组成表示吸收推动力的总传质速率方程称为气相总传质速率方程,具体如下

$$N_A = K_G(p_A - p_A^*) \tag{5-36}$$
$$N_A = K_y(y - y^*) \tag{5-37}$$
$$N_A = K_Y(Y - Y^*) \tag{5-38}$$

式中 K_G——以气相分压差 $p_A - p_A^*$ 表示推动力的气相总传质系数,kmol/(m²·s·kPa);

K_y——以气相摩尔分数差 $y - y^*$ 表示推动力的气相总传质系数,kmol/(m²·s);

K_Y——以气相摩尔比差 $Y - Y^*$ 表示推动力的气相总传质系数,kmol/(m²·s)。

(2) 用液相组成表示吸收推动力时,总传质速率方程称为液相总传质速率方程,具体如下

$$N_A = K_L(c_A^* - c_A) \tag{5-39}$$
$$N_A = K_x(x^* - x) \tag{5-40}$$
$$N_A = K_X(X^* - X) \tag{5-41}$$

式中 K_L——以液相浓度差 $c_A^* - c_A$ 表示推动力的液相总传质系数,m/s;

K_x——以液相摩尔分数差 $x^* - x$ 表示推动力的液相总传质系数,kmol/(m²·s);

K_X——以液相摩尔比差 $X^* - X$ 表示推动力的液相总传质系数,kmol/(m²·s)。

(3) 总传质系数与单相传质系数之间的关系及吸收过程中的控制步骤 若吸收系统服从亨利定律或平衡关系在计算范围为直线,则

$$c_A = Hp_A^*$$

根据双膜理论,界面无阻力,即界面上气液两相平衡,对于稀溶液,则

$$c_{Ai} = Hp_{Ai}$$

将上两式代入式(5-33)得

$$N_A = Hk_L(p_{Ai} - p_A^*)$$

或

$$\frac{1}{Hk_L}N_A = p_{Ai} - p_A^*$$

式(5-30)可转化为

$$\frac{1}{k_G}N_A = p_A - p_{Ai}$$

两式相加得

$$\left(\frac{1}{Hk_L} + \frac{1}{k_G}\right)N_A = p_A - p_A^*$$

$$N_A = \frac{1}{\left(\frac{1}{Hk_L} + \frac{1}{k_G}\right)}(p_A - p_A^*)$$

将此式与式(5-36)比较得

$$\frac{1}{K_G} = \frac{1}{Hk_L} + \frac{1}{k_G} \tag{5-42}$$

用类似的方法得到

$$\frac{1}{K_L} = \frac{1}{k_L} + \frac{H}{k_G} \tag{5-43}$$

$$\frac{1}{K_y} = \frac{m}{k_x} + \frac{1}{k_y} \tag{5-44}$$

$$\frac{1}{K_x} = \frac{1}{k_x} + \frac{1}{mk_y} \tag{5-45}$$

$$\frac{1}{K_Y} = \frac{m}{k_X} + \frac{1}{k_Y} \tag{5-46}$$

$$\frac{1}{K_X} = \frac{1}{k_X} + \frac{1}{mk_Y} \tag{5-47}$$

通常传质速率可以用传质系数乘以推动力表达，也可用推动力与传质阻力之比表示。从以上总传质系数与单相传质系数关系式可以得出，总传质阻力等于两相传质阻力之和，这与两流体间壁换热时总传热热阻等于对流传热所遇到的各项热阻加和相同。但要注意总传质阻力和两相传质阻力必须与推动力相对应。

这里以式(5-42)和式(5-43)为例进一步讨论吸收过程中传质阻力和传质速率的控制因素。

气膜控制 由式(5-42)可以看出，以气相分压差 $p_A - p_A^*$ 表示推动力的总传质阻力 $\frac{1}{K_G}$ 是由气相传质阻力 $\frac{1}{k_G}$ 和液相传质阻力 $\frac{1}{Hk_L}$ 两部分加和构成的，当 k_G 与 k_L 数量级相当时，对于 H 值较大的易溶气体，有 $\frac{1}{K_G} \approx \frac{1}{k_G}$，即传质阻力主要集中在气相，此吸收过程由气相阻力控制（气膜控制）。如用水吸收氯化氢、氨气等过程即是如此。

液膜控制 由式(5-43)可以看出，以液相浓度差 $c_A^* - c_A$ 表示推动力的总传质阻力是由气相传质阻力 $\frac{H}{k_G}$ 和液相传质阻力 $\frac{1}{k_L}$ 两部分加和构成的。对于 H 值较小的难溶气体，当 k_G 与 k_L 数量级相当时，有 $\frac{1}{K_L} \approx \frac{1}{k_L}$，即传质阻力主要集中在液相，此吸收过程由液相阻力控制（液膜控制）。如用水吸收二氧化碳、氧气等过程即是如此。

（4）总传质系数间的关系 式(5-43)除以 H，得

$$\frac{1}{HK_L} = \frac{1}{Hk_L} + \frac{1}{k_G}$$

与式(5-42)比较得

$$K_G = HK_L \tag{5-48}$$

同理利用相平衡关系式推导出

$$mK_y = K_x \tag{5-49}$$

$$mK_Y = K_X \tag{5-50}$$

$$pK_G = K_y \tag{5-51}$$

$$pK_G = K_Y \tag{5-52}$$

$$cK_L = K_x \tag{5-53}$$

$$cK_L = K_X \tag{5-54}$$

例 5-4 某工厂在总压为 100kPa、温度为 30℃时，用清水吸收混合气体中的氨，气相传质系数 $k_G = 3.84 \times 10^{-6}$ kmol/(m²·s·kPa)，液相传质系数 $k_L = 1.83 \times 10^{-4}$ m/s，假设此操作条件下的平衡关系服从亨利定律，测得液相溶质摩尔分数为 0.05，其气相平衡分压为 6.7kPa。

求当塔内某截面上气、液组成分别为 $y = 0.05$，$x = 0.01$ 时：(1) 以 $p_A - p_A^*$、$c_A^* - c_A$ 表示的传质总推动力及相应的传质速率、总传质系数；(2) 分析该过程的控制因素。

解：(1) 根据亨利定律 $E = \dfrac{p_A^*}{x} = \dfrac{6.7}{0.05} = 134$ (kPa)

相平衡常数 $m = \dfrac{E}{p} = \dfrac{134}{100} = 1.34$

溶解度常数 $H = \dfrac{\rho_S}{E M_S} = \dfrac{1000}{134 \times 18} = 0.4146$

$p_A - p_A^* = 100 \times 0.05 - 134 \times 0.01 = 3.66$ (kPa)

$\dfrac{1}{K_G} = \dfrac{1}{H k_L} + \dfrac{1}{k_G} = \dfrac{1}{0.4146 \times 1.83 \times 10^{-4}} + \dfrac{1}{3.86 \times 10^{-6}} = 13180 + 240617 = 253797$

$K_G = 3.94 \times 10^{-6}$ kmol/(m²·s·kPa)

$N_A = K_G (p_A - p_A^*) = 3.94 \times 10^{-6} \times 3.66 = 1.44 \times 10^{-5}$ [kmol/(m²·s)]

$c_A = \dfrac{0.01}{0.99 \times 18/1000} = 0.56$ (kmol/m³)

$c_A^* - c_A = 0.4146 \times 100 \times 0.05 - 0.56 = 1.513$ (kmol/m³)

$K_L = \dfrac{K_G}{H} = \dfrac{3.94 \times 10^{-6}}{0.4146} = 9.5 \times 10^{-6}$ (m/s)

$N_A = K_L (c_A^* - c_A) = 9.5 \times 10^{-6} \times 1.513 = 1.438 \times 10^{-5}$ [kmol/(m²·s)]

(2) 与 $p_A - p_A^*$ 表示的传质总推动力相应的传质阻力为 253797(m²·s·kPa)/kmol；

其中气相阻力为 $\dfrac{1}{k_G} = 13180$ m²·s·kPa/kmol；

液相阻力 $\dfrac{1}{H k_L} = 240617$ m²·s·kPa/kmol；

气相阻力占总阻力的百分数为 $\dfrac{240617}{253797} \times 100\% = 94.8\%$

故该传质过程为气膜控制过程。

第四节　确定吸收剂用量

知识与技能

1. 掌握吸收过程的物料衡算与操作线方程。
2. 掌握最小液气比的计算方法。

在吸收塔计算中，通常所处理的气体流量、气体的初始和最终组成及吸收剂的初始组成由吸收任务决定。如果吸收液的浓度已经规定，则可以通过物料衡算求出吸收剂用量；否则，必须综合考虑吸收剂对吸收过程的影响，合理选择吸收剂用量。

一、物料衡算和操作线方程

1. 物料衡算

定态逆流吸收塔的气液流率和组成如图 5-9 所示，图中符号定义如下。

V——单位时间通过任一塔截面的惰性气体的量，kmol/s；

L——单位时间通过任一塔截面的纯吸收剂的量，kmol/s；

Y——任一截面上混合气体中溶质的摩尔比；

X——任一截面上吸收剂中溶质的摩尔比。

在定态条件下，假设溶剂不挥发，惰性气体不溶于溶剂。以单位时间为基准，在全塔范围内，对溶质 A 作物料衡算得

$$VY_1 + LX_2 = VY_2 + LX_1$$

或
$$V(Y_1 - Y_2) = L(X_1 - X_2) \tag{5-55}$$

溶质回收率定义为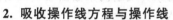

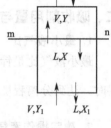

图 5-9 吸收塔的物料衡算

所以
$$Y_2 = Y_1(1 - \eta)$$

由式(5-55)可求出塔底排出液中溶质的浓度

$$X_1 = X_2 + V(Y_1 - Y_2)/L \tag{5-56}$$

2. 吸收操作线方程与操作线

如图 5-9 所示，在逆流吸收塔内任取 mn 截面，在截面 mn 与塔顶间对溶质 A 进行物料衡算

$$VY + LX_2 = VY_2 + LX$$

或
$$Y = \frac{L}{V}X + \left(Y_2 - \frac{L}{V}X_2\right) \tag{5-57}$$

若在塔底与塔内任一截面 mn 间对溶质 A 作物料衡算，则得到

$$VY_1 + LX = VY + LX_1$$

或
$$Y = \frac{L}{V}X + \left(Y_1 - \frac{L}{V}X_1\right) \tag{5-58}$$

由全塔物料衡算知，方程式(5-57)与式(5-58)等价。则方程式(5-57)与式(5-58)称为逆流吸收操作线方程式。

逆流吸收操作线具有如下特点：

(1) 当定态连续吸收时，若 L、V 一定，Y_1、X_2 恒定，则该吸收操作线在 X-Y 直角坐标图上为一直线，通过塔顶 $A(X_2, Y_2)$ 及塔底 $B(X_1, Y_1)$，其斜率为 L/V，见图 5-10，称为吸收操作的液气比。

(2) 吸收操作线仅与液气比、塔底及塔顶溶质组成有关，与系统的平衡关系、塔型及操作条件 T、p 无关。

(3) 因吸收操作时，$Y > Y^*$ 或 $X^* > X$，故吸收操作线在平衡线的上方，操作线离平衡线愈远吸收的推动力愈大；解吸操作时，$Y < Y^*$ 或 $X^* < X$，故解吸操作线在平衡线的下方。见图 5-11。

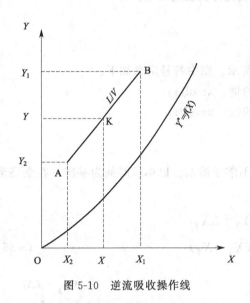
图5-10 逆流吸收操作线

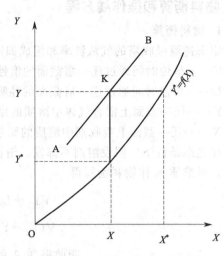
图5-11 吸收操作线推动力示意图

二、吸收剂用量与最小液气比

1. 最小液气比

最小液气比是针对一定的分离任务、操作条件和吸收物系,当塔内某截面吸收推动力为零时,达到分离程度所需塔高为无穷大时的液气比,以 $\left(\dfrac{L}{V}\right)_{\min}$ 表示。

2. 确定操作液气比和吸收剂用量

若增大吸收剂用量,操作线的B点将沿水平线 $Y=Y_1$ 向左移动,如图5-12(a) 所示的B、C点。在此情况下,操作线远离平衡线,吸收的推动力增大,若欲达到一定吸收效果,则所需的塔高将减小,设备投资也减少。但液气比增加到一定程度后,塔高减小的幅度就不显著,而吸收剂消耗量却过大,造成输送及吸收剂再生等操作费用剧增。考虑吸收剂用量对设备费和操作费两方面的综合影响,应选择适宜的液气比,使设备费和操作费之和最小。根据生产实践经验,通常吸收剂用量为最小用量的1.1~2.0倍,即 $L=(1.1\sim 2.0)L_{\min}$。

【注意】 L 值必须保证操作条件时,填料表面被液体充分润湿,即保证单位塔截面上单位时间内流下的液体量不得小于某一最低允许值。

3. 最小液气比的计算

(1) 图解法 最小液气比可根据物料衡算采用图解法求得,当平衡曲线符合图5-12(a) 所示的情况时,则由图读出与 Y_1 相平衡的 X_1^* 的数值后,用下式计算最小液气比

$$\left(\frac{L}{V}\right)_{\min}=\frac{Y_1-Y_2}{X_1^*-X_2} \tag{5-59}$$

如果平衡线出现如图5-12(b) 所示的形状,则过点A作平衡线的切线,水平线 $Y=Y_1$ 与切线相交于点 $D(X_{1,\max},Y_1)$,则可按下式计算最小液气比

$$\left(\frac{L}{V}\right)_{\min}=\frac{Y_1-Y_2}{X_{1,\max}-X_2} \tag{5-60}$$

(2) 解析法 若平衡关系符合亨利定律,则采用下列解析式计算最小液气比

$$\left(\frac{L}{V}\right)_{\min} = \frac{Y_1 - Y_2}{\dfrac{Y_1}{m} - X_2} \tag{5-61}$$

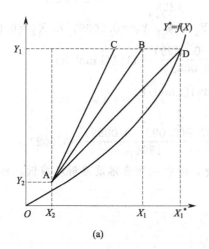 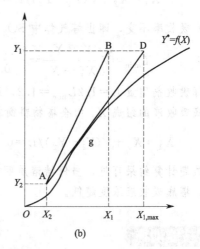

图 5-12　吸收塔的最小液气比

例 5-5　某矿石焙烧炉排出含 SO_2 的混合气体，除 SO_2 外其余组分可看作惰性气体。冷却后送入填料吸收塔中，用清水洗涤以除去其中的 SO_2。吸收塔的操作温度为 20℃，压力为 101.3kPa。混合气的流量为 1000m³/h，其中含 SO_2 体积分数为 9%，要求 SO_2 的回收率为 90%。若吸收剂用量为理论最小用量的 1.2 倍，

试计算：(1) 吸收剂用量及塔底吸收液的组成 X_1；

(2) 当用含 SO_2 0.0003（摩尔比）的水溶液作为吸收剂时，保持二氧化硫回收率不变，吸收剂用量比原情况增加还是减少？塔底吸收液组成变为多少？已知 101.3kPa，20℃ 条件下 SO_2 在水中的平衡数据如表 5-2 所示。

表 5-2　SO_2 气液平衡组成表

SO_2 溶液浓度 X	气相中 SO_2 平衡浓度 Y	SO_2 溶液浓度 X	气相中 SO_2 平衡浓度 Y
0.0000562	0.00066	0.00084	0.019
0.00014	0.00158	0.0014	0.035
0.00028	0.0042	0.00197	0.054
0.00042	0.0077	0.0028	0.084
0.00056	0.0113	0.0042	0.138

解：按题意进行组成换算

进塔气体中 SO_2 的组成为　　　$Y_1 = \dfrac{y_1}{1-y_1} = \dfrac{0.09}{1-0.09} = 0.099$

出塔气体中 SO_2 的组成为　　　$Y_2 = Y_1(1-\eta) = 0.099 \times (1-0.09) = 0.0099$

进吸收塔惰性气体的摩尔流量为　$V = \dfrac{1000}{22.4} \times \dfrac{273}{273+20} \times (1-0.90) = 37.8\,(\text{kmol/h})$

由表 5-2 中 X-Y 数据，采用内差法得到与气相进口组成 Y_1 相平衡的液相组成 $X_1^* = 0.0032$。

(1)　　　$L_{\min} = V\dfrac{Y_1 - Y_2}{X_1^* - X_2} = \dfrac{37.8(0.099 - 0.0099)}{0.0032} = 1052\,(\text{kmol/h})$

实际吸收剂用量 $L=1.2L_{min}=1.2\times1052=1263(kmol/h)$
塔底吸收液的组成 X_1 由全塔物料衡算求得

$$X_1=X_2+V(Y_1-Y_2)/L=0+\frac{37.8(0.099-0.0099)}{1263}=0.00267$$

(2) 吸收率不变，即出塔气体中 SO_2 的组成 Y_2 不变，$Y_2=0.0099$，而 $X_2=0.0003$

所以 $$L_{min}=V\frac{Y_1-Y_2}{X_1^*-X_2}=\frac{37.8(0.099-0.0099)}{0.0032-0.0003}=1161(kmol/h)$$

实际吸收剂用量 $L=1.2L_{min}=1.2\times1161=1394(kmol/h)$
塔底吸收液的组成 X_1 由全塔物料衡算求得

$$X_1=X_2+V(Y_1-Y_2)/L=0.0003+\frac{37.8(0.099-0.0099)}{1394}=0.0027$$

由该题计算结果可见，当保持溶质回收率不变，吸收剂所含溶质溶解度越低，所需溶剂量越小，塔底吸收液浓度越低。

 技能训练

吸收（氨气-水）

1. 实训目的
了解填料吸收塔的结构和流体力学性能及学习填料吸收塔传质能力和传质效率的测定方法。

2. 实训内容
测量塔的传质能力（传质单元数和回收率）和传质效率（传质单元高度和体积吸收总系数）。

3. 实训装置及参数设置
(1) 实训装置如图 5-13 和图 5-14 所示。

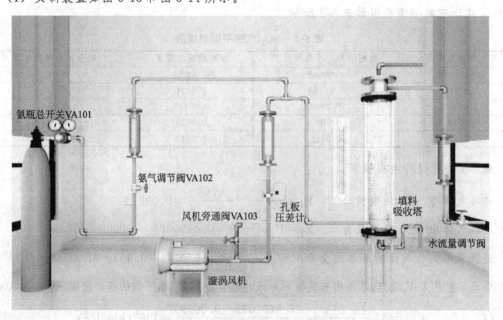

图 5-13 吸收（氨气-水）实训流程

图 5-14　吸收（氨气-水）操作装置

（2）仪表面板如图 5-15 所示。

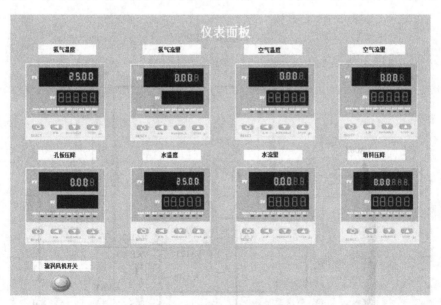

图 5-15　吸收操作仪表面板

（3）部分实训参数设置如图 5-16 所示。

4. 实训操作

详见仿真软件操作指导。

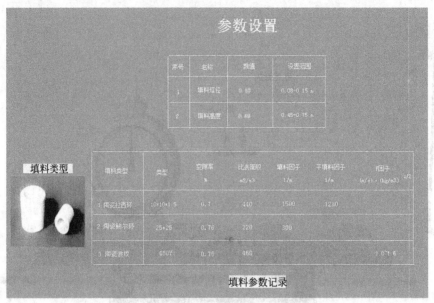

图 5-16 参数设置

吸收（二氧化碳-水）

1. 实训目的

了解填料吸收塔的结构和流体力学性能，学习填料吸收塔传质能力和传质效率的测定方法。

2. 实训内容

采用水吸收二氧化碳，空气解吸水中二氧化碳，测定填料塔的液侧传质膜系数和总传质系数。

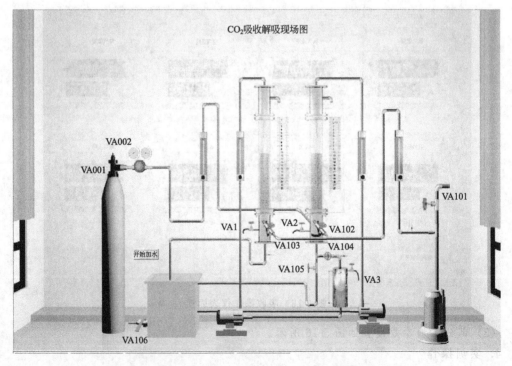

图 5-17 吸收（二氧化碳-水）实训装置

3. 实训装置及参数设置
(1) 实训装置如图 5-17 所示。
(2) 实训装置仪表面板如图 5-18 所示。

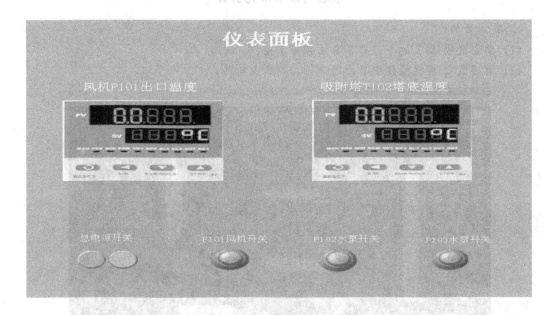

图 5-18　实训装置仪表面板

(3) 部分实训参数设置如图 5-19 所示。

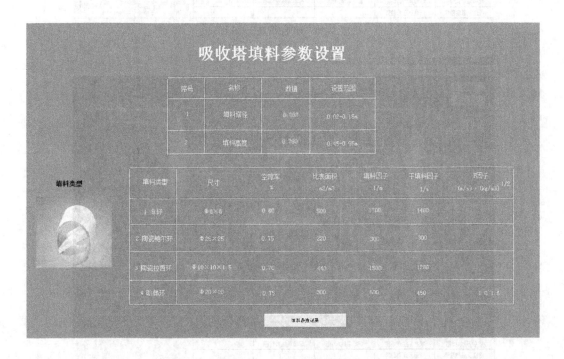

图 5-19　吸收塔填料参数设置

4. 实训操作

详见仿真软件操作指导。

吸收与解吸单元仿真

1. 实训目的

(1) 学会吸收-解吸的冷态开车与正常停车操作。

(2) 掌握吸收-解吸操作中事故的分析、判断及排除。

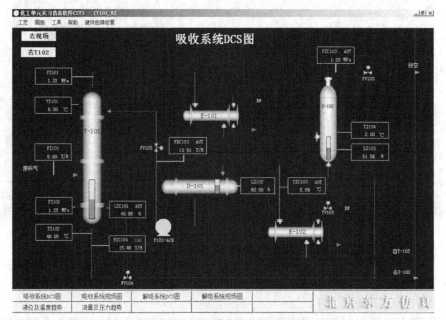

图 5-20　吸收系统 DCS 图

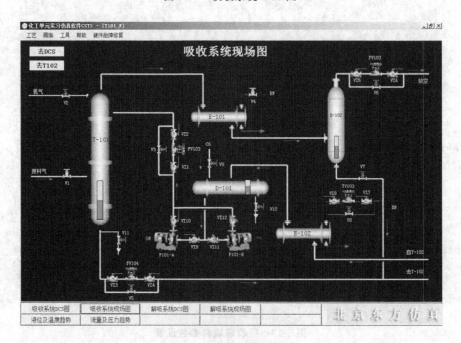

图 5-21　吸收系统现场图

2. 实训内容

冷态开车，正常停车，冷却水中断，加热蒸汽中断，仪表风中断，停电，泵 P101A 坏，调节阀 LV104 阀卡，吸收塔超压，再沸器 E-105 结垢严重。

3. 实训工艺流程图

实训工艺吸收系统 DCS 图如图 5-20 所示，现场图如图 5-21 所示；实训工艺解吸系统 DCS 图如图 5-22 所示，现场图如图 5-23 所示。

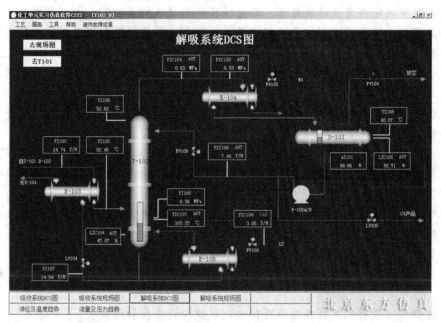

图 5-22 解吸系统 DCS 图

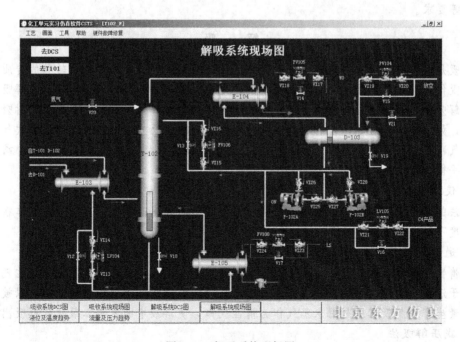

图 5-23 解吸系统现场图

4. 实训操作

详见仿真软件操作指导。

选择吸收剂的因素

吸收剂性能往往决定吸收的效果。在选择吸收剂时，应从以下几方面考虑：

（1）溶解度 溶质在溶剂中的溶解度要大，即在一定的温度和浓度下，溶质的平衡分压要低，这样可以提高吸收速率并减小吸收剂的耗用量，气体中溶质的极限残余浓度亦可降低。当吸收剂与溶质发生化学反应时，溶解度可大大提高。但要使吸收剂循环使用，则化学反应必须是可逆的。

（2）选择性 吸收剂对混合气体中的溶质要有良好的吸收能力，而对其它组分应不吸收或吸收甚微，否则不能直接实现有效的分离。

（3）溶解度对操作条件的敏感性 溶质在吸收剂中的溶解度对操作条件（温度、压力）要敏感，即随操作条件的变化溶解度要显著的变化，这样被吸收的气体组分容易解吸，吸收剂再生方便。

（4）挥发度 操作温度下吸收剂的蒸气压要低，因为离开吸收设备的气体往往被吸收剂所饱和，吸收剂的挥发度愈大，则在吸收和再生过程中吸收剂损失愈大。

（5）黏性 吸收剂黏度要低，流体输送功耗小。

（6）化学稳定性 吸收剂化学稳定性好可避免因吸收过程中条件变化而引起吸收剂变质。

（7）腐蚀性 吸收剂腐蚀性应尽可能小，以减少设备费和维修费。

（8）其它 所选用吸收剂应尽可能满足价廉、易得、易再生、无毒、无害、不易燃烧、不易爆等要求。

解　吸

解吸是吸收的逆过程，是液相中的溶质组分向与之接触的气（汽）相转移的传质分离过程。解吸作用是回收溶质，同时再生吸收剂，是构成完整吸收操作的重要环节。解吸一般分为物理解吸和化学解吸。物理解吸不发生化学反应，化学解吸伴有化学反应。凡对吸收不利的条件，如减压、升温等，皆有利于解吸，所以常用的解吸方法是减压、升温或吹气（空气或水蒸气）。在工业生产中，为了实现解吸应设法降低解吸组分在气相中的分压，或者提高液相的平衡分压。

1. 使溶液加热气化法

该法的实质是提高温度，增加组分在液面上的平衡分压；温度升高以后，气体在液体中的溶解度下降，使组分被解吸出来。

2. 通入惰性气体法

将惰性气体通入解吸设备中，由于惰性气体中不含有吸收组分，也就是组分在气相中的分压小于液面上的平衡分压，因而溶液一经与惰性气体接触，溶液中的组分就可以被解吸出来。尿素生产中解吸塔就是用水蒸气作为惰性气体，使溶液中的氨和二氧化碳解吸出来的。

3. 减压解吸法

基于气体的溶解度随着压力降低而降低的原理。

这三种方法都能造成液相中的溶质平衡分压大于其气相分压的传质条件，促使溶质从液相中迅速解脱。解吸操作不但能获得纯度较高的气体溶质，而且可使吸收剂得以再生和循环使用。因此，工业上采用吸收和解吸联合操作的流程。

第五节　选择与设计填料塔

知识与技能

1. 学会填料层高度及塔径的计算方法。
2. 理解体积总传质系数概念。

填料塔是进行吸收操作的设备之一，填料的表面提供了气液传质的场所，而填料吸收塔的高度则主要取决于填料层的高度，因此，选择设计填料塔要确定填料层的高度、理论级数及塔径等。

一、计算吸收塔填料层高度

填料层高度的计算通常采用传质单元数法，它又称传质速率模型法，该法依据传质速率、物料衡算和相平衡关系来计算填料层高度。

1. 塔高计算基本关系式

在填料塔内任一截面上的气液两相组成和吸收的推动力均沿塔高连续变化，所以不同截面上的传质速率各不相同。从分析填料层内某一微元 dZ 内的溶质吸收过程入手。

在图5-24所示的填料层内，厚度为 dZ 微元的传质面积 $dA = a\Omega dZ$，其中 a 为单位体积填料所具有的相际传质面积，m^2/m^3；Ω 为填料塔的塔截面积，m^2。定态吸收时，由物料衡算可知，气相中溶质减少的量等于液相中溶质增加的量，即单位时间由气相转移到液相溶质 A 的量可用下式表达

$$dG_A = VdY = LdX \tag{5-62}$$

根据吸收速率定义，dZ 段内吸收溶质的量为

$$dG_A = N_A dA = N_A(a\Omega dZ) \tag{5-63}$$

式中　G_A——单位时间吸收溶质的量，kmol/s；

N_A——微元填料层内溶质的传质速率，kmol/(m²·s)。

将吸收速率方程 $N_A = K_Y(Y-Y^*)$ 代入上式得

$$dG_A = K_Y(Y-Y^*)a\Omega dZ \tag{5-64}$$

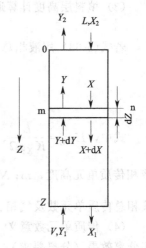

图5-24　填料层高度计算

将式(5-62)与式(5-64)联立得

$$dZ = \frac{V}{K_Y a\Omega} \cdot \frac{dY}{Y-Y^*} \tag{5-65}$$

当吸收塔定态操作时，V、L、Ω、a 皆不随时间而变化，也不随截面位置变化。对于低浓度吸收，在全塔范围内气液相的物性变化都较小，通常 K_Y、K_X 可视为常数，将式(5-65) 积分得

$$Z = \int_{Y_2}^{Y_1} \frac{V \mathrm{d}Y}{K_Y a \Omega (Y - Y^*)} = \frac{V}{K_Y a \Omega} \int_{Y_2}^{Y_1} \frac{\mathrm{d}Y}{Y - Y^*} \tag{5-66}$$

即低浓度定态吸收填料层高度计算基本公式。

体积传质系数：a 值与填料的类型、形状、尺寸、填充情况有关，还随流体物性、流动状况而变化。其数值不易直接测定，通常将它与传质系数的乘积作为一个物理量，称为体积传质系数：如 $K_Y a$ 为气相总体积传质系数，单位为 $\mathrm{kmol}/(\mathrm{m}^3 \cdot \mathrm{s})$。

体积传质系数的物理意义：在单位推动力下，单位时间、单位体积填料层内吸收的溶质量。

【注意】 在低浓度吸收的情况下，体积传质系数在全塔范围内为常数，可取平均值。

2. 传质单元数与传质单元高度

(1) 气相总传质单元高度定义　式(5-66)中 $\dfrac{V}{K_Y a \Omega}$ 的单位为 m，故将 $\dfrac{V}{K_Y a \Omega}$ 称为气相总传质单元高度，以 H_{OG} 表示，即

$$H_{OG} = \frac{V}{K_Y a \Omega} \tag{5-67}$$

(2) 气相总传质单元数定义　式(5-66)中定积分 $\int_{Y_2}^{Y_1} \dfrac{\mathrm{d}Y}{Y - Y^*}$ 是一无量纲的数值，工程上以 N_{OG} 表示，称为气相总传质单元数。即

$$N_{OG} = \int_{Y_2}^{Y_1} \frac{\mathrm{d}Y}{Y - Y^*} \tag{5-68}$$

因此，填料层高度 $Z = N_{OG} H_{OG}$。 \hfill (5-69)

(3) 填料层高度计算通式

$$Z = \text{传质单元高度} \times \text{传质单元数}$$

若式(5-63)用液相总传质系数及气、液相传质系数对应的吸收速率方程计算，可得

$$Z = N_{OL} H_{OL} \tag{5-70}$$
$$Z = N_G H_G \tag{5-71}$$
$$Z = N_L H_L \tag{5-72}$$

式中，$H_{OL} = \dfrac{L}{K_X a \Omega}$、$H_G = \dfrac{V}{k_Y a \Omega}$、$H_L = \dfrac{L}{k_X a \Omega}$，分别为液相总传质单元高度及气相、液相传质单元高度，m；$N_{OL} = \int_{X_2}^{X_1} \dfrac{\mathrm{d}X}{X^* - X}$、$N_G = \int_{Y_2}^{Y_1} \dfrac{\mathrm{d}Y}{Y - Y_i}$、$N_L = \int_{X_2}^{X_1} \dfrac{\mathrm{d}X}{X_i - X}$，分别为液相总传质单元数及气相、液相传质单元数。

(4) 传质单元数意义　N_{OG}、N_{OL}、N_G、N_L 计算式中的分子为气相或液相组成变化，即分离效果（分离要求）；分母为吸收过程的推动力。吸收要求愈高，吸收的推动力愈小，传质单元数就愈大。所以传质单元数反映了吸收过程的难易程度。当吸收要求一定时，欲减少传质单元数，则应设法增大吸收推动力。

(5) 传质单元的意义　以 N_{OG} 为例，由积分中值定理得知

$$N_{OG} = \int_{Y_2}^{Y_1} \frac{\mathrm{d}Y}{Y - Y^*} = \frac{Y_1 - Y_2}{(Y - Y^*)_m} \tag{5-73}$$

当气体流经一段填料，其气相中溶质组成变化 $Y_a - Y_b$ 等于该段填料平均吸收推动力 $(Y - Y^*)_m$，即 $N_{OG} = 1$ 时，该段填料为一个传质单元。

(6) 传质单元高度意义　以 H_{OG} 为例，由式(5-69)看出，$N_{OG} = 1$ 时，$Z = H_{OG}$。故

传质单元高度的物理意义为完成一个传质单元分离效果所需的填料层高度。因在 $H_{OG} = \dfrac{V}{K_Y a \Omega}$ 中，$\dfrac{1}{K_Y a}$ 为传质阻力，体积传质系数 $K_Y a$ 与填料性能和填料润湿情况有关。故传质单元高度的数值反映了吸收设备传质效能的高低，H_{OG} 愈小，吸收设备传质效能愈高，完成一定分离任务所需填料层高度愈小。H_{OG} 与物系性质、操作条件及传质设备结构参数有关。为减少填料层高度，应减小传质阻力，降低传质单元高度。

(7) 体积总传质系数与传质单元高度的关系　体积总传质系数与传质单元高度同样反映了设备分离效能，但体积总传质系数随流体流量的变化较大，通常 $K_y a \propto G^{0.7 \sim 0.8}$，而传质单元高度受流体流量变化的影响很小，$H_{OG} = \dfrac{G}{K_y a} \propto G^{0.3 \sim 0.2}$，通常 H_{OG} 的变化在 $0.15 \sim 1.5 \mathrm{m}$ 范围内，具体数值通过试验确定，故工程上常采用传质单元高度反映设备的分离效能。

(8) 各种传质单元高度之间的关系　气液平衡线斜率为 m 时，将式 $\dfrac{1}{K_Y} = \dfrac{1}{k_Y} + \dfrac{m}{k_X}$ 各项乘以 $\dfrac{V}{a\Omega}$ 得

$$\frac{V}{K_Y a \Omega} = \frac{V}{k_Y a \Omega} + \frac{mV}{k_X a \Omega} \cdot \frac{L}{L}$$

$$H_{OG} = H_G + \frac{mV}{L} H_L \tag{5-74}$$

同理，由式 $\dfrac{1}{K_X} = \dfrac{1}{k_X} + \dfrac{1}{mk_Y}$ 导出

$$H_{OL} = H_L + \frac{L}{mV} H_G \tag{5-75}$$

式(5-74) 与式(5-75) 比较得

$$H_{OL} = \frac{mV}{L} H_{OG} \tag{5-76}$$

其中 $\dfrac{mV}{L}$ 为解吸因数，其倒数 $\dfrac{L}{mV}$ 为吸收因数。

吸收因数的意义为吸收操作线的斜率与平衡线斜率的比。

3. 传质单元数的计算

根据物系平衡关系的不同，传质单元数的求解有以下几种方法，主要介绍对数平均推动力法。

当气液平衡线为直线时

$$N_{OG} = \int_{Y_2}^{Y_1} \frac{\mathrm{d}Y}{Y - Y^*} = \frac{Y_1 - Y_2}{\Delta Y_m} \tag{5-77}$$

$$\Delta Y_m = \frac{\Delta Y_1 - \Delta Y_2}{\ln \dfrac{\Delta Y_1}{\Delta Y_2}}; \ \Delta Y_1 = Y_1 - Y_1^*; \ \Delta Y_2 = Y_2 - Y_2^*$$

式中　Y_1^*——与 X_1 相平衡的气相组成；

　　　Y_2^*——与 X_2 相平衡的气相组成；

　　　ΔY_m——塔顶与塔底两截面上吸收推动力的对数平均值，称为对数平均推动力。

同理液相总传质单元数的计算式为

$$N_{OL} = \frac{X_1 - X_2}{\dfrac{\Delta X_1 - \Delta X_2}{\ln \dfrac{\Delta X_1}{\Delta X_2}}} = \frac{X_1 - X_2}{\Delta X_m} \quad (5\text{-}78)$$

$$\Delta X_m = \frac{\Delta X_1 - \Delta X_2}{\ln \dfrac{\Delta X_1}{\Delta X_2}}; \quad \Delta X_1 = X_1^* - X_1; \quad \Delta X_2 = X_2^* - X_2$$

式中 X_1^*——与 Y_1 相平衡的液相组成；

X_2^*——与 Y_2 相平衡的液相组成。

【注意】

(1) 当 $\dfrac{\Delta Y_1}{\Delta Y_2} < 2$，$\dfrac{\Delta X_1}{\Delta X_2} < 2$ 时，对数平均推动力可用算术平均推动力替代，产生的误差小于 4%，这是工程允许的；

(2) 当平衡线与操作线平行，即 $S = 1$ 时，$Y - Y^* = Y_1 - Y_1^* = Y_2 - Y_2^*$ 为常数，对式 (5-68) 积分得

$$N_{OG} = \frac{Y_1 - Y_2}{Y_1 - Y_1^*} = \frac{Y_1 - Y_2}{Y_2 - Y_2^*} \quad (5\text{-}79)$$

二、计算吸收塔理论级数

吸收过程可以在填料塔中进行，也可在板式塔中进行，这两类塔的有效高度均可用多级逆流理论级模型来计算，如图 5-25 所示，其理论级数需用物料衡算和气液平衡方程来计算，常用图解法计算。

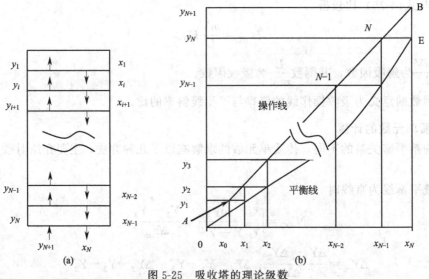

图 5-25 吸收塔的理论级数

假设有 N 个理论级的吸收塔如图 5-25(a) 所示，各级组成表示见图 5-25，在塔顶与塔内任意截面间对溶质作物料衡算，得操作线方程

$$Y = \frac{L_S}{V_B} X + \left(Y_1 - \frac{L_S}{V_B} X_0 \right)$$

该操作线在 Y-X 图上为一直线。

图解法求理论级数步骤如下：

(1) 在 X-Y 坐标中绘出平衡线与操作线，如图 5-25(b) 所示。

(2) 从操作线端点 $A(X_0, Y_1)$ 出发，作水平线与平衡线相交，过交点作垂线交于操作线点 (X_1, Y_2)，得一梯级，再过该点作水平线交于操作线点 (X_2, Y_3)，又得一梯级，如此在平衡线与操作线间画梯级，直到达到或超过 Y_{N+1} 为止。

(3) 梯级总数为完成指定分离任务所需的理论板数。

【注意】 图解法求理论级数不受任何条件限制，平衡线为直线或曲线，低浓度吸收或高浓度吸收，也可用于解吸过程理论级数的计算。

三、计算吸收塔塔径

吸收塔塔径的计算可以仿照圆形管路直径的计算公式

$$D = \sqrt{\frac{4V_S}{\pi u}} \tag{5-80}$$

式中　　D——吸收塔的塔径，m；
　　　　V_S——混合气体通过塔的实际流量，m^3/s；
　　　　u——空塔气速，m/s。

【注意】

(1) 在吸收过程中溶质不断进入液相，故实际混合气量因溶质的吸收沿塔高变化，混合气在进塔时气量最大，混合气在离塔时气量最小。计算时气量通常取全塔中气量最大值，即以进塔气量为设计塔径的依据。

(2) 计算塔径关键是确定适宜的空塔气速，通常先确定液泛气速，然后考虑一个小于 1 的安全系数，计算出空塔气速。液泛气速的大小由吸收塔内气液比、气液两相物性及填料特性等方面决定。

(3) 按式(5-80) 计算出的塔径，还应根据国家压力容器公称直径的标准进行圆整。

例 5-6　在一塔径为 0.8m 的填料塔内，用清水逆流吸收空气中的氨，要求氨的吸收率为 99.5%。已知空气和氨的混合气质量流量为 1400kg/h，气体总压为 101.3kPa，其中氨的分压为 1.333kPa。若实际吸收剂用量为最小用量的 1.4 倍，操作温度（293K）下的气液相平衡关系为 $Y^* = 0.75X$，气相总体积吸收系数为 $0.088 kmol/(m^3 \cdot s)$，试求：

(1) 每小时用水量；

(2) 用平均推动力法求出所需填料层高度。

解：(1)　　$y_1 = \dfrac{1.333}{101.3} = 0.0132$　　$Y_1 = \dfrac{y_1}{1-y_1} = \dfrac{0.0132}{1-0.0132} = 0.0134$

$Y_2 = Y_1(1-\eta) = 0.0134(1-0.995) = 0.0000669$

$X_2 = 0$

因混合气中氨含量很少，故 $\overline{M} \approx 29 kg/kmol$

$V = \dfrac{1400}{29}(1-0.0132) = 47.7 (kmol/h)$

$\Omega = 0.785 \times 0.8^2 = 0.5 (m^2)$

$$L_{\min}=V\frac{Y_1-Y_2}{X_1^*-X_2}=\frac{47.7(0.0134-0.0000669)}{\frac{0.0134}{0.75}-0}=35.6(\text{kmol/h})$$

实际吸收剂用量 $L=1.4L_{\min}=1.4\times 35.4=49.8(\text{kmol/h})$

(2) $X_1=X_2+V(Y_1-Y_2)/L=0+\dfrac{47.7(0.0134-0.0000669)}{49.8}=0.0128$

$Y_1^*=0.75X_1=0.75\times 0.0128=0.00953$

$Y_2^*=0$

$\Delta Y_1=Y_1-Y_1^*=0.0134-0.00953=0.00387$

$\Delta Y_2=Y_2-Y_2^*=0.0000669-0=0.0000669$

$$\Delta Y_m=\frac{\Delta Y_1-\Delta Y_2}{\ln\dfrac{\Delta Y_1}{\Delta Y_2}}=\frac{0.00387-0.0000669}{\ln\dfrac{0.00387}{0.0000669}}=0.000936$$

$$N_{OG}=\frac{Y_1-Y_2}{\Delta Y_m}=\frac{0.0134-0.0000669}{0.000936}=14.24$$

$$H_{OG}=\frac{V}{K_Y a\Omega}=\frac{47.7/3600}{0.088\times 0.5}=0.30(\text{m})$$

$$Z=N_{OG}H_{OG}=14.24\times 0.30=4.27(\text{m})$$

 阅读材料

填料塔的流体力学性能

1. 气体通过填料层的压降

将不同液体喷淋量下的单位填料层的压降 $\Delta p/Z$ 与空塔气速 u 的关系标绘在对数坐标纸上,可得到如图 5-26 所示的曲线簇。

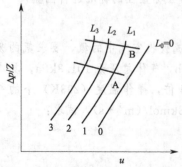

图 5-26 填料层的 $\Delta p/Z$-u 关系

(1) 恒持液量区 当气速低于 A 点时,气液流动几乎与气速无关,$\Delta p\propto u^{1.8\sim 2.0}$ 且基本与干填料平行。

(2) 载液区 当气速超过 A 点时,气体阻碍液体顺畅下流,持液量增加,此为拦液现象,出现拦液现象时的气速为载点气速,超过载点气速后,$\Delta p\propto u^{>2.0}$。

(3) 液泛区 若气速继续增大,到达图中 B 点时,由于液体不能顺利向下流动,液体在塔内积累而发生液泛,此时的气速称泛点气速。$\Delta p\propto u$ 斜率急剧增加。塔不能正常操作。

2. 持液量

填料层的持液量是指在一定操作条件下,在单位体积填料层内所积存的液体体积,以 m^3 液体$/\text{m}^3$ 填料表示。持液量可分为静持液量 H_s、动持液量 H_o 和总持液量 H_t。静持液量是指当填料被充分润湿后,停止气液两相进料,并经排液至无滴液流出时存留于填料层中的液体量,其取决于填料和流体的特性,与气液负荷无关。动持液量是指填料塔停止气液两相进料时流出的液体量,它与填料、液体特性及气液负荷有关。总持液量是指在一定操作条件下存留于填料层中的液体总量。显然,总持液量为静持液量和动持液量之和,即

$$H_t = H_0 + H_s \tag{5-81}$$

填料层的持液量可由实验测出,也可由经验公式计算。一般来说,适当的持液量对填料塔操作的稳定性和传质是有益的,但持液量过大,将减少填料层的空隙和气相流通截面,使压降增大,处理能力下降。

巩固练习

一、填空题

1. 某逆流吸收塔,用纯溶剂吸收混合气中易溶组分,设备高为无穷大,入塔 $Y_1=8\%$(体积),平衡关系 $Y=2X$。试问:(1)若液气比(摩尔比,下同)为 2.5 时,吸收率=_____%;(2)若液气比为 1.5 时,吸收率=_____%。

2. 对接近常压的低浓度溶质的气液平衡系统,当总压增加时,亨利系数_____,相平衡常数 m _____,溶解度系数 H _____。

3. 由于吸收过程气相中溶质分压总_____液相中溶质的平衡分压,所以吸收操作线总是在平衡线的_____。增加吸收剂用量,操作线的斜率_____,则操作线向_____平衡线的方向偏移,吸收过程推动力_____。

4. 压力_____,温度_____,将有利于解吸的进行。

5. 对低浓度溶质的气液平衡系统,当总压降低时,亨利系数 E 将_____,相平衡常数 m 将_____,溶解度系数 H 将_____。在吸收过程中,K_Y 和 k_Y 是以_____和_____为推动力的吸收系数,它们的单位是_____。

6. 亨利定律表达式 $p^* = Ex$,若某气体在水中的亨利系数 E 值很小,说明该气体为_____气体。

7. 所谓气膜控制,即吸收总阻力集中在_____一侧,而_____一侧阻力可忽略;如果说吸收质气体属于难溶气体,则此吸收过程是_____控制。

8. 在选择吸收剂时,应主要考虑的 4 个方面是_____、_____、_____、_____。

二、选择题

1. 若亨利系数 E 值很大,依据双膜理论,则可判断过程的吸收速率为( )控制。
   A. 气膜   B. 液膜   C. 双膜

2. 通常所讨论的吸收操作中,当吸收剂用量趋于最小用量时,完成一定的分率( )。
   A. 回收率趋向最高   B. 吸收推动力趋向最大
   C. 操作最为经济   D. 填料层高度趋向无穷大

3. 对于易溶气体,H 值_____,K_G _____ k_G。( )
   A. 很大,<   B. 很小,>   C. 很小,≈   D. 很大,≈

4. 在吸收塔中,随着溶剂温度升高,气体在溶剂中的溶解度将会( )。
   A. 增加   B. 不变   C. 减小   D. 不能确定

5. 在吸收过程中,( )将使体系的相平衡常数 m 减小。
   A. 加压和升温 B. 减压和升温 C. 加压和降温 D. 减压和降温

6. 对难溶气体的吸收过程,传质阻力主要集中于( )。
   A. 气相一侧   B. 液相一侧   C. 气液相界面处   D. 无法判断

7. 若某气体在水中的溶解度系数 H 非常大,则该气体为( )。

A. 易溶气体   B. 难溶气体   C. 中等溶解度气体   D. 不确定

8. 在吸收操作中，以气相组成差表示的吸收塔某一截面上的总推动力为（   ）。

A. Y^*-Y B. $Y-Y^*$ C. Y_i-Y D. $Y-Y_i$

9. 在下列吸收过程中，属于气膜控制的过程是（   ）。

A. 水吸收氢   B. 水吸收硫化氢   C. 水吸收氨   D. 水吸收氧

10. 在吸收操作中，以液相组成差表示的吸收塔某一截面上的总推动力为（   ）。

A. X^*-X B. $X-X^*$ C. X_i-X D. $X-X_i$

三、判断题

1. 吸收操作线的方程式，斜率是 L/V。 （   ）
2. 吸收过程中，当操作线与平衡线相切或相交时所用的吸收剂最少，吸收推动力最大。（   ）
3. 填料吸收塔逆流操作，当吸收剂的比用量（即液气比）增大时，则出塔吸收液浓度下降，吸收推动力减小。 （   ）
4. 对于大多数气体的稀溶液，气液平衡关系服从亨利定律。亨利系数（$E=p/x$）随温度的升高而增大，而溶解度系数（$H=C/p$）随温度的升高而减小。 （   ）
5. 在吸收计算中，用比摩尔组成来表示是为了计算上的方便。 （   ）
6. 吸收操作线总是位于平衡线的上方是由于气相中的温度高于液相中的温度。（   ）
7. 低浓度逆流吸收塔设计中，若气体流量、进出口组成及液体进口组成一定，减小吸收剂用量，传质推动力将减小，设备费用将增大。 （   ）
8. 若亨利系数 E 值很大，依据双膜理论，则可判断过程的吸收速率为液膜控制。（   ）

四、问答题

1. 双膜理论主要内容是什么？
2. 怎样确定最小液气比？

五、计算题

1. 用清水逆流吸收混合气中的氨，进入常压吸收塔的气体含氨 6%（体积），吸收后气体出口中含氨 0.4%（体积），溶液出口浓度为 0.012（摩尔比），操作条件下相平衡关系为 $Y^*=2.52X$。试用气相摩尔比表示塔顶和塔底处吸收的推动力。

2. 用 20℃ 的清水逆流吸收氨-空气混合气中的氨，已知混合气体温度为 20℃，总压为 101.3kPa，其中氨的分压为 1.0133kPa，要求混合气体处理量为 773m³/h，水吸收混合气中氨的吸收率为 99%。在操作条件下物系的平衡关系为 $Y^*=0.757X$，若吸收剂用量为最小用量的 2 倍，试求：（1）塔内每小时所需清水的量；（2）塔底液相浓度（用摩尔分数表示）。

3. 在一填料吸收塔内，用清水逆流吸收混合气体中的有害组分 A，已知进塔混合气体中组分 A 的浓度为 0.04（摩尔分数，下同），出塔尾气中 A 的浓度为 0.005，出塔水溶液中组分 A 的浓度为 0.012，操作条件下气液平衡关系为 $Y^*=2.5X$。试求操作液气比是最小液气比的多少倍？

4. 用清水逆流吸收混合气体中的 CO_2，已知混合气体的流量为 300m³/h，进塔气体中 CO_2 含量为 0.06（摩尔分数），操作液气比为最小液气比的 1.6 倍，传质单元高度为 0.8m。操作条件下物系的平衡关系为 $Y^*=1200X$。要求 CO_2 吸收率为 95%，试求：（1）吸收液组成及吸收剂流量；（2）操作线方程；（3）填料层高度。

第六章 精　馏

化工生产过程中所遇到的液体物料有许多是两个或两个以上组分的均相液体混合物，有的是粗产品与其它物质或溶剂的混合物，有的是两种溶剂的混合物。工艺上往往要求对粗产品进行纯化或将溶剂回收和提纯，例如：石油炼制品的分离，有机合成产品的提纯，溶剂回收和废液排放前的达标处理等。蒸馏是分离均相物系最常用的方法和典型的单元操作之一，广泛地应用于化工、石油、医药、食品、冶金及环保等领域。

第一节　认识精馏塔

知识与技能

1. 掌握精馏过程的基本原理和精馏操作的流程。
2. 了解板式塔的结构、类型、特点以及流体力学特性。

精馏是利用混合液中各组分间沸点的差异以实现高纯度分离的一种单元操作。它是通过加热造成气液两相体系，易挥发组分（沸点低的组分）从液相转移至气相，难挥发组分（沸点高的组分）从气相转移至液相。这样两组分达到了分离的目的。因此，进行精馏操作的气液传质设备称为精馏塔。

一、精馏

1. 精馏

精馏是化工生产中分离互溶液体混合物的典型单元操作，其实质是多级蒸馏，即在一定压力下，利用互溶液体混合物各组分的沸点或饱和蒸气压不同，使轻组分（沸点较低或饱和蒸气压较高的组分）气化，经多次部分液相气化和部分气相冷凝，使气相中的轻组分和液相中的重组分浓度逐渐升高，从而实现分离。

2. 精馏操作与装置

（1）精馏塔内气液两相的流动、传热与传质　精馏装置主要由精馏塔、冷凝器与蒸馏釜（或称再沸器）组成。与进行气液传质操作的吸收塔类似，精馏塔亦可以采用板式塔，也可以采用填料塔。填料塔在吸收模块中已介绍，本模块主要以板式塔为例介绍精馏过程及设备。

连续精馏装置如图 6-1 所示，原料从塔的中部附近的进料板连续进入塔内，沿塔内向下流到再沸器。再沸器中液体被加热而部分气化，蒸气中易挥发组分的组成 y 大于液相中易挥发组分的组成 x，即 $y>x$。蒸气沿塔向上流动，与下降液体逆流接触，因气相温度高于液相温度，气相进行部分冷凝，同时把热量传递给液相，使液相进行部分气化。因此，难挥

147

发组分从气相向液相传递，易挥发组分从液相向气相传递。结果，上升气相的易挥发组分逐渐增多，难挥发组分逐渐减少；而下降液相中易挥发组分逐渐减少，难挥发组分逐渐增多。由于在塔的进料板以下（包括进料板）的塔段中，上升气相从下降液相中提出了易挥发组分，故称为提馏段。

提馏段的上升气相经过进料板继续向上流动，到达塔顶冷凝器，冷凝为液体。冷凝液的一部分回流入塔顶，称为回流液，其余作为塔顶产品（或馏出液）排出。塔内下降的回流液与上升气相逆流接触，气相进行部分冷凝，而同时液相进行部分气化。难挥发组分从气相向液相传递，易挥发组分从液相向气相传递。结果，上升气相中易挥发组分逐渐增多，而下降液相中难挥发组分逐渐增多。由于塔的上半段上升气相中难挥发组分被除去，而得到了精制，故称为精馏段。

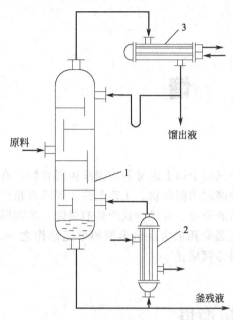

图 6-1 连续精馏操作流程
1—精馏塔；2—再沸塔；3—冷凝塔

(2) 塔板的作用 塔板的作用是提供气液分离的场所；每一块塔板是一个混合分离器，并且足够多的板数可使各组分较完全分离。因此每一块塔板是一个混合分离器，经过若干块塔板上的传质后（塔板数足够多），即可达到对溶液中各组分进行较完全分离的目的。

(3) 回流的作用 回流的主要作用就是提供不平衡的气液两相，而构成气液两相接触传质的必要条件。

【注意】 工业用精馏塔内由于塔顶的液相回流和塔底的气相回流，为每块塔板提供了气、液来源。

二、精馏塔（板式塔）

1. 板式塔结构

如图 6-2 所示，板式塔为逐级接触式气液传质设备，它主要由圆柱形壳体、塔板、溢流堰、降液管及受液盘等部件构成。

操作时，塔内液体依靠重力作用，由上层塔板的降液管流到下层塔板的受液盘，然后横向流过塔板，从另一侧的降液管流至下一层塔板。溢流堰的作用是使塔板上保持一定厚度的液层。气体则在压力差的推动下，自下而上穿过各层塔板的气体通道（泡罩、筛孔或浮阀等），分散成小股气流，鼓泡通过各层塔板的液层。在塔板上，气液两相密切接触，进行热量和质量的交换。在板式塔中，气液两相逐级接触，两相的组成沿塔高呈阶梯式变化，在正常操作下，液相为连续相，气相为分散相。

一般而论，板式塔的空塔速度较高，因而生产能力较大，塔板效率稳定，操作弹性大，且造价低，检修、清洗方

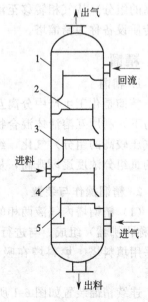

图 6-2 板式塔的结构
1—塔壳体；2—塔板；3—溢流堰；
4—受液盘；5—降液管

便，故工业上应用较为广泛。

2. 塔板的类型

板式塔的核心部件是塔板。塔板主要由气相通道、溢流堰、降液管几部分组成。根据塔板上气相通道的形式不同，可分为泡罩塔、筛板塔、浮阀塔、舌形塔、浮动舌形塔和浮动喷射塔等多种。目前从国内外实际使用情况看，主要的塔板类型为浮阀塔、筛板塔及泡罩塔，前两种使用尤为广泛，因此，只对浮阀塔板、筛孔塔板及泡罩塔板作一般介绍。

(1) 泡罩塔板　泡罩塔板是工业上应用最早的塔板，其结构如图 6-3 所示，它主要由升气管及泡罩构成。泡罩安装在升气管的顶部，分圆形和条形两种，以前者使用较广。泡罩的下部周边开有很多齿缝，齿缝一般为三角形、矩形或梯形。泡罩在塔板上为正三角形排列。

操作时，液体横向流过塔板，靠溢流堰保持板上有一定厚度的液层，齿缝浸没于液层之中而形成液封。升气管的顶部应高于泡罩齿缝的上沿，以防止液体从中漏下。上升气体通过齿缝进入液层时，被分散成许多细小的气泡或流股，在板上形成鼓泡层，为气液两相的传热和传质提供大量的界面。

泡罩塔板的优点是操作弹性较大，塔板不易堵塞；缺点是结构复杂、造价高，板上液层厚，塔板压降大，生产能力及板效率较低。泡罩塔板已逐渐被筛板、浮阀塔板所取代，在新建塔设备中已很少采用。

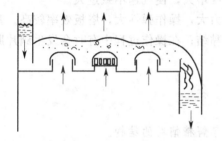

图 6-3　泡罩塔板

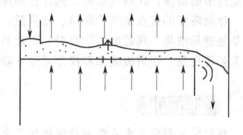

图 6-4　筛板

(2) 筛孔塔板　筛孔塔板简称筛板，其结构如图 6-4 所示。塔板上开有许多均匀的小孔，孔径一般为 3~8mm。筛孔在塔板上为正三角形排列。塔板上设置溢流堰，使板上能保持一定厚度的液层。

操作时，气体经筛孔分散成小股气流，鼓泡通过液层，气液间密切接触而进行传热和传质。在正常的操作条件下，通过筛孔上升的气流，应能阻止液体经筛孔向下泄漏。

筛板的优点是结构简单、造价低，板上液面落差小，气体压降低，生产能力大，传质效率高。其缺点是筛孔易堵塞，不宜处理易结焦、黏度大的物料。

应予指出，筛板塔的设计和操作精度要求较高，过去工业上应用较为谨慎。近年来，由于设计和控制水平的不断提高，可使筛板塔的操作非常精确，故应用日趋广泛。

(3) 浮阀塔板　浮阀塔板具有泡罩塔板和筛孔塔板的优点，应用广泛。浮阀的类型很多，国内常用的有如图 6-5 所示的 F1 型、V-4 型及 T 型等。

浮阀塔板的结构特点是在塔板上开有若干个阀孔，每个阀孔装有一个可上下浮动的阀片，阀片本身连有几个阀腿，插入阀孔后将阀腿底脚拨转 90°，以限制阀片升起的最大高度，并防止阀片被气体吹走。阀片周边冲出几个略向下弯的定距片，当气速很低时，由于定距片的作用，阀片与塔板呈点接触而坐落在阀孔上，在一定程度上可防止阀片与板面的黏结。

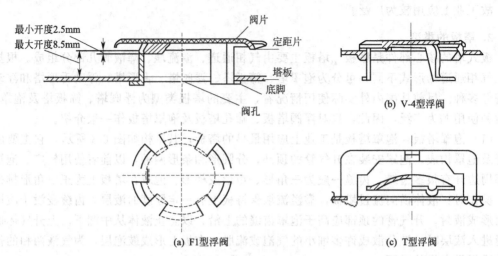

图 6-5　浮阀的主要型式

操作时，由阀孔上升的气流经阀片与塔板间隙沿水平方向进入液层，增加了气液接触时间，浮阀开度随气体负荷而变，在低气量时，开度较小，气体仍能以足够的气速通过缝隙，避免过多的漏液；在高气量时，阀片自动浮起，开度增大，使气速不致过大。

浮阀塔板的优点是结构简单、造价低，生产能力大，操作弹性大，塔板效率较高。其缺点是处理易结焦、高黏度的物料时，阀片易与塔板黏结；在操作过程中有时会发生阀片脱落或卡死等现象，使塔板效率和操作弹性下降。

 能力运用

组织学生到化工企业参观精馏操作工艺流程，了解精馏塔的结构。

 阅读材料

板式塔的流体力学性能

气液两相的传热和传质与其在塔板上的流动状况密切相关，板式塔内气液两相的流动状况即为板式塔的流体力学性能。

1. 塔板上气液两相的接触状态

塔板上气液两相的接触状态是决定板上两相流流体力学及传质和传热规律的重要因素。如图 6-6 所示，当液体流量一定时，随着气速的增加，可以出现四种不同的接触状态。

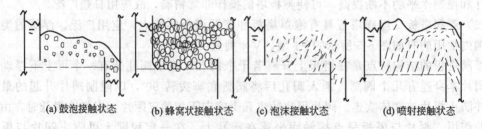

图 6-6　塔板上的气液接触状态

(1) 鼓泡接触状态　当气速较低时，气体以鼓泡形式通过液层。由于气泡数量不多，形成的气液混合物基本上以液体为主，气液两相接触的表面积不大，传质效率很低。

(2) 蜂窝状接触状态　随着气速增加，气泡数量不断增加。当气泡的形成速度大于气泡的浮升速度时，气泡在液层中累积。气泡之间相互碰撞，形成各种多面体的大气泡，板上为以气体为主的气液混合物。由于气泡不易破裂，表面得不到更新，所以此种状态不利于传热和传质。

(3) 泡沫接触状态　当气速继续增加，气泡数量急剧增加，气泡不断发生碰撞和破裂，此时板上液体大部分以液膜的形式存在于气泡之间，形成一些直径较小，扰动十分剧烈的动态泡沫，在板上只能看到较薄的一层液体。由于泡沫接触状态的表面积大，并不断更新，为两相传热与传质提供了良好的条件，是一种较好的接触状态。

(4) 喷射接触状态　当气速继续增加，由于气体动能很大，把板上的液体向上喷成大小不等的液滴，直径较大的液滴受重力作用又落回到板上，直径较小的液滴被气体带走，形成液沫夹带。此时塔板上的气体为连续相，液体为分散相，两相传质的面积是液滴的外表面。由于液滴回到塔板上又被分散，这种液滴的反复形成和聚集，使传质面积大大增加，而且表面不断更新，有利于传质与传热的进行，也是一种较好的接触状态。

如上所述，泡沫接触状态和喷射状态均是优良的塔板接触状态。因喷射接触状态的气速高于泡沫接触状态，故喷射接触状态有较大的生产能力；但喷射状态液沫夹带较多，若控制不好，会破坏传质过程，所以多数塔均控制在泡沫接触状态下工作。

2. 气体通过塔板的压降

气体通过塔板的压降（塔板的总压降）包括塔板的干板阻力（即板上各部件所造成的局部阻力）、板上充气液层的静压力及液体的表面张力。

塔板压降是影响板式塔操作特性的重要因素。塔板压降增大，一方面塔板上气液两相的接触时间随之延长，板效率升高，完成同样的分离任务所需实际塔板数减少，设备费降低；另一方面，塔釜温度随之升高，能耗增加，操作费增大，若分离热敏性物系时易造成物料的分解或结焦。因此，进行塔板设计时，应综合考虑，在保证较高效率的前提下，力求减小塔板压降，以降低能耗和改善塔的操作。

3. 塔板上的液面落差

当液体横向流过塔板时，为克服板上的摩擦阻力和板上部件（如泡罩、浮阀等）的局部阻力，需要一定的液位差，则在板上形成由液体进入板面到离开板面的液面落差。液面落差也是影响板式塔操作特性的重要因素，液面落差将导致气流分布不均，从而造成漏液现象，使塔板的效率下降。因此，在塔板设计中应尽量减小液面落差。

液面落差的大小与塔板结构有关。泡罩塔板结构复杂，液体在板面上流动阻力大，故液面落差较大；筛板板面结构简单，液面落差较小。除此之外，液面落差还与塔径和液体流量有关，当塔径或流量很大时，也会造成较大的液面落差。对于直径较大的塔，常采用双溢流或阶梯溢流等形式减小液面落差。

塔板上的异常操作现象

1. 漏液

在正常操作的塔板上，液体横向流过塔板，然后经降液管流下。当气体通过塔板的速度较小时，气体通过升气孔道的动压不足以阻止板上液体经孔道流下时，便会出现漏液现象。漏液导致气液两相在塔板上的接触时间减少，塔板效率下降，严重时会使塔板不能积液而无法正常操作。通常,为保证塔的正常操作,漏液量应不大于液体流量的10%。漏液量达到10%的气体速度称为漏液速度,它是板式塔操作气速的下限。造成漏液的主要原因是气速太小和板面上液面落差所引起的气流分布不均匀。在塔板液体入口处,液层较厚,往往出现漏液,为此常在塔板液体入口处留出一条不开孔的区域,称为安定区。

2. 液沫夹带

上升气流穿过塔板上液层时,必然将部分液体分散成微小液滴,气体夹带着这些液滴在板间的空间上升,如液滴来不及沉降分离,则将随气体进入上层塔板,这种现象称为液沫夹带。液滴的生成虽然可增大气液两相的接触面积,有利于传质和传热,但过量的液沫夹带常造成液相在塔板间的返混,进而导致板效率严重下降。为维持正常操作,需将液沫夹带限制在一定范围,一般允许的液沫夹带量小于0.1kg(液)/kg(气)。影响液沫夹带量的因素很多,最主要的是空塔气速和塔板间距。空塔气速减小及塔板间距增大,可使液沫夹带量减小。

3. 液泛

塔板正常操作时,在板上维持一定厚度的液层,以和气体进行接触传质。如果由于某种原因,导致液体充满塔板之间的空间,使塔的正常操作受到破坏,这种现象称为液泛。当塔板上液体流量很大,上升气体的速度很高时,液体被气体夹带到上一层塔板上的量剧增,使塔板间充满气液混合物,最终使整个塔内都充满液体,这种由于液沫夹带量过大引起的液泛称为夹带液泛。当降液管内液体不能顺利向下流动时,管内液体必然积累,致使管内液位增高而越过溢流堰顶部,两板间液体相连,塔板产生积液,并依次上升,最终导致塔内充满液体,这种由于降液管内充满液体而引起的液泛称为降液管液泛。

液泛的形成与气液两相的流量相关。对一定的液体流量,气速过大会形成液泛;反之,对一定的气体流量,液量过大也可能发生液泛。液泛时的气速称为泛点气速,正常操作气速应控制在泛点气速之下。影响液泛的因素除气液流量外,还与塔板的结构,特别是塔板间距等参数有关,设计中采用较大的板间距,可提高泛点气速。

第二节 确定理论塔板数

知识与技能

1. 掌握精馏塔的物料衡算方法及精馏段与提馏段的操作线方程。
2. 了解进料热状况的基本概念。
3. 掌握全回流和最小回流比的概念、最小回流比的计算方法,学会理论板数的计算方法。

精馏操作涉及气液两相的传质和传热。塔板上两相间的传热速率和传质速率不仅取决于物系的性质和操作条件,而且还与塔板结构有关,因此,它们很难用简单方程加以描述。引入理论板的概念和恒摩尔流假设,可使问题简化。精馏操作必须使塔顶部分冷凝液回流,因此,在精馏塔的设计中,回流比是一个重要的参数。回流比的大小,直接影响着理论板层数、塔径及冷凝器和再沸器的负荷,也就是影响精馏的操作费用和设备费用。

一、理论板

1. 理论板

理论板是指离开塔板的蒸气和液体呈平衡的塔板。理论板是人为的理想化的塔板。它可以作为衡量实际塔板分离效果的一个标准。

2. 恒摩尔流

在精馏塔的塔板上气、液两相接触时，若有 n(kmol/h) 的蒸气冷凝，相应有 n(kmol/h) 的液体气化，这样恒摩尔流假设才能成立。为此必须符合以下条件：①两组分的摩尔汽化潜热相等；②气液两相接触因两相温度不同而交换的显热可忽略不计；③设备热损失可不计。

（1）恒摩尔气化　在精馏段内，精馏段内每层塔板上升的蒸气摩尔流量都相等，即

$$V_1 = V_2 = \cdots = V = 常数 \tag{6-1}$$

同理，提馏段内每层塔板上升的蒸气摩尔流量亦相等，即

$$V'_1 = V'_2 = \cdots = V' = 常数 \tag{6-2}$$

式中　V——精馏段上升蒸气的摩尔流量，kmol/h；
　　　V'——提馏段上升蒸气的摩尔流量，kmol/h。

（2）恒摩尔溢流　在精馏段内，精馏段内每层塔板下降的液体摩尔流量都相等，即

$$L_1 = L_2 = \cdots = L = 常数 \tag{6-3}$$

同理，提馏段内每层塔板下降的液体摩尔流量亦相等，即

$$L'_1 = L'_2 = \cdots = L' = 常数 \tag{6-4}$$

式中　L——精馏段下降液体的摩尔流量，kmol/h；
　　　L'——提馏段下降液体的摩尔流量，kmol/h。

恒摩尔气化与恒摩尔溢流总称为恒摩尔流假设。

二、操作线方程

理论板数的求法仍以塔内恒摩尔流为前提。对两组分的连续精馏，通常采用逐板计算法和图解法确定精馏塔理论塔板数。在计算理论板数时，一般需已知原料液组成、进料热状态、操作回流比及所要求的分离程度，因此需利用以下关系。

1. 气液平衡关系

（1）挥发度　气相中某一组分的蒸气分压和与之平衡的液相中的该组分摩尔分数之比，以符号 ν 表示。

对于 A 和 B 组成的双组分混合液有：

$$\nu_A = \frac{p_A}{x_A} \tag{6-5a}$$

$$\nu_B = \frac{p_B}{x_B} \tag{6-5b}$$

式中　ν_A, ν_B——组分 A、B 的挥发度；
　　　p_A, p_B——气液平衡时，组分 A、B 在气相中的分压；
　　　x_A, x_B——气液平衡时，组分 A、B 在液相中的摩尔分数。

在理想溶液中，各组分的挥发度在数值上等于其饱和蒸气压。

（2）相对挥发度　溶液中两组分挥发度之比，以符号 α 表示。

$$\alpha = \frac{\nu_A}{\nu_B} = \frac{\dfrac{p_A}{x_A}}{\dfrac{p_B}{x_B}} \tag{6-6}$$

或写成
$$\frac{y_A}{y_B} = \alpha \frac{x_A}{x_B} \tag{6-6a}$$

相对挥发度 α 值的大小，表示气相中两组分的浓度比是液相中浓度比的倍数。所以 α 值可作为混合物采用蒸馏法分离的难易标志，若 α 大于 1，$y>x$，说明该溶液可以用蒸馏方法来分离，α 越大，A 组分越易分离；若 $\alpha=1$，则说明混合物的气相组分与液相组分相等；则普通蒸馏方式将无法分离此混合物；$\alpha<1$，则重新定义轻组分与重组分，使 $\alpha>1$。

因此，对于二元混合物，当总压不高时，可得相平衡方程

$$y = \frac{\alpha x}{1+(\alpha-1)x} \tag{6-7}$$

2. 全塔物料衡算

对图 6-7 所示连续精馏装置作全塔物料衡算。由于是连续稳定操作，故进料流量等于出料流量。则

总物料衡算　　　　　　$F = D + W$　　　　　　(6-8)

易挥发组分的物料衡算

$$Fx_F = Dx_D + Wx_W \tag{6-9}$$

式中　F——原料液量，kmol/h；
　　　D——塔顶产品（馏出液）量，kmol/h；
　　　W——塔底产品（釜液）量，kmol/h；
　　　x_F——原料液组成，摩尔分数；
　　　x_D——塔顶产品组成，摩尔分数；
　　　x_W——塔底产品组成，摩尔分数。

在精馏计算中，对分离过程除要求用塔顶和塔底的产品组成表示外，有时还用回收率表示。

塔顶易挥发组分的回收率 η_D 为

$$\eta_D = \frac{Dx_D}{Fx_F} \times 100\% \tag{6-10}$$

塔釜难挥发组分的回收率 η_W 为

$$\eta_W = \frac{W(1-x_D)}{F(1-x_F)} \times 100\% \tag{6-11}$$

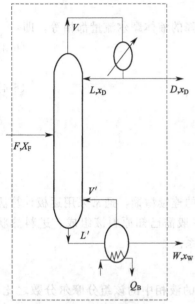

图 6-7　全塔物料衡算

亦可求出馏出液的采出率 D/F 和釜液的采出率 W/F，即

$$\frac{D}{F} = \frac{x_F - x_W}{x_D - x_W} \tag{6-12}$$

$$\frac{W}{F} = \frac{x_D - x_F}{x_D - x_W} \tag{6-13}$$

3. 操作线方程

(1) 精馏段操作线方程　在图 6-8 虚线所划定的范围内作物料衡算。

总物料衡算　　　　　　$V = L + D$　　　　　　(6-14)

易挥发组分的物料衡算　　$Vy_{n+1} = Lx_n + Dx_D$　　　　(6-15)

式中　V——精馏段内每块塔板上升的蒸气摩尔流量，kmol/h；
　　　L——精馏段内每块塔板下降的液体摩尔流量，kmol/h；

y_{n+1}——从精馏段第 $n+1$ 板上升的蒸气组成,摩尔分数;

x_n——从精馏段第 n 板下降的液体组成,摩尔分数。

将式(6-14)代入式(6-15),并整理得

$$y_{n+1}=\frac{L}{V}x_n+\frac{D}{V}x_D \tag{6-16}$$

令 $R=L/D$,R 称为回流比,它是精馏操作的重要参数之一,R 值的确定将在后面讨论。于是上式可写成:

$$y_{n+1}=\frac{R}{R+1}x_n+\frac{1}{R+1}x_D \tag{6-16a}$$

式(6-16)、式(6-16a)均称为精馏段操作线方程。该方程表示在一定操作条件下,从任意板下降的液体组成 x_n 和与其相邻的下一层板上升的蒸气组成 y_{n+1} 之间的关系。在 y-x 相图上,该直线过对角线上 $a(x_D,x_D)$ 点,以 $R/(R+1)$ 为斜率,或在 y 轴上的截距为 $\frac{x_D}{R+1}$。即图 6-9 所示的直线 ac。

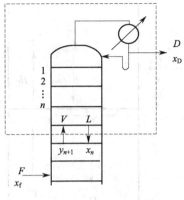

图 6-8 精馏段物料衡算

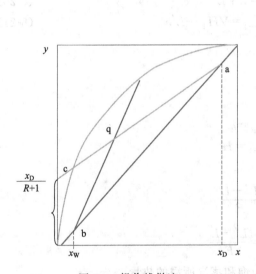

图 6-9 操作线做法

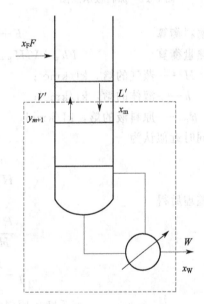

图 6-10 提馏段物料衡算

(2) 提馏段操作线方程 在图 6-10 所示的范围内作物料衡算。

总物料衡算
$$L'=V'+W \tag{6-17}$$

易挥发组分的物料衡算
$$L'x_m=V'y_{m+1}+Wx_W \tag{6-18}$$

式中 L'——提馏段中每块塔板下降的液体流量,kmol/h;

V'——提馏段中每块塔板上升的蒸气流量,kmol/h;

x_m——提馏段第 m 块塔板下降液体中易挥发组分的摩尔分数;

y_{m+1}——提馏段第 $m+1$ 块塔板上升蒸气中易挥发组分的摩尔分数。

由式(6-17)、式(6-18)得

$$y_{m+1}=\frac{L'}{V'}x_m-\frac{W}{V'}x_W \tag{6-19}$$

$$y_{m+1} = \frac{L'}{L'-W}x_m - \frac{W}{L'-W}x_W \tag{6-19a}$$

式(6-19)、式(6-19a)均称为提馏段操作线方程。该方程表示在一定操作条件下,提馏段内自任意板下降的液体组成 x_m,和与其相邻的下一层板上升蒸气组成 y_{m+1} 之间的关系。

在定常连续操作过程中,该直线过对角线上 b (x_W, x_W) 点,以 L'/V' 为斜率,或在 y 轴上的截距为 $-\frac{W}{V'}x_W$。即图 6-9 所示的直线 bq。

(3) 两操作线交点的轨迹方程(q 线方程) 在实际生产中,引入塔内的原料有五种不同的状况:冷液进料;泡点进料;气液混合进料;饱和蒸汽进料;过热蒸汽进料。

① 进料热状况参数 对进料板作物料衡算和热量衡算,衡算范围见图 6-11。

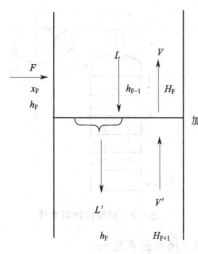

图 6-11 加料板示意图

物料衡算
$$F + V' + L = V + L' \tag{6-20}$$

热量衡算
$$Fh_F + V'H_{F+1} + Lh_{F-1} = VH_F + L'h_F \tag{6-21}$$

式中 H——蒸气的焓,kJ/kmol;
h——液体的焓,kJ/kmol;
h_F——原料液的焓,kJ/kmol。

同时近似认为
$$h_{F-1} = h_F = h$$
$$H_F = H_{F+1} = H$$

两式整理后得
$$\frac{H - h_F}{H - h} = \frac{L' - L}{F}$$

令
$$q = \frac{H - h_F}{H - h} = \frac{L' - L}{F}$$

即
$$q = \frac{\text{每千摩尔原料液气化为饱和蒸汽所需的热量}}{\text{原料液的摩尔气化潜热}}$$

q 称为进料热状况参数。进料热状况不同,q 值亦不同。

且得
$$L' = L + qF \tag{6-22}$$
$$V' = V - (1-q)F \tag{6-23}$$

② 五种进料热状况 上述五种进料情况的 q 值、V、V'、L、L' 之间的关系如图 6-12 所示,即冷液进料时,$q>1$;饱和液体进料时,$q=1$;气液混合物进料时,$0<q<1$;饱和蒸汽进料时,$q=0$;过热蒸汽进料时,$q<0$。

③ q 线方程 精馏段操作线方程式(6-18)与提馏段操作线方程式(6-20)联立并整理可得到如下方程。

即
$$y = \frac{q}{q-1}x - \frac{x_F}{q-1} \tag{6-24}$$

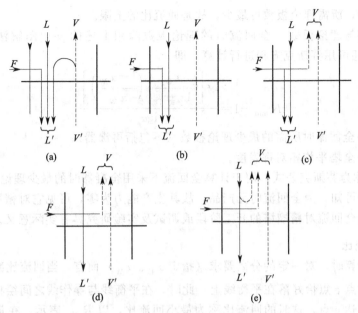

图 6-12 进料热状况对精馏操作的影响
(a) 冷液进料；(b) 饱和液体进料；(c) 气液混合物进料；
(d) 饱和蒸汽进料；(e) 过热蒸汽进料

式(6-24)称为 q 线方程或进料方程。在进料热状态一定时，q 即为定值，则式(6-24)为一直线方程。则 q 线在 y-x 图上是过对角线上 $e(x_F,x_F)$ 点，以 $\dfrac{q}{q-1}$ 为斜率的直线。q 线与精馏段操作线的交点即为提馏段操作线与精馏段操作线的交点，这样绘制提馏段的操作线比较方便。特别是当饱和液体进料时，$q=1$，q 线为垂直线；$q=0$ 时，q 线为水平线。

三、回流比

1. 全回流

(1) 全回流特点 全回流即塔顶上升蒸气经冷凝器冷凝后全部冷凝液均引回塔顶作为回流。全回流时塔顶产品量 $D=0$，塔底产品量 $W=0$，为了维持物料平衡，不需加料，即 $F=0$（图 6-13）。全塔无精馏段与提馏段之分，故两条操作线应合二为一。

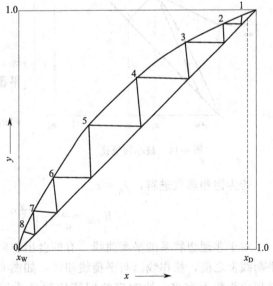

图 6-13 全回流时的理论板数

全回流比时回流比为

$$R=\dfrac{L}{D}=\infty$$

全回流时的操作线方程式为

$$y_{n+1}=x_n \tag{6-25}$$

由图中可见，全回流时操作线距平衡曲线最远，说明理论板上的分离程度最大，对完成同样的分离任务,所需理论板数可最少,故是回流比的上限。

(2) 全回流与理论板数　全回流时的理论板数除用上述的 y-x 图解法和逐板计算法(与前同)外,还可用芬斯克方程进行计算,即

$$N_{\min}+1=\frac{\lg\left[\left(\dfrac{x_D}{1-x_D}\right)\left(\dfrac{1-x_W}{x_W}\right)\right]}{\lg\alpha} \quad (6\text{-}26)$$

式中　$N_{\min}$——全回流时所需的最少理论板数(不包括再沸器);
　　　　α——全塔平均相对挥发度。

式(6-26)称为芬斯克公式,用于计算全回流下采用全凝器时的最少理论板数。

由上述分析可知,因全回流时无产品,故其生产能力为零,可见它对精馏塔的正常操作无实际意义,但全回流对精馏塔的开工阶段或调试及实验研究具有实际意义。

2. 最小回流比

在精馏塔计算时,对一定的分离要求(指定 x_D、x_W)而言,当回流比减小到某一数值时,两操作线交点 e 点恰好落在平衡线上。此时,在平衡线与操作线之间绘梯级,需要无穷多的梯级才能到达 e 点,这时的回流比称为最小回流比,以 $R_{\min}$ 表示。在最小回流比条件下操作时,在 e 点上下塔板无增浓作用,所以此区称为恒浓区(或称挟紧区),e 点称为挟紧点。因此最小回流比是回流比的下限。

最小回流比可用作图法或解析法求得,如图 6-14 所示。

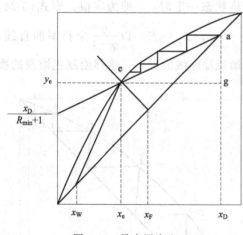

图 6-14　最小回流比

(1) 作图法　求 ae 线的斜率

$$\frac{R_{\min}}{R_{\min}+1}=\frac{ag}{eg}=\frac{x_D-y_q}{x_D-x_q} \quad (6\text{-}27)$$

整理得

$$R_{\min}=\frac{x_D-y_q}{y_q-x_q} \quad (6\text{-}27a)$$

式中,x_q、y_q 为 q 线与平衡线交点的坐标,可用图解法由图中读得,或由 q 线方程与平衡线方程联立确定。

(2) 解析法　当进料热状态为泡点液体进料时,$x_q=x_F$

$$R_{\min}=\frac{1}{\alpha-1}\left[\frac{x_D}{x_F}-\frac{\alpha(1-x_D)}{1-x_F}\right] \quad (6\text{-}28)$$

若为饱和蒸汽进料,$y_q=x_F$

$$R_{\min}=\frac{1}{\alpha-1}\left[\frac{\alpha x_D}{x_F}-\frac{\alpha(1-x_D)}{1-x_F}\right]-1 \quad (6\text{-}29)$$

对于非理想物系的平衡曲线,有的会出现向下弯曲的现象。当两操作线的交点还未落到平衡线上之前,操作线已与平衡线相切,如图 6-15(a)、(b) 所示,此时达到分离要求,所需理论板数无穷多,故对应的回流比为最小回流比。这种情况下应在图中读出 d 点坐标 (x_q, y_q),然后仍可采用式(6-27a) 计算出 $R_{\min}$。

3. 适宜回流比选择

当回流比最小时,塔板数无穷多,因而设备费为无穷大。当 R 稍大于 $R_{\min}$ 时,塔板数

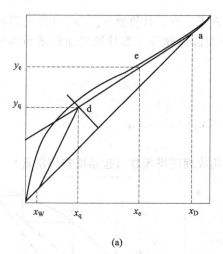
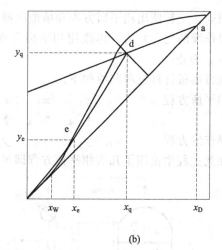

(a)　　　　　　　　　　　　　(b)

图 6-15　不同平衡线形状的最小回流比

便锐减，塔的设备费用随之锐减。当 R 继续增大，塔板数固然仍随之减少，但已较缓慢。另一方面，由于 R 的增大，塔内上升蒸汽量随之增多，从而使塔径、蒸馏釜、冷凝器等尺寸相应增大，故增大到某一数值以后，设备费用又回升，如图 6-16 所示。

精馏过程的操作费用主要有蒸馏釜加热介质费用和冷凝器冷却介质费用。当回流比增大时，加热介质和冷却介质的消耗量随之增多，使操作费用相应增大，如图 6-16 所示。

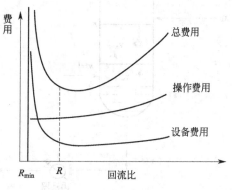

图 6-16　适宜回流比

总费用为设备费及操作费之和，它与 R 的大致关系如图 6-16 所示，其最低点对应的即为适宜回流比。

在精馏设备的设计计算中，通常操作回流比为最小回流比的 1.1～2 倍，即 $R=(1.1-2)R_{\min}$。

四、计算理论板数方法

双组分连续精馏理论板数的计算方法主要有逐板计算法和图解法两种。

1. 逐板计算法

假设塔顶冷凝器为全凝器，如图 6-17 所示，从塔顶第一块理论板上升的蒸汽进入冷凝器后全部被冷凝，故塔顶馏出液组成及回流液均与第一块理论板上升蒸汽的组成相同，即

$$y_1 = x_D \tag{6-30}$$

而离开第一块塔板的 x_1 与 y_1 满足平衡关系，因此 x_1 可由汽液相平衡方程求得。即

$$x_1 = \frac{y_1}{\alpha-(\alpha-1)y_1} \tag{6-31}$$

第二块塔板上升的蒸汽组成 y_2 与第一块塔板下降的液体组成 x_1 满足精馏段操作线方程，即

$$y_2 = \frac{R}{R+1}x_1 + \frac{1}{R+1}x_D \tag{6-32}$$

同理,交替使用相平衡方程和精馏段操作线方程,直至计算到 $x_n < x_F$(即精馏段与提馏段操作线的交点)后,再改用相平衡方程和提馏段操作线方程计算提馏段塔板组成,至 $x'_W < x_W$ 为止。

现将逐板计算过程归纳如下。

相平衡方程 $\quad x_1 \quad x_2 \quad x_3$
$\qquad\qquad\qquad \uparrow \searrow \uparrow \searrow \uparrow \cdots x_n < x_F \cdots x'_W < x_W$
操作线方程 $\quad x_D = y_1 \quad y_2 \quad y_3$

在此过程中使用了几次相平衡方程即可得到几块理论塔板数(包括塔釜再沸器)。

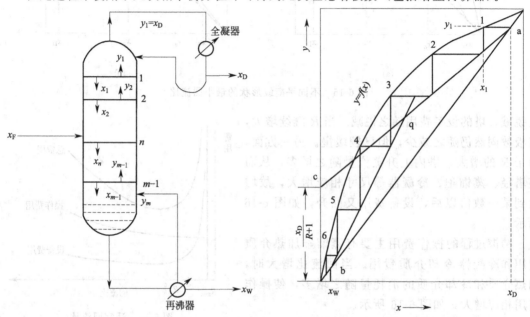

图 6-17 逐板计算法示意图　　图 6-18 理论板数图解法示意图

2. 图解法

应用逐板计算法求精馏塔所需理论板数的过程,可以在 y-x 图上用图解法进行。具体求解步骤如下。

(1) 作相平衡曲线　在直角坐标系中绘出待分离的双组分物系 y-x 图,如图 6-18 所示。

(2) 作精馏段操作线 ac。

(3) 作提馏段操作线 bq。

(4) 画直角梯级　从 a 点开始,在精馏段操作线与平衡线之间作水平线及垂直线,当梯级跨过 q 点时,则改在提馏段操作线与平衡线之间作直角梯级,直至梯级的水平线达到或跨过 b 点为止。其中过 q 点的梯级为加料板,最后一个梯级为再沸器。

最后应注意的是,当某梯级跨越两操作线交点 q 时(此梯级为进料板),应及时更换操作线,因为对一定的分离任务,此时所需的理论板数最少,这时的加料板为最佳加料板。加料过早或过晚,都会使某些梯级的增浓程度减小而使理论板数增加。

例 6-1　某工厂将含 24%(摩尔分数,下同)易挥发组分的某液体混合物送入一连续精馏塔中。要求馏出液含 95% 易挥发组分,釜液含 3% 易挥发组分。送入冷凝器的蒸汽量为 850kmol/h,流入精馏塔的回流液为 670kmol/h,试求:

(1) 每小时能获得多少馏出液？多少釜液？
(2) 回流比 R 为多少？
(3) 精馏段操作线方程。

解：(1) $V=L+D$

∴ $D=V-L=850-670=180(\text{kmol/h})$

$F=D+W=180+W$

$Fx_F=Dx_D+Wx_W$

则 $F\times 0.24=180\times 0.95+(F-180)\times 0.03$

所以：$F=788.6 \text{kmol/h}$

$W=F-D=788.6-180=608.6(\text{kmol/h})$

(2) 回流比 R

$$R=\frac{L}{D}=\frac{670}{180}=3.72$$

(3) 精馏段操作线方程

$$y_{n+1}=\frac{R}{R+1}x_n+\frac{x_D}{R+1}=\frac{3.72}{3.72+1}x_n+\frac{0.95}{3.72+1}=0.788x_n+0.201$$

例 6-2 某工厂采用一常压连续精馏塔内分离苯-甲苯混合物，已知进料液流量为 80kmol/h，料液中苯含量为 40%（摩尔分数，下同），泡点进料，塔顶流出液含苯 90%，要求苯回收率不低于 90%，塔顶为全凝器，泡点回流，回流比取 2，在操作条件下，物系的相对挥发度为 2.47。

求用逐板计算法计算所需的理论板数。

解：根据苯的回收率计算塔顶产品流量

$$D=\frac{\eta F x_F}{x_D}=\frac{0.9\times 80\times 0.4}{0.9}=32(\text{kmol/h})$$

由物料衡算计算塔底产品的流量和组成

$$W=F-D=80-32=48(\text{kmol/h})$$

$$x_W=\frac{Fx_F-Dx_D}{W}=\frac{80\times 0.4-32\times 0.9}{48}=0.0667$$

已知回流比 $R=2$，所以精馏段操作线方程为

$$y_{n+1}=\frac{R}{R+1}x_n+\frac{x_D}{R+1}=\frac{2}{2+1}x_n+\frac{0.9}{2+1}=0.667x_n+0.3 \tag{1}$$

提馏段操作线方程为

$$L'=L+qF=L+F=RD+F=2\times 32+80=144(\text{kmol/h})$$

$$V'=V-(1-q)F=V=(R+1)D=3\times 32=96$$

$$y_{m+1}=\frac{L'}{V'}x_m-\frac{Wx_W}{V'}=\frac{144}{96}x_m-\frac{48\times 0.0667}{96}=1.5x_m-0.033 \tag{2}$$

相平衡方程式可写成

$$x=\frac{y}{\alpha-(\alpha-1)y}=\frac{y}{2.47-1.47y} \tag{3}$$

利用操作线方程式(1)、式(2)和相平衡方程式(3)，可自上而下逐板计算所需理论板

数。因塔顶为全凝器,则

$$y_1 = x_D = 0.9$$

由式(3)求得第一块板下降的液体组成

$$x_1 = \frac{y_1}{2.47 - 1.47 y_1} = \frac{0.9}{2.47 - 1.47 \times 0.9} = 0.785$$

利用精馏段操作线计算第二块板上升蒸汽组成

$$y_2 = 0.667 x_1 + 0.3 = 0.667 \times 0.785 + 0.3 = 0.824$$

交替使用式(1)和式(3)直到 $x_n \leqslant x_F$,然后改用提馏段操作线方程,直到 $x_n \leqslant x_W$ 为止。计算结果见附表。

例 6-2 附表　各层塔板上的汽液组成

	1	2	3	4	5	6	7	8	9	10
y	0.9	0.824	0.737	0.652	0.587	0.515	0.419	0.306	0.194	0.101
x	0.785	0.655	0.528	0.431	$0.365 < x_F$	0.301	0.226	0.151	0.089	$0.044 < x_W$

精馏塔内理论塔板数为 $10-1=9$ 块,其中精馏段4块,第5块为进料板。

例 6-3 在常压连续精馏塔中分离苯-甲苯混合液,已知 $x_F = 0.4$(摩尔分数、下同),$x_D = 0.97$,$x_W = 0.04$,相对挥发度 $\alpha = 2.47$。

试分别求以下三种进料方式下的最小回流比和全回流下的最小理论板数。(1)冷液进料 $q = 1.387$;(2)泡点进料;(3)饱和蒸汽进料;(4)全回流时的最小理论板数。

解:(1) $q = 1.387$

则 q 线方程为

$$y = \frac{q}{q-1} x - \frac{x_F}{q-1} = \frac{1.387}{1.387-1} x - \frac{0.4}{1.387-1} = 3.584 x - 1.034$$

相平衡方程为

$$y = \frac{\alpha x}{1 + (\alpha - 1)x} = \frac{2.47 x}{1 + 1.47 x}$$

两式联立有

$$x_q = 0.483, \quad y_q = 0.698$$

则

$$R_{\min} = \frac{x_D - y_q}{y_q - x_q} = \frac{0.97 - 0.698}{0.698 - 0.483} = 1.265$$

(2)泡点进料,$q = 1$ 则 $x_q = x_F = 0.4$

$$y_q = \frac{\alpha x_q}{1 + (\alpha - 1) x_q} = \frac{2.47 \times 0.4}{1 + 1.47 \times 0.4} = 0.622$$

则

$$R_{\min} = \frac{x_D - y_q}{y_q - x_q} = \frac{0.97 - 0.622}{0.622 - 0.4} = 1.568$$

(3)饱和蒸汽进料,$q = 0$ 则 $y_q = x_F = 0.4$

$$x_q = \frac{y_q}{\alpha - (\alpha - 1) y_q} = \frac{0.4}{2.47 - 1.47 \times 0.4} = 0.213$$

则

$$R_{\min} = \frac{x_D - y_q}{y_q - x_q} = \frac{0.97 - 0.4}{0.4 - 0.213} = 3.048$$

(4) 全回流时的最小理论板数

$$N_{\min} = \frac{\lg\left[\left(\dfrac{x_D}{1-x_D}\right)\left(\dfrac{1-x_W}{x_W}\right)\right]}{\lg\alpha} - 1 = \frac{\lg\left[\left(\dfrac{0.97}{0.03}\right)\left(\dfrac{0.96}{0.04}\right)\right]}{\lg 2.47} - 1 = 6 \text{（不包括再沸器）}$$

因此，在分离要求一定的情况下，最小回流比 $R_{\min}$ 与进料热状况 q 有关，q 增大，$R_{\min}$ 减小。

 技能训练

精 馏 操 作

1. 实训目的
(1) 学会识别精馏塔内出现的几种操作状态，并分析这些操作状态对塔性能的影响。
(2) 学习精馏塔性能参数的测量方法，并掌握其影响因素。
(3) 测定精馏过程的动态特性，提高对精馏过程的认识。

2. 实训内容
通过控制不同回流比，进行精馏塔性能参数的测量。

3. 实训装置、控制面板及参数设置
(1) 实训装置如图 6-19 所示，回流比以及控制面板分别如图 6-20 和图 6-21 所示。

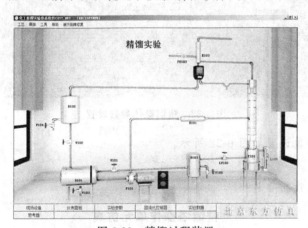

图 6-19　精馏过程装置

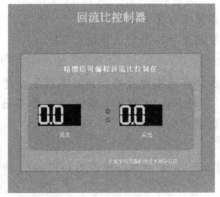

图 6-20　回流比控制器

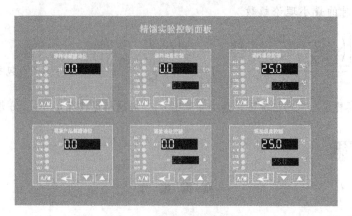

图 6-21 精馏操作控制面板

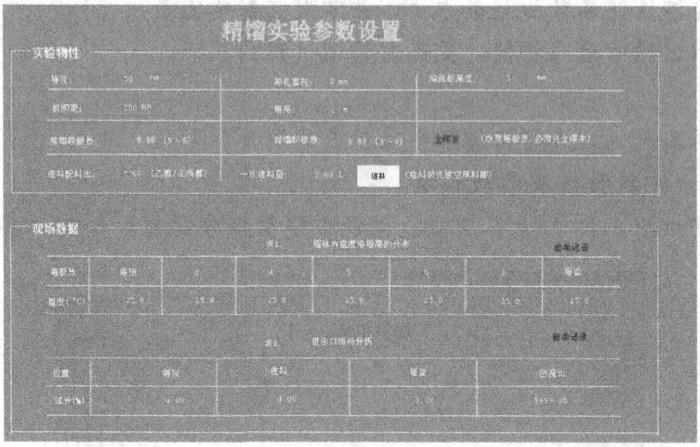

图 6-22 精馏操作参数设置

(2) 部分实训参数设置如图 6-22 所示。

4. 实训操作

详见仿真软件操作指导。

精馏塔操作单元仿真

1. 实训目的

(1) 学会精馏操作的冷态开车与正常停车操作。

(2) 掌握精馏操作中事故的分析、判断及排除。

2. 训练内容

冷态开车，正常停车，加热蒸汽压力过高，加热蒸汽压力过低，冷却水中断，停电，回流泵 GA412 故障，回流量调节阀 FV104 阀卡，停蒸汽，塔釜出料调节阀卡，再沸器结垢，仪表风停，再沸器积水，回流罐液位超高。

3. 实训工艺流程图

实训工艺精馏塔 DCS 图如图 6-23 所示，现场图如图 6-24 所示。

4. 实训操作

详见仿真软件操作指导。

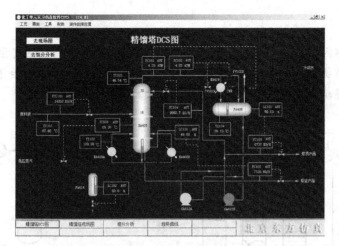

图 6-23　精馏塔 DCS 图

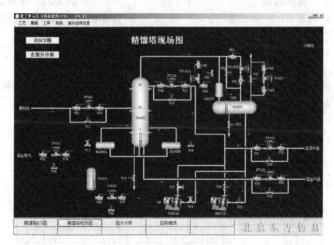

图 6-24　精馏塔现场图

蒸　馏

众所周知，液体具有挥发而成为蒸气的能力，但不同液体在一定温度下的挥发能力各不相同。例如在容器中将苯和甲苯的溶液加热使之部分气化，形成气液两相。当气液两相趋于平衡时，由于苯的挥发性能比甲苯强（即苯的沸点较甲苯低），气相中苯的含量必然较原来溶液高，将蒸气引出并冷凝后，即可得到含苯较高的液体。而残留在容器中的液体，苯的含量比原来溶液的低，也即甲苯的含量比原来溶液的高。这样分离液体混合物的操作称为蒸馏，即对混合的液体进行了初步的分离。

按蒸馏操作的方式可分为简单蒸馏、平衡蒸馏（闪蒸）、精馏、特殊精馏。

1. 简单蒸馏

简单蒸馏是一个间歇非稳定过程，如图 6-25 所示。塔顶塔底组成不是一对平衡组成。适合于混合物的粗分离，特别适合于沸点相差较大而分离要求不高的场合，例如原油或煤油的初馏。

2. 平衡蒸馏

平衡蒸馏又称闪蒸,是一个连续稳定过程,如图 6-26 所示。在恒定温度与压力下,蒸气与釜液处于平衡状态,即平衡蒸馏在闪蒸器内通过一次部分气化使混合液得到一定程度的分离,属于定常连续操作,适合于大批量生产且物料只需粗分离的场合。

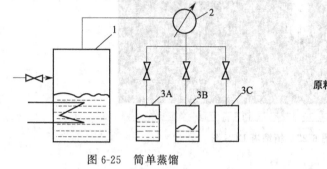
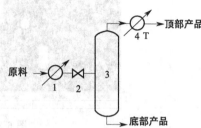

图 6-25 简单蒸馏　　　　　　　图 6-26 平衡蒸馏
1—蒸馏釜;2—冷凝器;3—回收罐　　1—加热器;2—节流阀;3—分离器;4—冷凝器

理论板数的简捷计算

精馏塔的理论板数的计算除了逐板法和图解法求算外,还可用简捷法计算。图 6-27 是最常用的关联图,称为吉利兰(Gilliland)关联图。

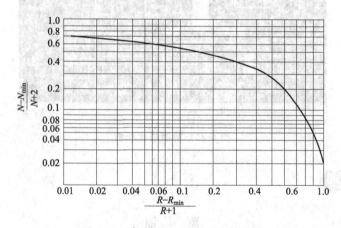

图 6-27 吉利兰(Gilliland)关联图

图中横坐标为 $\dfrac{R-R_{\min}}{R+1}$,纵坐标为 $\dfrac{N-N_{\min}}{N+2}$。注意纵坐标中的 N 和 $N_{\min}$ 均为不包括再沸器的理论塔板数。

简捷法求理论板层数的步骤如下。

(1) 先按设计条件求出最小回流比 $R_{\min}$,并选择操作回流比 R。

(2) 计算全回流下的最少理论板层数 $N_{\min}$。

(3) 然后利用吉利兰(Gilliland)关联图 6-27,计算全塔理论板层数 N。

(4) 用精馏段的最小理论板层数 $N_{\min 1}$ 代替全塔的 $N_{\min}$,确定适宜的进料板位置。

简捷算法虽然误差较大,但因简便,所以特别适用于初步设计计算,可快速地算出理论塔板数或粗略地寻求塔板数与回流比之间的关系,供方案比较之用。

双组分精馏的操作性计算

在塔设备（精馏段及全塔理论板数）一定的条件下，当操作条件发生变化时预计精馏结果则是精馏塔操作计算的内容。

在操作计算时已知量为：相平衡曲线或相对挥发度；全塔总板数及加料板位置；原料量及组成；进料热状况 q；回流比 R；塔顶馏出液的采出率。待求量为：当某个操作条件改变时，塔顶、塔底产品组成如何变化。

若某精馏塔有 N 块理论板，其中精馏段有 $m-1$ 块理论板，提馏段有 $N-m+1$ 块板。进料量为 F 和 x_F，进料热状态为 q，当回流比为 R 时，塔顶塔釜组成分别为 x_D、x_W。其它条件都不变，R 增大，问塔顶塔釜组成分别为 x_D'、x_W'？

解：分析如下。回流比 R 增大，精馏段液气比增加，精馏段斜率变大，提馏段液气比增加，操作线斜率变小。当操作达到稳定时，馏出液组成 x_D 增大，x_W 减小，如图 6-28 所示。

必须注意：在馏出液 D/F 确定的条件下，采用增大 R 来提高 x_D 的方法并非总是有效。

(1) x_D 的提高受精馏段塔板数及精馏塔分离能力的限制。

(2) x_D 的提高受全塔物料衡算的限制。

此外，操作回流比的增加，意味着塔釜加热量和塔顶冷凝量都增加，这些数值还受到塔釜及冷凝器的换热面积的限制。

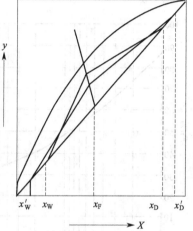

图 6-28 回流比对产品组成的影响

第三节 选择与设计板式塔

知识与技能

1. 初步了解板式塔的设计步骤。
2. 了解选用板式塔的具体要求。

板式塔是精馏操作中广泛应用的塔设备之一，其主要的作用就是提供气液接触的传质与传热的场所。要选择适合的板式塔，就需要了解板式塔的结构和性能，能使气液两相得到充分的接触，以达到较高的传质效率。

一、板式塔设计

1. 塔板数的确定

(1) 根据设计要求进行物料衡算　①根据设计任务所给定的处理原料量、原料浓度及分离要求（塔顶、塔底产品的浓度）计算出每小时塔顶、塔底的产量；②在加料热状态 q 和回流比 R 选定后，分别算出精馏段和提馏段的上升蒸汽量和下降液体量；③写出精馏段和提馏段的操作线方程，通过物料衡算可以确定精馏塔中各股物料的流量和组成情况，塔内各段的上升蒸汽量和下降液体量。

(2) 计算理论板数及实际板数 理论板数的计算可以选取逐板计算法、图解法及简捷法中的任何一种方法。理论板数与实际板数之比称为全塔效率,用 E_T 表示。

$$E_T = \frac{N_理}{N_实} \times 100\% \tag{6-33}$$

式中 $N_理$——理论板数;
$N_实$——实际板数。

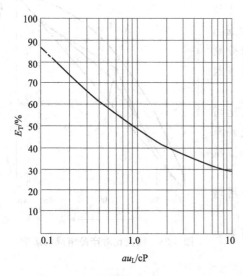

图 6-29 精馏操作总板效率关联图
注:$1cP = 10^{-3} Pa \cdot s$。

计算出相对挥发度与进料液体黏度的乘积 $\alpha\mu_L$ 作为参数来表示全塔效率,如图 6-29 所示。α 和 μ_L 均取塔顶及塔底平均温度下的值。

实际塔板数由全塔效率和理论板数可求出。

2. 塔体主要尺寸的确定

(1) 计算塔体高度 塔有效高度计算式为

$$Z = (N_实 - 1)H_T \tag{6-34}$$

式中 Z——板式塔有效高度(塔板部分的高度),m;
$N_实$——实际塔板数;
H_T——板间距,m。

板间距大的数值大都是经验值。在决定板间距时还应考虑安装检修的需要,例如在塔体的人孔或手孔处应留有足够的工作空间。在设计时可参考有关书籍。

(2) 计算塔体直径 依据流量公式计算,即

$$D = \sqrt{4V_S/(\pi u)} \tag{6-35}$$

式中 D——塔径,m;
V_S——气体体积流量,m^3/s;
u——空塔气速,m/s。

空塔气速确定用下式计算,即

$$u = (0.6 \sim 0.8)u_{max} = (0.6 \sim 0.8)C\sqrt{\frac{\rho_L - \rho_V}{\rho_V}} \tag{6-36}$$

式中 u_{max}——极限空塔气速,m/s;
C——负荷因子,m/s(查史密斯关联图获取);
ρ_L——液相密度,kg/m^3;
ρ_V——气相密度,kg/m^3。

3. 塔板主要工艺尺寸的计算及流体力学验算

塔板的主要工艺尺寸的计算包括选择塔板类型、板上溢流装置、升气道布置等计算。当工艺尺寸确定之后,要按设计规范对其进行流体力学验算,验算的内容有:塔板压力降、液泛、液沫夹带、漏液、液相负荷上限及下限、液面落差等。有关板式塔塔板结构设计的方法可参考有关专门书籍。

二、选用板式塔的几点要求

塔设备的性能将影响到产品的质量、生产能力、回收率、消耗定额、三废处理以及环境保护等方面。并在生产装置费用中占有较大的比重。因此，工业上对塔设备具有严格的要求，概括起来有以下几个方面。

（1）生产能力大，即单位塔截面的处理量要大。

（2）分离效率高，即达到规定分离要求的塔高要低。

（3）操作稳定，弹性要大，即允许气体或液体负荷在相当大的范围里变化，又不会导致在操作上出现不正常现象，而过多降低分离效率。

（4）对气体的阻力要小，这对于真空精馏尤为重要。

（5）结构简单，易于加工制造，维修方便，节省材料。此外，还要有耐腐蚀、不易堵塞等特殊要求。

巩固练习

一、填空题

1. 精馏过程是利用_____和_____的原理而进行的。

2. 精馏过程的回流比是指_____，最小回流比是指_____。

3. 试述五种不同进料状态下的 q 值：（1）冷液进料_____；（2）泡点液体进料_____；（3）汽液混合物进料_____；（4）饱和蒸汽进料_____；（5）过热蒸汽进料_____。

4. 某连续精馏塔中，若精馏段操作线方程的截距等于零，则：（1）回流比等于_____；（2）馏出液等于_____；（3）操作线斜率等于_____。（以上均用数字表示）

5. 某泡点进料的连续精馏塔，已知其精馏段操作线方程为 $y=0.80x+0.172$，提馏段操作线方程为 $y=1.3x-0.018$，则回流比 $R=$_____，馏出液组成 $x_D=$_____，原料组成 $x_F=$_____，釜液组成 $x_W=$_____。

6. 用精馏塔完成分离任务所需理论板数 N_T 为 8（包括再沸器），若全塔效率 E_T 为 50%，则塔内实际板数为_____层。

7. 精馏塔进料可能有_____种不同的热状况，当进料为气液混合物且气液摩尔比为 2∶3 时，则进料热状况参数 q 值为_____。

8. 精馏塔操作中，保持 F、x_F、q、R 不变，而增大 W，则 x_D_____，x_W_____，L/V_____，L'/V'_____（填写"增大"、"减小"或"不变"）。

9. 某精馏塔维持其它条件不变，将加料板下移，则精馏段塔板数_____，塔顶产品组成 x_D_____，塔底产品组成 x_W_____（填写"变大"、"变小"、"不变"或"不确定"）。

二、选择题

1. 二元溶液连续精馏计算中，进料热状况的变化将引起以下（　　）的变化。
   A. 提馏段操作线与 q 线
   B. 平衡线
   C. 平衡线与精馏段操作线
   D. 平衡线与 q 线

2. 当回流从全回流逐渐减小时，精馏段操作线向平衡线靠近，为达到给定的分离要求，所需的理论板数（　　）。
　A. 逐渐增多　　　B. 逐渐减少　　　C. 不变　　　D. 不固定
3. 当采用冷液进料时，进料热状况 q 值为（　　）。
　A. $q>1$　　　B. $q=1$　　　C. $q=0$　　　D. $q<0$
4. 在正常操作下，影响精馏塔全效率的因素是（　　）。
　A. 物系，设备与操作条件　　　B. 仅与操作条件有关
　C. 加热量增加，效率一定增加　　　D. 加热量增加，效率一定减小
5. 若连续精馏过程的进料热状况参数 $q=1/3$，则其中气相与液相的摩尔比为（　　）。
　A. 1/2　　　B. 1/3　　　C. 2　　　D. 3
6. 某精馏塔内，进料热状况参数为 1.65，由此可判定物料以（　　）方式进料。
　A. 饱和蒸汽　　　B. 饱和液体　　　C. 过热蒸汽　　　D. 冷流体
7. 两组分的相对挥发度越小，则表示物系分离得越（　　）。
　A. 容易　　　B. 困难　　　C. 完全　　　D. 不完全
8. 分离某二元混合物，进料量为 10kmol/h，组成 x_F 为 0.6，若要求馏出液组成不小于 0.9，则最大的馏出液量为（　　）。
　A. 6.67kmol/h　　　B. 6kmol/h　　　C. 9kmol/h　　　D. 不能确定
9. 操作中的精馏塔，若减小回流比，其它操作条件不变，则精馏段的液气比（　　），塔顶馏出液组成（　　）。
　A. 增大　　　B. 减小　　　C. 不变　　　D. 不确定
10. 在精馏塔的图解计算中，若进料热状况变化，将使（　　）。
　A. 平衡线发生变化　　　B. 操作线与 q 线变化
　C. 平衡线和 q 线变化　　　D. 平衡线和操作线变化

三、判断题

1. 用图解法绘制的直角梯级数，即为精馏塔实际所需的层板数；两操作线交点所在的直角梯级为实际的加料板位置。（　　）
2. 精馏设计时，若回流比 R 增加，并不意味产品 D 减小，精馏操作时也可能有类似情况。（　　）
3. 恒摩尔流假定主要前提是两组分的分子气化潜热相近，它只适用于理想物系。（　　）
4. 理论板图解时与下列参数 F、x_F、q、R、α、x_W、x_D 无关。（　　）
5. 系统的平均相对挥发度 α 可以表示系统的分离难易程度，$\alpha>1$，可以分离，$\alpha=1$，不能分离，$\alpha<1$ 更不能分离。（　　）
6. 精馏段操作线是指相邻两块塔板间，下面一块板蒸汽组成和上面一块板液相组成之间的定量关系方程。（　　）

四、简答题

1. 在精馏操作过程中为什么要有回流及再沸器？
2. 叙述恒摩尔流假设的内容。
3. 精馏塔的操作线应如何确定，都与哪些因素有关？
4. 一操作中精馏塔，若保持 F、x_F、q、V'（塔釜上升蒸汽量）不变，而增大回流比 R，试分析 x_D、x_W、D、W 变化趋势，并说明上述结果在实际生产中有何意义。

五、计算题

1. 每小时将15000kg含苯40%（质量分数，下同）和甲苯60%的溶液，在连续精馏塔中进行分离，要求釜残液中含苯不高于2%，塔顶馏出液中苯的回收率为97.1%，试求馏出液和釜残液的流量及组成，以摩尔流量和摩尔分数表示。

2. 在连续精馏塔中分离苯-苯乙烯混合液。原料液量为5000kg/h，组成为0.45，要求馏出液中含苯0.95，釜液中含苯不超过0.06（均为质量分数）。试求馏出液量和釜液产品量各为多少？

3. 在一连续精馏塔中分离苯-甲苯混合液，要求馏出液中苯的含量为0.97（摩尔分数），馏出液量6000kg/h，塔顶为全凝器，平均相对挥发度为2.46，回流比为2.5，试求：(1) 第一块塔板下降的液体组成 x_1；(2) 精馏段各板上升的蒸汽量及下降液体量。

4. 连续精馏塔的操作线方程如下。精馏段：$y=0.75x+0.205$；提馏段：$y=1.25x-0.020$。试求泡点进料时，原料液、馏出液、釜液组成及回流比。

5. 某理想混合液用常压精馏塔进行分离。进料组成含A 81.5%，含B 18.5%（摩尔分数，下同），饱和液体进料，塔顶为全凝器，塔釜为间接蒸汽加热。要求塔顶产品为含A 95%，塔釜为含B 95%，此物系的相对挥发度为2.0，回流比为4.0。试用：(1) 逐板计算法，(2) 图解法分别求出所需的理论板层数及进料板位置。

6. 在连续精馏操作中，已知精馏段操作线方程及q线方程分别为 $y=0.8x+0.19$；$y=-0.5x+0.675$，试求：(1) 进料热状况参数q及原料液组成 x_F；(2) 精馏段和提馏段两操作线交点坐标。

7. 一常压操作的连续精馏塔中分离某理想溶液，原料液组成为0.4，馏出液组成为0.95（均为轻组分的摩尔分数），操作条件下，物系的相对挥发度 $\alpha=2.0$，若操作回流比 $R=1.5R_{\min}$，进料热状况参数 $q=1.5$，塔顶为全凝器，试计算塔顶向下第二块理论板上升的气相组成和下降液体的组成。

第七章 蒸 发

工程上把采用加热方法，将含有不挥发性溶质（通常为固体）的溶液在沸腾状态下，使其浓缩的单元操作称为蒸发。蒸发操作广泛应用于化工、轻工、食品、医药等工业领域，比如浓缩稀溶液直接制取产品或将浓溶液再处理（如冷却结晶）制取固体产品，例如电解烧碱液的浓缩，食糖水溶液的浓缩及各种果汁的浓缩等；浓缩溶液和回收溶剂，例如有机磷农药苯溶液的浓缩脱苯，中药生产中酒精浸出液的蒸发等；获得纯净的溶剂，例如海水淡化等。

第一节 认识蒸发器

1. 了解蒸发操作的特点与分类。
2. 了解蒸发器的种类与结构。

蒸发就是用加热的方法，将含有不挥发性溶质的溶液加热至沸腾状况，使部分溶剂气化并被移除，从而提高溶液中溶质浓度的单元操作。用来实现蒸发操作的设备称为蒸发器。蒸发器主要由加热室和蒸发室两部分组成。

一、蒸发操作

1. 蒸发操作特点

蒸发是从溶液中分离出部分溶剂，而溶质仍留在溶液中的过程，因此，蒸发操作是使溶液中的挥发性溶剂与不挥发性溶质的分离过程。由于溶剂的气化速率取决于传热速率，故蒸发操作属传热过程，蒸发设备属于传热设备。但是，蒸发操作与一般传热过程比较，有以下特点：

（1）溶液沸点升高 由于溶液含有不挥发性溶质，因此，在相同温度下，溶液的蒸气压比纯溶剂的小，也就是说，在相同压力下，溶液的沸点比纯溶剂的高，溶液浓度越高，这种影响越显著。

（2）物料及工艺特性 物料在浓缩过程中，溶质或杂质常在加热表面沉积、析出结晶而形成垢层，影响传热；有些溶质是热敏性的，在高温下停留时间过长易变质；有些物料具有较大的腐蚀性或较高的黏度等。

（3）能量回收 蒸发过程是溶剂气化过程，由于溶剂气化潜热很大，所以蒸发过程是一个大能耗单元操作。

2. 蒸发分类

（1）按操作压力分常压、加压和减压（真空）蒸发操作，即在常压（大气压）下，高于或低于大气压下操作。对于热敏性物料，如抗生素溶液、果汁等应在减压下进行；而高黏度物料就应采用加压高温热源加热（如导热油、熔盐等）进行蒸发。

（2）按效数分单效与多效蒸发。若蒸发产生的二次蒸汽直接冷凝不再利用，称为单效蒸发。若将二次蒸汽作为下一效加热蒸汽，并将多个蒸发器串联，此蒸发过程即为多效蒸发。

（3）按蒸发模式分间歇蒸发与连续蒸发。工业上大规模的生产过程通常采用的是连续蒸发。

二、蒸发器

随着工业技术的发展，蒸发设备也不断改进和创新。因此，蒸发器的种类和结构也各异。但均由加热室（器）、流动（或循环）管道以及分离室（器）组成。根据溶液在加热室内的流动情况，蒸发器可分为循环型和单程型两类。

1. 循环型蒸发器

（1）中央循环管式蒸发器　中央循环管式蒸发器为最常见的蒸发器，其结构如图 7-1 所示，它主要由加热室 1、加热管 2、中央循环管 3、蒸发室 4 和除沫器 5 组成。蒸发器的加热器由垂直管束构成，管束中央有一根直径较大的管子，称为中央循环管，其截面积一般为管束总截面积的 40%～100%。当加热蒸汽（介质）在管间冷凝放热时，由于加热管束内单位体积溶液的受热面积远大于中央循环管内溶液的受热面积，因此，管束中溶液的相对气化率就大于中央循环管的气化率，所以管束中的气液混合物的密度远小于中央循环管内气液混合物的密度。这样就造成了混合液在管束中向上，在中央循环管向下的自然循环流动。混合液的循环速度与密度差与管长有关。密度差越大，加热管越长，循环速度越大。但这类蒸发器受总高限制，通常加热管为 1～2m，直径为 25～75mm，长径比为 20～40。

中央循环管蒸发器的主要优点是：结构简单、紧凑，制造方便，操作可靠，投资费用少。其缺点是：清理和检修麻烦，溶液循环速度较低，一般仅在 0.5m/s 以下，传热系数小。它适用于黏度适中，结垢不严重，有少量的结晶析出，及腐蚀性不大的场合。中央循环管式蒸发器在工业上的应用较为广泛。

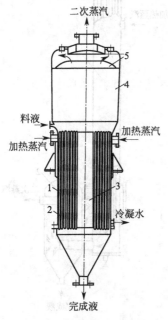

图 7-1　中央循环管式蒸发器

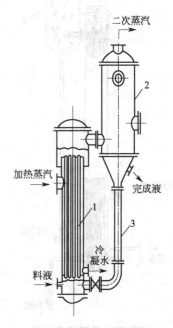

图 7-2　外加热式蒸发器

(2) **外加热式蒸发器** 外加热式蒸发器如图 7-2 所示。其主要特点是把加热器 1 与分离室 2 分开安装，这样不仅易于清洗、更换，同时还有利于降低蒸发器的总高度。这种蒸发器的加热管较长（管长与管径之比为 50～100），且循环管 3 又不被加热，故溶液的循环速度可达 1.5m/s，它既利于提高传热系数，也利于减轻结垢。

2. 单程型蒸发器

循环型蒸发器有一个共同的缺点，即蒸发器内溶液的滞留量大，物料在高温下停留时间长，这对处理热敏性物料甚为不利。在单程型蒸发器中，物料沿加热管壁成膜状流动，一次通过加热器即达浓缩要求，其停留时间仅数秒或十几秒。另外，离开加热器的物料又得到及时冷却，因此特别适用于热敏性物料的蒸发。但由于溶液一次通过加热器就要达到浓缩要求，因此对设计和操作的要求较高。由于这类蒸发器的加热管上的物料成膜状流动，故又称膜式蒸发器。根据物料在蒸发器内的流动方向和成膜原因不同，它可分为下列几种类型：

(1) **升膜式蒸发器** 升膜式蒸发器如图 7-3 所示，它的加热室 1 由一根或数根垂直长管组成。通常加热管径为 25～50mm，管长与管径之比为 100～150。原料液预热后由蒸发器底部进入加热器管内，加热蒸汽在管外冷凝。当原料液受热后沸腾气化，生成二次蒸汽在管内高速上升，带动料液沿管内壁成膜状向上流动，并不断地蒸发气化，加速流动，气液混合物进入分离器 2 后分离，浓缩后的完成液由分离器底部放出。这种蒸发器需要精心设计与操作，即加热管内的二次蒸汽应具有较高速度，并获较高的传热系数，使料液一次通过加热管即达到预定的浓缩要求。通常，常压下，管上端出口处速度以保持在 20～50m/s 为宜，减压操作时，速度可达 100～160m/s。升膜式蒸发器适宜处理蒸发量较大、热敏性、黏度不大及易起沫的溶液，但不适于高黏度、有晶体析出和易结垢的溶液。

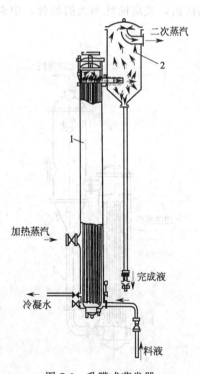

图 7-3 升膜式蒸发器

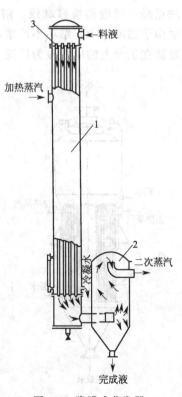

图 7-4 降膜式蒸发器

(2) 降膜式蒸发器　降膜式蒸发器如图7-4所示，原料液由加热室1顶端加入，经分布器3分布后，沿管壁成膜状向下流动，气液混合物由加热管底部排出进入分离室2，完成液由分离室底部排出。降膜式蒸发器可用于蒸发黏度较大（0.05～0.45Pa·s），浓度较高的溶液，但不适于处理易结晶和易结垢的溶液，这是因为这种溶液形成均匀液膜较困难，传热系数也不高。

在膜式蒸发器中，要尽力使料液在加热管内壁形成均匀液膜，并且不能让二次蒸汽由管上端窜出。

3. 蒸发装置的附属设备和机械

蒸发装置附属设备和机械主要有除尘器、冷凝器和真空装置。

(1) 除尘器（汽液分离器）　蒸发操作时产生的二次蒸汽，在分离室与液体分离后，仍夹带大量液滴，尤其是处理易产生泡沫的液体，夹带更为严重。为了防止产品损失或冷却水被污染，常在蒸发器内（或外）设除尘器。图7-5为几种除尘器的结构示意图。图中（a）～（d）直接安装在蒸发器顶部，（e）～（g）安装在蒸发器外部。

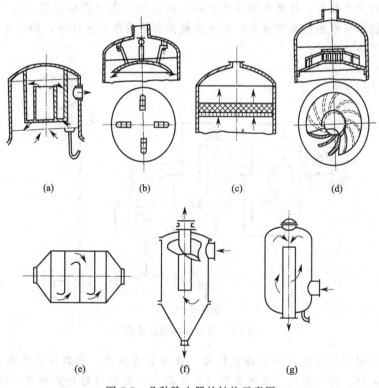

图7-5　几种除尘器的结构示意图

(2) 冷凝器　冷凝器的作用是冷凝二次蒸汽。冷凝器有间壁式和直接接触式两种，倘若二次蒸汽为需回收的有价值物料或会严重污染水源，则应采用间壁式冷凝器，否则通常采用直接接触式冷凝器。后一种冷凝器一般均在负压下操作，这时为将混合冷凝后的水排出，冷凝器必须设置得足够高，冷凝器底部的长管称为大气腿。

(3) 真空装置　当蒸发器在负压下操作时，无论采用哪一种冷凝器，均需在冷凝器后安装真空装置。需要指出的是，蒸发器中的负压主要是由于二次蒸汽冷凝所致，而真空装置仅是抽吸蒸发系统泄漏的空气、物料及冷却水中溶解的不凝性气体和冷却水饱和温度下的水蒸气等，冷凝器后必须安真空装置才能维持蒸发操作的真空度。常用的真空装置有喷射泵、水环式真空泵、往复式或旋转式真空泵等。

 技能训练

组织学生到企业参观蒸发流程以及了解蒸发器的结构分类等。

多 效 蒸 发

多效蒸发是将第一效蒸发器汽化的二次蒸汽作为热源通入第二效蒸发器的加热室用作加热，这称为双效蒸发。如果再将第二效的二次蒸汽通入第三效加热室作为热源，并依次进行多个串接，则称为多效蒸发。图7-6为三效蒸发的流程示意图。不难看出，采用多效蒸发，由于生产给定的总蒸发水量 W 分配于各个蒸发器中，而只有第一效才使用加热蒸汽，故加热蒸汽的经济性大大提高。将蒸发器中蒸出的二次蒸汽引出（或部分引出），作为其它加热设备的热源，例如用来加热原料液等，可大大提高加热蒸汽的经济性，同时还降低了冷凝器的负荷，减少了冷却水量。

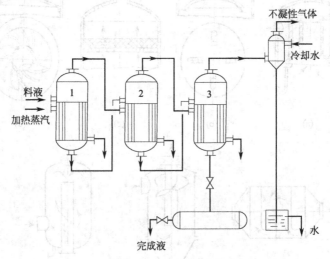

图7-6 并流加料蒸发流程

将蒸发器蒸出的二次蒸汽用压缩机压缩，提高它的压力，倘若压力又达加热蒸汽压力时，则可送回入口，循环使用。加热蒸汽（或生蒸汽）只作为启动或补充泄漏、损失等用。因此节省了大量生蒸汽，热泵蒸发的流程如图7-7所示。蒸发器加热室排出大量高温冷凝水，这些水理应返回锅炉房重新使用，这样既节省能源又节省水源。但应用这种方法时，应注意水质监测，避免因蒸发器损坏或阀门泄漏，污染锅炉补水系统。当然高温冷凝水还可用于其它加热或需工业用水的场合。

多效蒸发流程主要包括并流流程、逆流加料和平流加料流程。图7-6为并流加料三效蒸发的流程。这种流程的优点为：料液可借相邻二效的压强差自动流入后一效，而不需用泵输送，同时，由于前一效的沸点比后一效的高，因此当物料进入后一效时，会产生自蒸发，这可多蒸出一部分水汽。这种流程操作较简便，易于稳定。但其主要缺点是传热系数会下降，这是因为后序各效的浓度会逐渐增高，但沸点反而逐渐降低，导致溶液黏度逐渐增大。

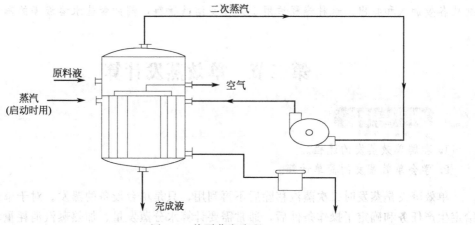

图 7-7 热泵蒸发流程

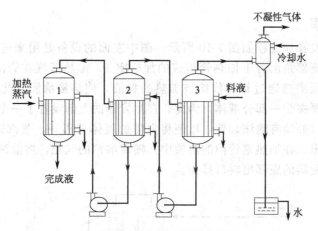

图 7-8 逆流加料三效蒸发流程

图 7-8 为逆流加料三效蒸发流程,其优点是:各效浓度和温度对溶液的黏度的影响大致相抵消,各效的传热条件大致相同,即传热系数大致相同。缺点是:料液输送必须用泵,另外,进料也没有自蒸发。一般这种流程只有在溶液黏度随温度变化较大的场合才被采用。

图 7-9 为平流加料三效蒸发流程,其特点是蒸汽的走向与并流相同,但原料液和完成液则分

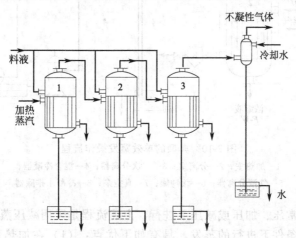

图 7-9 平流加料三效蒸发流程

别从各效加入和排出。这种流程适用于处理易结晶物料，例如食盐水溶液等的蒸发。

第二节 单效蒸发计算

 知识与技能

1. 理解单效蒸发的流程。
2. 学会单效蒸发的简单计算。

单效蒸发是蒸发时二次蒸汽移除后不再利用，只是单台设备的蒸发。对于单效蒸发，在给定生产任务和确定了操作条件后，通常需要计算水分蒸发量、加热蒸汽消耗量和蒸发器的传热面积。

一、单效蒸发流程

典型的单效蒸发操作流程如图 7-10 所示。图中左面的设备是用来进行蒸发操作的主体设备蒸发器，它的下部是由若干加热管组成的加热室 1，加热蒸汽在管间（壳方）被冷凝，它所释放出来的冷凝潜热通过管壁传给被加热的料液，使溶液沸腾气化。在沸腾气化过程中，将不可避免地要夹带一部分液体，为此，在蒸发器的上部设置了一个称为分离室 2 的分离空间，并在其出口处装有除沫装置，以便将夹带的液体分离开，蒸汽则进入冷凝器 4 内，被冷却水冷凝后排出。在加热室管内的溶液中，随着溶剂的气化，溶液浓度得到提高，浓缩以后的完成液从蒸发器的底部出料口排出。

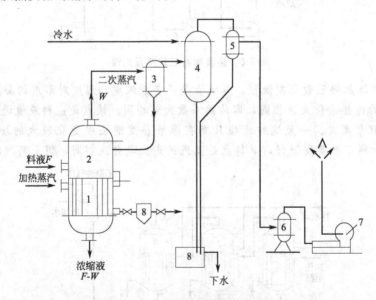

图 7-10 典型的单效蒸发操作流程
1—加热室；2—分离室；3—二次分离器；4—混合冷凝器；
5—气液分离器；6—缓冲罐；7—真空泵；8—冷凝水排除器

蒸发操作可以在常压、加压或减压下进行，上述流程是采用减压蒸发操作的。减压蒸发是指在低于大气压的条件下进行的蒸发，具有如下优点：（1）在加热蒸汽压强相同的情况下，减压蒸发时溶液的沸点低，传热温差可以增大，当传热量一定时，蒸发器的传热面积可以相应减小；（2）可以蒸发不耐高温的溶液；（3）可以利用低压蒸汽或废气作为加热剂；（4）操作温度低，损失于外界的热量也相应减小。但是，减压蒸发也有一定的缺点，这主要是由于溶液沸点降低，黏度增大，导致总的传热系数下降，同时还要有减压装置，需配置如图中所示的真空泵、缓冲罐、气液分离器等辅助设备，使基建费用和操作费用相应增加。在单效蒸发过程中，由于所产生的二次蒸汽直接被冷凝而除去，使其携带的能量没有被充分利用，因此能量消耗大，它只在小批量生产或间歇生产的场合下使用。

二、蒸发水量和加热蒸汽

1. 蒸发水量的计算

对图 7-11 所示蒸发器进行溶质的物料衡算，可得

$$Fx_0 = (F-W)x_1 = Lx_1$$

由此可得水的蒸发量

$$W = F\left(1 - \frac{x_0}{x_1}\right) \tag{7-1}$$

完成液的浓度

$$x_1 = \frac{Fx_0}{F-W} \tag{7-2}$$

式中 F——原料液量，kg/h；

W——蒸发水量，kg/h；

L——完成液量，kg/h；

x_0——原料液中溶质的浓度，质量分数；

x_1——完成液中溶质的浓度，质量分数。

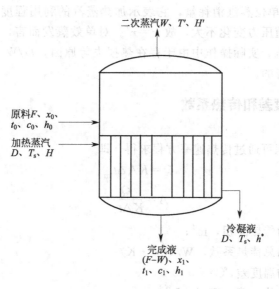

图 7-11 单效蒸发器

2. 加热蒸汽的计算

蒸发操作中，加热蒸汽用量可通过热量衡算求得，由原料液带入蒸发器的热量和加热蒸汽带入蒸发器的热量应与二次蒸发器带走的热量、完成液带出的热量、加热蒸汽的冷凝液带出的热量以及蒸发器损失的热量相等。如对图 7-11 单效蒸发过程作热量衡算，可得

$$DH + Fh_0 = WH' + Lh_1 + Dh_c + Q_L \tag{7-3}$$

或

$$Q = D(H - h_c) = WH' + Lh_1 - Fh_0 + Q_L \tag{7-3a}$$

式中　F——原料液量，kg/h；
　　　D——加热蒸汽量，kg/h；
　　　H——加热蒸汽的焓，kJ/kg；
　　　H'——二次蒸汽的焓，kJ/kg；
　　　h_0——原料液的焓，kJ/kg；
　　　h_1——完成液的焓，kJ/kg；
　　　h_c——加热室排出冷凝液的焓，kJ/h；
　　　Q——蒸发器的热负荷或传热速率，kJ/h；
　　　Q_L——热损失，可取 Q 的某一百分数，kJ/kg。
c_0、c_1 为原料、完成液的比热容，kJ/(kg·℃)。

考虑溶液浓缩热不大，并将 H' 取 t_1 下饱和蒸汽的焓，则式(7-3a)可写成

$$D = \frac{Fc_0(t_1 - t_0) + Wr' + Q_L}{r} \tag{7-4}$$

式中，r、r' 分别为加热蒸汽和二次蒸汽的汽化潜热，kJ/kg。

若原料由预热器加热至沸点后进料（沸点进料），即 $t_0 = t_1$，并不计热损失，则式(7-4)可写为

$$D = \frac{Wr'}{r} \tag{7-5}$$

或

$$\frac{D}{W} = \frac{r'}{r} \tag{7-5a}$$

式中，D/W 称为单位蒸汽消耗量，它表示加热蒸汽的利用程度，也称蒸汽的经济性。由于蒸汽的汽化潜热随压力变化不大，故 $r = r'$。对单效蒸发而言，$D/W = 1$，即蒸发 1kg 水需要约 1kg 加热蒸汽，实际操作中由于存在热损失等原因，$D/W \approx 1$。可见单效蒸发的能耗很大，是很不经济的。

三、传热面积、温度差和传热系数

1. 传热面积

蒸发器的传热面积可通过传热速率方程求得，即

$$Q = KA\Delta t_m \tag{7-6}$$

或

$$A = \frac{Q}{K\Delta t_m} \tag{7-6a}$$

式中　A——蒸发器的传热面积，m²；
　　　K——蒸发器的总传热系数，W/(m²·K)；
　　　Δt_m——传热平均温度差，℃；
　　　Q——蒸发器的热负荷，W 或 kJ/kg。

式(7-6)中，Q 可通过对加热室作热量衡算求得。若忽略热损失，Q 即为加热蒸汽冷凝放出的热量，即

$$Q = D(H - h_c) = Dr \tag{7-7}$$

但在确定 Δt_m 和 K 时，却有别于一般换热器的计算方法。

2. 传热平均温度差

在蒸发操作中，蒸发器加热室一侧是蒸汽冷凝，另一侧为液体沸腾，因此其传热平均温

度差应为

$$\Delta t_m = T - t_1 \tag{7-8}$$

式中　T——加热蒸汽的温度，℃；

　　　t_1——操作条件下溶液的沸点，℃。

应该指出，溶液的沸点不仅受蒸发器内液面压力影响，而且还受溶液浓度、液位深度等因素的影响。因此，在计算 Δt_m 时需考虑如下因素。

(1) 溶液浓度　溶液中由于有溶质存在，因此其蒸气压比纯水低。换言之，一定压强下水溶液的沸点比纯水高，它们的差值称为溶液的沸点升高，以 Δ' 表示。影响 Δ' 的主要因素有溶液的性质及其浓度。一般情况下，有机物溶液的 Δ' 较小，无机物溶液的 Δ' 较大；稀溶液的 Δ' 不大，但随浓度增高，Δ' 值增高较大。例如，7.4%的 NaOH 溶液在 101.33kPa 下其沸点为 102℃，Δ' 仅为 2℃，而 48.3% NaOH 溶液，其沸点为 140℃，Δ' 值达 40℃之多。各种溶液的沸点由实验确定。

(2) 压强　当蒸发操作在加压或减压条件下进行时，若缺乏实验数据，可按下式估算 Δ'，即

$$\Delta' = f \Delta'_{常} \tag{7-9}$$

式中　Δ'——操作条件下的溶液沸点升高，℃；

　　　$\Delta'_{常}$——常压下的溶液沸点升高，℃；

　　　f——校正系数，无量纲，其值可由下式计算

$$f = 0.0162 \frac{(T'+273)^2}{r'} \tag{7-10}$$

式中　T'——操作压力下二次蒸汽的饱和温度，℃；

　　　r'——操作压力下二次蒸汽的汽化潜热，kJ/kg。

(3) 液柱静压头　通常，蒸发器操作需维持一定液位，这样液面下的压力比液面上的压力（分离室中的压力）高，即液面下的沸点比液面上的高，二者之差称为液柱静压头引起的温度差损失，以 Δ'' 表示。为简便计，以液层中部（料液一半）处的压力进行计算。根据流体静力学方程，液层中部的压力 p_{av} 为

$$p_{av} = p' + \frac{\rho_{av} g h}{2} \tag{7-11}$$

式中　p'——溶液表面的压力，即蒸发器分离室的压力，Pa；

　　　ρ_{av}——溶液的平均密度，kg/m³；

　　　h——液层高度，m。

则由液柱静压引起的沸点升高 Δ'' 为

$$\Delta'' = t_{av} - t_b \tag{7-12}$$

式中　t_{av}——液层中部 p_{av} 压力下溶液的沸点，℃；

　　　t_b——p' 压力（分离室压力）下溶液的沸点，℃。

近似计算时，式(7-12)中的 t_{av} 和 t_b 可分别用相应压力下水的沸点代替。

(4) 管道阻力　倘若设计计算中温度以另一侧的冷凝器的压力（即饱和温度）为基准，则还需考虑二次蒸汽从分离室到冷凝器之间的压降所造成的温度差损失，以 Δ''' 表示。显然，Δ''' 值与二次蒸汽的速度、管道尺寸以及除沫器的阻力有关。由于此值难于计算，一般取经验值为 1℃，即 $\Delta''' = 1℃$。

考虑了上述因素后，操作条件下溶液的沸点 t_1 即可用下式求取

$$t_1 = t'_c + \Delta' + \Delta'' + \Delta''' \tag{7-13}$$

3. 传热系数

蒸发器的总传热系数可按下式计算

$$K = \frac{1}{\frac{1}{\alpha_i} + R_i + \frac{\delta}{\lambda} + R_o + \frac{1}{\alpha_o}} \tag{7-14}$$

式中 α_i——管内溶液沸腾的对流传热系数，$W/(m^2 \cdot ℃)$；

α_o——管外蒸汽冷凝的对流传热系数，$W/(m^2 \cdot ℃)$；

R_i——管内污垢热阻，$m^2 \cdot ℃/W$；

R_o——管外污垢热阻，$m^2 \cdot ℃/W$；

$\frac{\delta}{\lambda}$——管壁热阻，$m^2 \cdot ℃/W$。

式(7-14)中 α_o、R_o 及 b/λ 在传热一章中均已阐述，本章不再赘述。只是 R_i 和 α_i 成为蒸发设计计算和操作中的主要问题。由于蒸发过程中，加热面处溶液中的水分汽化，浓度上升，因此溶液很易超过饱和状态，溶质析出并包裹固体杂质，附着于表面，形成污垢，所以 R_i 往往是蒸发器总热阻的主要部分。为降低污垢热阻，工程中常采用的措施有：加快溶液循环速度，在溶液中加入晶种和微量的阻垢剂等。设计时，污垢热阻 R_i 目前仍需根据经验数据确定。至于管内溶液沸腾对流传热系数 α_i 也是影响总传热系数的主要因素。影响 α_i 的因素很多，如溶液的性质，沸腾传热的状况，操作条件和蒸发器的结构等。目前虽然对管内沸腾做过不少研究，但其所推荐的经验关联式并不可靠，再加上管内污垢热阻变化较大，因此，目前蒸发器的总传热系数仍主要靠现场实测，以作为设计计算的依据。表 7-1 中列出了常用蒸发器总传热系数的大致范围，供设计计算参考。

表 7-1 常用蒸发器总传热系数 K 的经验值

蒸发器型式	总传热系数 /[$W/(m^2 \cdot K)$]	蒸发器型式	总传热系数 /[$W/(m^2 \cdot K)$]
中央循环管式	580~3000	升膜式	580~5800
带搅拌的中央循环管式	1200~5800	降膜式	1200~3500
悬筐式	580~3500	刮膜式，黏度 1mPa·s	2000
自然循环	1000~3000	刮膜式，黏度 100~10000mPa·s	200~1200
强制循环	1200~3000		

例 7-1 某企业采用单效真空蒸发装置，连续蒸发 NaOH 水溶液。已知进料量为 2000kg/h，进料浓度为 10%（质量分数），沸点进料，完成液浓度为 48.3%（质量分数），其密度为 1500kg/m^3，加热蒸汽压强为 0.3MPa（表压），冷凝器的真空度为 51kPa，加热室管内液层高度为 3m。已知总传热系数为 1500W/($m^2 \cdot K$)，蒸发器的热损失为加热蒸汽量的 5%，当地大气压为 101.3kPa。

求：(1) 水分蒸发量；

(2) 加热蒸汽消耗量；

(3) 蒸发器传热面积。

解：(1) 水分蒸发量

$$W = F\left(1 - \frac{x_0}{x_1}\right) = 2000 \times \left(1 - \frac{0.1}{0.483}\right) = 1586(\text{kg/h})$$

(2) 加热蒸汽消耗量

$$D = \frac{Wr' + Q_L}{r}$$

由于
$$Q_L = 0.05Dr$$

故
$$D = \frac{Wr'}{0.95r}$$

由附录得

当 $p = 0.3$MPa（表）时，$T = 143.5℃$，$r = 2137.0$kJ/kg

当 $p_c = 51$kPa（真空度）时，$T'_c = 81.2℃$，$r' = 2304$kJ/kg

故
$$D = \frac{1586 \times 2304}{0.95 \times 2137} = 1800(\text{kg/h})$$

(3) 传热面积 A

① 确定溶液沸点

a. 计算 Δ'

已查知 $p_c = 51$kPa（真空度）下，冷凝器中二次蒸汽的饱和温度 $T'_c = 81.2℃$

查附录常压下48.3% NaOH 溶液的沸点近似为 $t_A = 140℃$

所以 $\Delta'_{常} = 140 - 100 = 40(℃)$

因二次蒸汽的真空度为 51kPa，故 Δ' 需用式(7-10)校正，即

$$f = 0.0162 \frac{(T'+273)^2}{r'} = 0.0162 \frac{(81.2+273)^2}{2304} = 0.87$$

所以 $\Delta' = 0.87 \times 40 \times 34.8(℃)$

b. 计算 Δ''

由于二次蒸汽流动的压降较小，故分离室压力可视为冷凝器的压力。

则
$$p_{av} = p' + \frac{\rho_{av}gh}{2} = 50 + \frac{1500 \times 9.81 \times 3}{2} = 50 + 22 = 72(\text{kPa})$$

查附录得72kPa下对应水的沸点为 90.4℃

c. $\Delta'' = 1℃$

则溶液的沸点
$$t = T'_c + \Delta' + \Delta'' + \Delta''' = 81.2 + 34.8 + 9.2 + 1 = 126.2(℃)$$

② 总传热系数

已知 $K = 1500$W/(m² · K)

③ 传热面积

蒸发器加热面积为

$$A = \frac{Q}{K\Delta t_m} = \frac{Dr}{K(T-t)} = \frac{1586 \times 2137 \times 10^3}{3600 \times 1500 \times (143.5-126.2)} = \frac{1586 \times 2137 \times 10^3}{1500 \times 17.3 \times 3600} = 36.3(\text{m}^2)$$

例 7-2 在单效蒸发器中用饱和水蒸气加热浓缩溶液，加热蒸汽的用量为 2100kg/h，加热水蒸气的温度为120℃，其汽化热为2205kJ/kg。已知蒸发器内二次蒸汽温度为81℃，由于溶质和液柱引起的沸点升高值为9℃，饱和蒸汽冷凝的传热膜系数为 8000W/(m² · K)沸腾溶液的传热膜系数为 3500W/(m² · K)。忽略换热器管壁和污垢层热阻，蒸发器的热损失忽略不计。

求：蒸发器的传热面积。

解：热负荷 $Q = 2100 \times 2205 \times 10^3 / 3600 = 1.286 \times 10^6 (\text{W})$

溶液温度 $t = 81 + 9 = 90(\text{℃})$

蒸汽温度 $T = 120\text{℃}$

由 $1/K = 1/h_1 + 1/h_2 = 1/8000 + 1/3500$

则 $K = 2435 \text{W}/(\text{m}^2 \cdot \text{K})$

所以 $A = Q/[K(T-t)] = 1.286 \times 10^6 / [2435 \times (120-90)] = 17.6(\text{m}^2)$

阅读材料

多效蒸发的计算

在大规模工业生产中，往往需蒸发大量水分，这就需要消耗大量加热蒸汽。为了减少加热蒸汽的消耗，可采用多效蒸发。将加热蒸汽通入一蒸发器，则溶液受热而沸腾，而产生的二次蒸汽其压力与温度较原加热蒸汽（即生蒸汽）为低，但此二次蒸汽仍可设法加以利用。在多效蒸发中，则可将二次蒸汽当作加热蒸汽，引入另一个蒸发器，只要后者蒸发室压力和溶液沸点均较原来蒸发器中的为低，则引入的二次蒸汽即能起加热热源的作用。同理，第二个蒸发器新产生的新的二次蒸汽又可作为第三蒸发器的加热蒸汽。这样，每一个蒸发器即称为一效，将多个蒸发器连接起来一同操作，即组成一个多效蒸发系统。加入生蒸汽的蒸发器称为第一效，利用第一效二次蒸汽加热的称为第二效，依此类推。产生循环利用，多次重复利用了热能，显著地降低了热能耗用量，这样大大降低了成本，也增加了效率。

多效蒸发计算的内容包括各效蒸发水量、加热蒸汽消耗量及传热面积。由于多效蒸发的效数多，所以计算中未知数量也多杂。因此目前常采用电子计算机进行计算。但基本依据和原理仍然是物料衡算、热量衡算及传热速率方程。由于计算中出现未知参数，所以计算时常采用试差法，其步骤如下：先根据物料衡算求出总蒸发量，然后根据经验设定各效蒸发量，再估算各效溶液浓度。通常各效蒸发量可按各效蒸发量相等的原则设定，即 $W_1 = W_2 = \cdots = W_n$。在并流加料蒸发过程中，由于有自蒸发现象，可按如下比例设定。若为两效可设定 $W_1 : W_2 = 1 : 1.1$；若为三效可设定 $W_1 : W_2 : W_3 = 1 : 1.1 : 1.2$。根据设定得到各效蒸发量后，即可通过物料衡算求出各完成液的浓度。现以并流加料为例（见图7-12）进行讨论，计算中所用符号的意义和单位与单效蒸发相同。

总蒸发水量 W 为各效蒸发水量之和，即 $W = W_1 + W_2 + \cdots + W_n$。对全系统的溶质进行物料衡算，即 $Fx_0 = (F-W)x_n$，可得 $W = \dfrac{F(x_n - x_0)}{x_n} = F(1 - \dfrac{x_0}{x_n})$。

对任一第 i 效的溶质进行物料衡算，有

$$Fx_0 = (F - W_1 - W_2 - \cdots - W_n)x_i$$

或

$$x_i = \dfrac{Fx_0}{(F - W_1 - W_2 - \cdots - W_i)} \tag{7-15}$$

通常原料液浓度 x_0，完成液浓度 x_n 为已知值，而中间各效浓度未知，因此从上述关系只能求出总蒸发水量和各效的平均水分蒸发量（W/n），而各效蒸发量和浓度需根据物料衡算和热量衡算来确定。

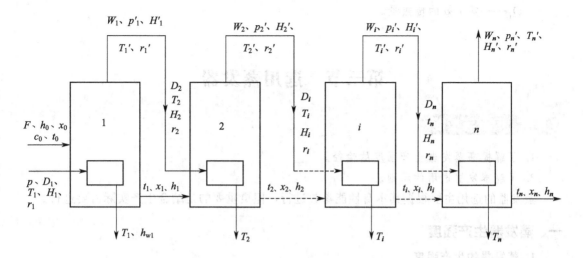

图 7-12　并流加料多效蒸发流程示意图

对第一效进行热量衡算，若忽略热损失，则得

$$Fh_0 + D_1(H_1 - h_c) = (F - W_1)h_1 + W_1 H_1' \tag{7-16}$$

若忽略溶液的稀释热，则上式可写成

$$D_1 = \frac{Fc_0(t_1 - t_0) + W_1 r_1'}{r_1} \tag{7-17}$$

则第一效加热室的传热量为

$$Q_1 = D_1 r_1 = Fc_0(t_1 - t_0) + W_1 r_1' \tag{7-18}$$

同理，仿照上式可写出第 2～i 效的传热量方程，即

$$Q_2 = D_2 r_2 = (Fc_0 - W_1 c_w)(t_2 - t_1) - W_2 r_2' \tag{7-19}$$

$$\vdots$$

$$Q_i = D_i r_i = (Fc_0 - W_1 c_w - W_2 c_w - \cdots - W_{i-1} c_w)(t_i - t_{i-1}) - W_i r_i' \tag{7-20}$$

则第 i 效的蒸发量可写成

$$W_i = D_i \frac{r_i}{r_i'} - (Fc_0 - W_1 c_w - W_2 c_w - \cdots W_{i-1} c_w) \frac{(t_i - t_{i-1})}{r_i'} \tag{7-21}$$

如果考虑稀释热和蒸发系统的热损失，则式(7-21)可写成

$$W_i = \left[D_i \frac{r_i}{r_i'} - (Fc_0 - W_1 c_w - W_2 c_w - \cdots - W_{i-1} c_w) \frac{(t_i - t_{i-1})}{r_i'} \right] \eta_i \tag{7-22}$$

式中，η_i 称为热利用系数，无量纲，下标 i 表示第 i 效。η_i 值根据经验选取，一般为 0.96～0.98，对于浓缩热较大的物料，例如 NaOH 水溶液，可取 $\eta = 0.98 - 0.7\Delta x$。这里 Δx 为该效溶液浓度的变化（质量分数）。

对于有额外蒸汽引出的蒸发过程的热量衡算，可参考有关资料。

求得各效蒸发量后，即可利用传热速率方程，计算各效的传热面积，即

$$A_i = \frac{Q_i}{K_i \Delta t_i} \tag{7-23}$$

式中　A_i——第 i 效的传热面积；

　　　K_i——第 i 效的传热系数；

　　　Δt_i——第 i 效的有效温度差；

Q_i——第 i 效的传热量。

第三节 选用蒸发器

 知识与技能

1. 了解提高蒸发器生产强度的途径。
2. 了解蒸发器选用的原则。

蒸发器的选用主要根据其本身性能参数进行，但更重要的是结合生产实际需要进行。

一、蒸发器生产强度

1. 蒸发器的生产强度

蒸发器的生产能力可用单位时间内蒸发的水分量来表示。由于蒸发水分量取决于传热量的大小，因此其生产能力也可表示为

$$Q=KA(T-t_1) \tag{7-24}$$

由式(7-24)可以看出蒸发器的生产能力仅反映蒸发器生产量的大小，而引入蒸发强度的概念却可反映蒸发器的优劣。蒸发器的生产强度简称蒸发强度，是指单位时间单位传热面积上所蒸发的水量，即

$$u=\frac{W}{A} \tag{7-25}$$

式中，u 为蒸发强度，$kg/(m^2 \cdot h)$。

蒸发强度通常可用于评价蒸发器的优劣，对于一定的蒸发任务而言，若蒸发强度越大，则所需的传热面积越小，即设备的投资就越低。

2. 提高蒸发强度的途径

提高蒸发强度的主要途径是提高总传热系数 K 和传热温度差 Δt_m。

(1) 提高总传热系数　蒸发器的总传热系数主要取决于溶液的性质、沸腾状况、操作条件以及蒸发器的结构等。这些已在前面论述，因此，合理设计蒸发器以实现良好的溶液循环流动，及时排除加热室中不凝性气体，定期清洗蒸发器（加热室内管），均是提高和保持蒸发器在高强度下操作的重要措施。

(2) 提高传热温度差　提高传热温度差可以提高热源的温度或降低溶液的沸点等角度考虑，工程上通常采用下列措施来实现：

① 真空蒸发　真空蒸发可以降低溶液沸点，增大传热推动力，提高蒸发器的生产强度，同时由于沸点较低，可减少或防止热敏性物料的分解。另外，真空蒸发可降低对加热热源的要求，即可利用低温位的水蒸气作为热源。但是，应该指出，溶液沸点降低，其黏度会增高，并使总传热系数 K 下降。当然，真空蒸发要增加真空设备并增加动力消耗。其中真空泵主要是抽吸由于设备、管道等接口处泄漏的空气及物料中溶解的不凝性气体等。

② 高温热源　提高 Δt_m 的另一个措施是提高加热蒸汽的压力，但这时要对蒸发器的设计和操作提出严格要求。一般加热蒸汽压力不超过 $0.6 \sim 0.8 MPa$。对于某些物料如果加压蒸汽仍不能满足要求时，则可选用高温导热油、熔盐或改用电加热，以增大传热推动力。

二、蒸发器的选型

蒸发器的选用主要根据蒸发器的传热性能和生产需要进行。蒸发器的传热性能以蒸发器的传热系数表示，传热系数一般由生产厂家的产品样本中给出，也可以参考有关设计手册给出的数据。在保证产品质量、数量的条件下选择蒸发器，要求运行安全可靠、经济高效、节能、节省劳动力和降低劳动强度。根据生产需要主要考虑以下几点。第一，蒸发的目的。蒸发是为了提高溶液的浓度还是浓缩溶液，或者是回收溶剂和制备纯净的溶剂等。第二，确定蒸发参数。蒸发参数主要包括进料温度、浓度；出料温度、浓度；总进料量；总蒸发量等。第三，确定蒸发溶液的特性。溶液的特性包括溶液的热敏性以及可以承受的最高温度、溶液的腐蚀性、各浓度下溶液的沸点、溶液的黏度、溶液的饱和浓度、溶液的密度等。最后，确定公用工程参数。比如，电源、蒸汽压力和冷却水进水及允许的回水温度等。

此外，在选定蒸发器后，还有几个问题值得考虑：

（1）效数的选择　主要考虑处理量的大小、被蒸发物料的沸点升高值，以及设备的多少等方面因素。处理量大宜采用多效操作；效数越多，蒸汽消耗越少，设备投资越高；沸点升高值大，则有效温差小，采用的效数应减小。

（2）冷凝器的选择　乏汽（末效二次蒸汽）须回收时应采用间接冷凝器，如列管式、螺旋板式换热器；乏汽不需回收时宜采用直接冷凝器，如直接大气冷凝器、水喷射泵冷凝等。末效为常压蒸发时还可将乏汽直接排空，不设冷凝器。

（3）流程的选择　顺流操作时，后效蒸发室的压强较前效低，溶液在效间的输送所需泵的功率小。另外，由于后效蒸发温度较低，故前效溶液进入后效后，会闪蒸出部分蒸汽，故生蒸汽消耗少。但顺流流程时后效的浓度高、温度低、黏度增高、传热速率小。逆操作时与顺流操作相反，前效温度高、浓度高，后效温度低、浓度低，使各效的传热速率接近，但所需效间过料泵功率大，蒸汽消耗多，不适于处理热敏性物料，也不适于随着温度和浓度提高，处理介质腐蚀性增强的物料。此处还可以根据物料的具体情况采用平流及混流流程。

（4）加热面积　蒸发器加热面积的确定由物料平衡、热量平衡、传热计算和采用的流程形式等因素综合考虑后决定。

 **巩固练习**

一、填空题

1. 蒸发是_____的单元操作。
2. 为了保证蒸发操作能顺利进行，必须不断向溶液供给_____，并排除气化出来的_____。
3. 蒸发操作中，造成温度差损失的原因有：(1)_____，(2)_____，(3)_____。
4. 蒸发器的主体由_____和_____组成。
5. 蒸发操作按蒸发器内压力可分为：_____，_____，_____蒸发。
6. 蒸发器的生产强度是指_____。

二、选择题

1. 蒸发操作中，从溶液中汽化出来的蒸汽，常称为（　　）。
   A. 生蒸汽　　　　　B. 二次蒸汽　　　　　C. 额外蒸汽　　　　　D. 一次蒸汽
2. 蒸发室内溶液的沸点（　　）二次蒸汽的温度。

A. 等于　　　　　　B. 高于　　　　　　C. 低于　　　　　　D. 等于或高于

3. 在蒸发操作中，若使溶液在（　　）下沸腾蒸发，可降低溶液沸点而增大蒸发器的有效温度差。

A. 减压　　　　　　B. 常压　　　　　　C. 加压　　　　　　D. 真空

4. 在单效蒸发中，从溶液中蒸发1kg水，通常都需要（　　）1kg的加热蒸汽。

A. 等于　　　　　　B. 小于　　　　　　C. 不小于　　　　　D. 不大于

5. 蒸发器的有效温度差是指（　　）。

A. 加热蒸汽温度与溶液的沸点之差　　　　B. 加热蒸汽与二次蒸汽温度之差
C. 温度差损失

6. 提高蒸发器生产强度的主要途径是增大（　　）。

A. 传热温度差　　　B. 加热蒸汽压力　　C. 传热系数　　　　D. 传热面积

7. 中央循环管式蒸发器属于（　　）蒸发器。

A. 自然循环　　　　　　　　　　　　　B. 强制循环
C. 膜式　　　　　　　　　　　　　　　D. 自然循环和强制循环

8. 多效蒸发可以提高加热蒸汽的经济程度，所以多效蒸发的操作费用是随效数的增加而（　　）。

A. 减少　　　　　　B. 增加　　　　　　C. 不变　　　　　　D. 不能减少

三、简答题

1. 蒸发操作的特点是什么？
2. 单效减压蒸发操作有何优点？

四、计算题

1. 用一传热面积为$10m^2$的蒸发器将某溶液由15%浓缩到40%，沸点进料，要求每小时蒸得375kg浓缩液，已知加热蒸汽压强为200kPa，蒸发室的操作压强为20kPa，此操作条件下的温度差损失可取8℃，热损失可忽略不计。试求：(1) 开始使用时，此蒸发器的传热系数为多少？(2) 操作一段时间后，因物料在传热面上结垢，为完成同样蒸发任务，需将加热蒸汽的压力提高到350kPa，问此时蒸发器的传热系数为多少？（已知：20kPa水蒸气的饱和温度为60.1℃，汽化潜热为2354.9kJ/kg；200kPa水蒸气的饱和温度为120.2℃，350kPa水蒸气的饱和温度为138.8℃）

2. 欲将浓度为25%，沸点为131.5℃，流量为3600kg/h的NaOH水溶液经蒸发浓缩到50%。料液的进口温度为20℃，加热蒸汽的压强为392.4kPa（绝压），冷凝器的压强为53.32kPa。若忽略蒸发器的热损失，求加热蒸汽的消耗量及蒸发器所需的传热面积？[已知蒸发器传热系数为$1100W/(m^2·K)$，溶液密度为$1500kg/m^3$，当$p=53.32kPa$时$t=83℃$，$r=2000kJ/kg$，当$p=392.4kPa$，$t=142.9℃$，$r=2143kJ/kg$，$c=4.93kJ/(kg·℃)$]

3. 在单效真空蒸发器中将牛奶从15%浓缩至50%（质量分数），原料液流量为$F=1500kg/h$，其平均比热容$c_0=3.90kJ/(kg·℃)$，进料温度为30℃。操作压力下，溶液的沸点为65℃，加热蒸汽压力为10^5Pa（表压）。当地大气压为101.3kPa。蒸发器的总传热系数$K_0=1160W/(m^2·℃)$，其热损失为8kW。试求：(1) 产品的流量；(2) 加热蒸汽消耗量；(3) 蒸发器的传热面积。

第八章 干 燥

工业生产中的固体原料、产品或半成品常常需要将其中所含的水分去除至规定指标后进一步加工、运输、储存和使用，这种操作简称为"去湿"。"去湿"分为机械去湿、吸附去湿和热能去湿三类。其中，热能去湿即干燥，指被除去的湿分从固相转移到气相中，固相为被干燥的物料，气相为干燥介质。干燥过程按操作压力分为常压干燥、真空干燥。按操作方式分为连续式、间歇式。按照热能供给湿物料的方式，干燥分为四种：传导干燥（热能通过传热壁面以传导方式加热物料，产生的蒸气被干燥介质带走）、对流干燥（干燥介质直接与湿物料接触，热能以对流方式传递给物料，产生蒸气被干燥介质带走）、辐射干燥（热能以电磁波的形式由辐射器发射到湿物料表面，被物料吸收转化为热能，使湿分气化）和介电加热干燥（将需要干燥的物料放在高频电场内，利用高频电场的交变作用，将湿物料加热，并气化湿分）等。本模块通过先介绍物料水分性质和干燥器的种类结构以及流程入手，来计算物料衡算和热量衡算，确定蒸发量以及干燥效率和时间等。

第一节 认识干燥器

知识与技能

1. 了解化工生产中的干燥过程。
2. 认识常见的干燥设备。

干燥器是通过加热使物料中的湿分（一般指水分或其它可挥发性液体成分）气化逸出，以获得规定湿含量的固体物料的机械设备。近代干燥器开始使用的是间歇操作的固定床式干燥器。19世纪中叶，洞道式干燥器的使用，标志着干燥器由间歇操作向连续操作方向发展。回转圆筒干燥器则较好地实现了颗粒物料的搅动，干燥能力和强度得以提高。20世纪初期，乳品生产开始应用喷雾干燥器，为大规模干燥液态物料提供了有力的工具。20世纪40年代开始，随着流化技术的发展，高强度、高生产率的沸腾床和气流式干燥器相继出现。而冷冻升华、辐射和介电式干燥器则为满足特殊要求提供了新的手段。20世纪60年代开始发展了远红外和微波干燥器。在化工生产中，由于被干燥的物料形状和性质各不相同，生产规模或生产能力也不一样，所以对于干燥产品要求也不尽相同。所以采用不同的干燥方法的干燥器类型也多种多样。

一、物料中的水分

1. 自由水分和平衡水分

根据物料在一定干燥条件下，其所含水分能否用干燥的方法除去来划分，可分为平衡水分与自由水分。平衡水分等于或小于平衡含水量，无法用相应空气所干燥的那部分水分。自由水分是指湿物料中大于平衡含水量，有可能被该湿空气干燥除去的那部分水分。根据物料与水分结合力的状况，可分为结合水分和非结合水分。凡湿物料的含水量小于 X_s（指该温度下水的饱和蒸气压 p_s 下水的含量）的那部分水分称为结合水分。此时，其蒸气压都小于同温度下纯水的饱和蒸气压。含水量超过 X_s 的那部分水分称为非结合水分。此时，湿物料中的水分的蒸气压等于同温度下纯水的饱和蒸气压。平衡水分与自由水分，结合水分与非结合水分是两种概念不同的区分方法。自由水分是在干燥中可以除去的水分，而平衡水分是不能除去的，自由水分和平衡水分的划分除与物料有关外，还决定于空气的状态。非结合水分是在干燥中容易除去的水分，而结合水分较难除去。是结合水还是非结合水仅决定于固体物料本身的性质，与空气状态无关。

2. 物料含水量

在干燥过程中，物料的含水量通常用湿基和干基含水量来表示。湿基含水量是指整个湿物料中水分所占的质量分数，用 w 表示。干基含水量是指整个湿物料中水分质量所占绝干物料质量之比的百分数，用 X 表示。两者表达式分别如下

$$w = \frac{\text{湿物料中水分的质量}}{\text{湿物料总质量}} \times 100\% \quad (\text{kg 水/kg 湿物料}) \tag{8-1}$$

$$X = \frac{\text{湿物料中水分的质量}}{\text{湿物料中绝干物料的质量}} \times 100\% \quad (\text{kg 水/kg 绝干物料}) \tag{8-2}$$

在干燥过程中，湿物料总是变化的，而绝干物料是不变的。因此在干燥过程中，常用干基含水量进行计算。湿基含水量与干基含水量关系如下

$$w = \frac{X}{1+X} \text{ 或 } X = \frac{w}{1-w} \tag{8-3}$$

二、干燥方法与过程

1. 干燥方法

干燥是从各种物料中去除湿分的过程。物料可以是固体、液体或气体，其中固体可分大块料、纤维料、颗粒料、细粉料等。湿分一般是物料中的水分，也可以是其它溶剂。本章以水分为去除对象。干燥方法主要有三类。

（1）机械脱水法　机械脱水法是通过对物料加压的方式，将其中一部分水分挤出。常用的有压榨、沉降、过滤、离心分离等方法。机械脱水法只能除去物料中部分自由水分，结合水分仍残留在物料中。因此，物料经机械脱水后物料含水率仍然很高，一般为 $40\% \sim 60\%$。机械脱水法是一种最经济的方法。

（2）加热干燥法　即常说的干燥，是利用热能加热物料，气化物料中的水分。通常是利用空气来干燥物料，空气预先被加热送入干燥器，将热量传递给物料，气化物料中的水分，形成水蒸气，并随空气带出干燥器。物料经过加热干燥，能够除去物料中的结合水分，达到产品或原料所要求的含水率。

（3）化学除湿法　是利用吸湿剂除去气体、液体、固体物料中的少量水分，由于吸湿剂的除湿能力有限，仅用于除去物料中的微量水分。因此化学除湿法在生产中应用很少。

在实际生产过程中，对于高湿物料一般均尽可能先用机械脱水法去除大量的自由水分，之后再采取其它干燥方式进行干燥。

2. 干燥过程

目前工业上最常用的是对流干燥。对流干燥法作为最常用的干燥方法之一，它是将加热

的空气或气流与冷空气的混合气以对流的方式接触物料，从而进行热交换。蒸发出来的水分则被干燥介质（空气等）带走。这种方法的主要特点是干燥介质的温度和湿度容易被控制，可避免物料发生过热现象（过干燥）而降低其品质。

以对流干燥为例简要介绍干燥流程，如图8-1所示。图8-1中，湿空气经风机送入预热器，加热到一定温度后送入干燥器与湿物料直接接触，进行传质、传热，最后废气自干燥器另一端排出。干燥若为连续过程，物料被连续加入与排出，物料与气流接触可以是并流、逆流或其它方式。若为间歇过程，湿物料被成批放入干燥器内，达到一定的要求后再取出。经预热的高温热空气与低温湿物料接触时，热空气传热给固体物料，若气流的水汽分压低于固体表面水的分压时，水分汽化并进入气相，湿物料内部的水分以液态或水汽的形式扩散至表面，再汽化进入气相，被空气带走。所以，干燥是传热、传质同时进行的过程，但传递方向不同。

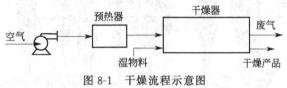

图 8-1　干燥流程示意图

干燥过程进行的必要条件主要有湿物料表面水汽压力大于干燥介质水汽分压和干燥介质将汽化的水汽及时带走。

三、干燥器

1. 干燥器基本要求

干燥器应该具有如下要求：保证干燥产品的质量要求，如含水量、强度、形状等；干燥速率快，干燥时间短，以减小干燥器尺寸，降低能耗，经济合理；干燥器热效率高；干燥系统流体阻力小；操作控制方便。

2. 干燥器类型

干燥器类型较多，可按加工方式、操作压力、操作方式等分类。常用的工业干燥器主要有厢式干燥器、气流干燥器、沸腾床干燥器（图8-2）和喷雾干燥器（图8-3）等。

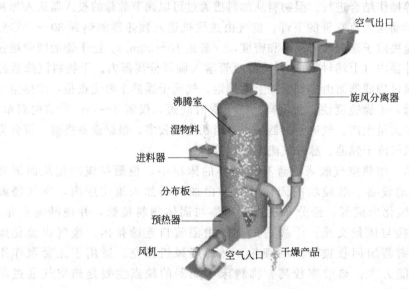

图 8-2　沸腾床干燥器

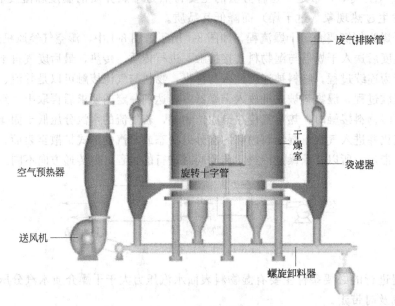

图 8-3 喷雾干燥器

（1）厢式干燥器 厢式干燥器指外形像箱子的间歇式干燥器，其外壁为绝热层。物料装在浅盘里，置于箱内的支架上，层叠放置。物料层的厚度一般为 10～100mm。空气由风机送入，经加热至所需温度，吹过处于静止状态的物料，使物料干燥。热风与物料的相对速度，一般以物料不致被气流带走为限。厢式干燥器的内部结构种类繁多，按热风流动方式可分为：水平气流厢式干燥（热风沿着物料的表面通过）和穿流气流厢式干燥（热风垂直穿过物料层）；也可按盘架的固定方式分为固定支架式和小车移动式；按操作压力可分为常压与真空。

（2）气流干燥器 气流干燥器用于干燥在潮湿状态时仍能在气体中自由流动的颗粒物料。通常与物料的粉碎操作结合进行。湿物料从加料槽通过可以调节数量的投入器送入加料滚筒，借加料滚筒的转动送入直立管的下部。空气由送风机送入预热器加热到 80～90℃ 后吹入直立管，管内流速决定于湿颗粒的大小和密度，一般是 10～20m/s。已干燥的颗粒被强烈的气流一直带到缓冲器内（上端封闭），再沿降落管落入旋风分离器内。干物料沉降后经卸料滚筒排出，废气通过袋滤器而由排气管的上端排走。气流干燥器主要优点是：①热空气与被干燥物料直接接触，干燥速度快，强度高；②干燥时间短，仅需 5～7s；③结构简单，占地面积小；④适用于大量生产。气流干燥器缺点是消耗能量较多。根据设备类型，可分为直管气流干燥器、旋风气流干燥器、脉冲气流干燥器等。

（3）沸腾床干燥器 用热空气鼓入放置有湿物料的床层中，使颗粒流态化从而提高传热系数使物料干燥的设备。散粒状的固体物料，由加料器加入流化床内，空气经鼓风机、加热器后进入流化床底部，经分布板进入床层与固体物料接触，并使其流态化，达到气固两相的热交换与质量交换。干燥后的物料由溢流口连续排出。废气由流化床顶部排出，经旋风分离器组回收被带出的细粉，然后经风机排空。适用于无凝聚作用的散粒状物料，生产能力大；热效率较高。沸腾床干燥器的缺点主要是热空气通过阻力较大，风机能量消耗较大。

第二节 确定干燥过程的物料

 知识与技能

1. 会计算对流干燥过程的物料衡算和热量衡算。
2. 了解对流干燥操作中选择介质和流动方式以及确定介质进出口温度和湿度的方法。

干燥过程的实质是物料中被除去的水分从固相转移到气相中。在对流干燥过程中，干燥介质热气体将热能传至物料表面，再由物料表面传至物料内部，这是一个传热过程；水分从物料内部以液态或气态扩散，透过物料表面，然后水汽通过物料表面的气膜而扩散到热气流的主体，这是一个传质过程。因此，固体物料对流干燥是一种热、质同时传递的过程。

一、干燥过程物料衡算

1. 湿度

（1）湿度　湿度表明空气中的含水量，即湿空气中所含水蒸气的质量与绝干空气质量之比，常用 H 表示，即

$$H = \frac{Mn}{M_a n_a} \tag{8-4}$$

式中　M_a——干空气的摩尔质量，kg/kmol；

M——水蒸气的摩尔质量，kg/kmol；

n_a——干空气的物质的量，kmol；

n——湿空气中水蒸气的物质的量，kmol。

湿度也可用分压比表示，湿空气总压 P 等于干空气的分压 p_a 和水蒸气分压 p 之和。所以总压一定时，空气中水蒸气压越大，则空气中水蒸气含量也越大。式（8-4）用分压则表示为

$$H = 0.622 \frac{p}{P-p} \tag{8-5}$$

若湿空气中水蒸气分压恰好等于该温度下水的饱和蒸汽压 p_s，则此时的湿度为在该温度下空气的最大湿度，称为饱和湿度，以 H_s 表示。

$$H_s = 0.622 \frac{p_s}{P-p_s} \tag{8-6}$$

（2）相对湿度　当总压一定时，湿空气中水蒸气分压 p 与一定总压下空气中水汽分压可能达到的最大值之比的百分数，称为相对湿度。定义式如下：

$$\varphi = \frac{p}{p_s} \times 100\% \tag{8-7}$$

相对湿度表明了湿空气的不饱和程度，反映了湿空气吸收水汽的能力。当 $\varphi=100\%$，表示空气已被水蒸气饱和，不能再吸收水汽，已无干燥能力。φ 愈小，表示湿空气偏离饱和程度愈远，干燥能力愈大。

2. 干燥过程的物料衡算

干燥过程的物料衡算如图 8-4 所示。

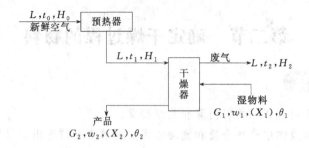

图 8-4 干燥过程的物料衡算

在干燥过程中，湿物料的含水量逐渐减小而绝干物料量不会改变。对图 8-4 干燥过程进行物料衡算，相关物理量含义如下。

L：绝干空气流量，kg 干气/h；

G_1、G_2：进、出干燥器的湿物料量，kg 湿料/h；

G_c：湿物料中绝干物料量，kg 干料/h；

X_1、X_2：湿物料进出干燥器时的干基含水量，kg 水/kg 绝干物料；

w_1、w_2：湿物料进出干燥器时的湿基含水量，kg 水/kg 绝干物料。

如果在干燥器中无物料损失，通过干燥过程的物料衡算，可确定出将湿物料干燥到指定的含水量所需除去的水分量及所需的空气量。

(1) 水分蒸发量　通过干燥器的湿空气中绝干空气量是不变的，又因为湿物料中蒸发出的水分被空气带走，故湿物料中水分的减少量等于湿物料中水分汽化量等于湿空气中水分增加量，即

$$G_1 w_1 - G_2 w_2 = G_c(X_1 - X_2) = W \tag{8-8}$$

式中，W 为水分蒸发量，$W = G_1 - G_2 = G_1 \dfrac{w_1 - w_2}{1 - w_2} = G_2 \dfrac{w_1 - w_2}{1 - w_1}$。

(2) 干空气用量　干燥过程中，干燥所消耗的干空气量，根据 $G_c X_1 + L H_1 = G_2 X_2 + L H_2$ 可得

$$L = \dfrac{W}{H_2 - H_1} \tag{8-9}$$

这样，蒸发 1kg 的水分所消耗的干空气的量为

$$l = \dfrac{1}{H_2 - H_1} \tag{8-10}$$

式中，l 为单位空气消耗量，kg 干空气/kg 水。

因为空气在预热器中为等湿加热（$H_0 = H_1$），所以 $l = \dfrac{1}{H_2 - H_1} = \dfrac{1}{H_2 - H_0}$。

由于 l 只与空气的初、终湿度有关，而与路径无关，是状态函数。所以湿空气的体积 (V_s) 可由干空气的质量流量 (L) 与湿容积 (v_H) 的乘积求得，即

$$V_s = L v_H \tag{8-11}$$

式中，v_H 为湿容积，又称为湿空气比容，即湿空气温度为 t，湿度为 H，总压为 P 时，每单位质量绝干空气中所具有的空气和水蒸气的总体积，m³ 湿空气/kg 干空气。

$$v_H = v_g + v_w H = (0.773 + 1.244 H) \dfrac{273 + t}{273} \times \dfrac{101.3 \times 10^2}{P} \tag{8-12}$$

由式 (8-12) 可知，湿比容随其温度和湿度的增加而增大。

二、干燥过程热量衡算

通过干燥器的热量衡算,可以确定物料干燥所消耗的热量或干燥器排出空气的状态。热量衡算是计算空气预热器和加热器传热面积、加热剂用量、干燥器尺寸或热效率的重要依据。

1. 湿空气比热容和焓

(1) 湿空气比热容　将1kg 干空气和其所带的 H(kg)水蒸气的温度升高 1℃所需的热量,简称湿热,用 c_H 表示。

$$c_H = c_a + c_v H \tag{8-13}$$

式中　c_a——干空气比热容,其值约为 1.01kJ/(kg 干空气·℃);

c_v——水蒸气比热容,其值约为 1.88kJ/(kg 干空气·℃)。

所以,式(8-13)可简化为 $c_H = 1.01 + 1.88H$,即 c_H 仅随空气湿度的变化而变化。

(2) 湿空气的焓　湿空气的焓指温度为 t、湿度为 H 时,以 1kg 绝干空气为基准的湿空气的焓 (I_H),即

$$I_H = I_a + IH \tag{8-14}$$

式中　I_a——绝干空气的焓,kJ/kg 干空气。

I——水蒸气的焓,kJ/kg 水汽。

2. 热量衡算

干燥器的热量衡算如图 8-5 所示。假设温度为 t_0,湿度为 H_0,焓为 I_0 的新鲜空气,经加热后温度、湿度、焓分别为 t_1、H_1、I_1,进入干燥器与湿物料接触,增湿降温,离开干燥器时温度、湿度、焓分别为 t_2、H_2、I_2,固体物料进、出干燥器的流量为 G_1、G_2,温度为 θ_1、θ_2,含水量为 X_1、X_2。图 8-5 中,整个干燥过程外加热量有预热器(加入热量 Q_p)和干燥器(加入热量 Q_d),外加总热量 $Q = Q_p + Q_d$。将 Q 折合为汽化 1kg 水分所需热量 $q = \dfrac{Q}{W} = \dfrac{Q_p + Q_d}{W} = q_p + q_d$。

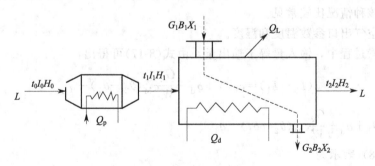

图 8-5　干燥器的热量衡算

当干燥过程达稳定后,若忽略热损失,则

$$q_p = \frac{Q_p}{W} = \frac{L(I_1 - I_0)}{W} = l(I_1 - I_0) \tag{8-15}$$

(1) 输入热量　输入热量主要包括湿物料带入热量、新鲜空气带入热量 $\left(\dfrac{LI_1}{W} = lI_1\right)$ 和干燥器补充热量 $\left(q_d = \dfrac{Q_d}{W}\right)$ 三部分,其中湿物料带入热量为

$$q'_M = \frac{G_2}{W}c_M\theta_1 + c_w\theta_1 \tag{8-16}$$

式中 c_M——干燥后物料比热容，kJ/(kg 湿料·℃)，$c_M = w_2 c_w + (1-w_2)c_s$；
c_w——水的比热容，kJ/(kg 水·℃)；
c_s——绝干物料比热容，kJ/(kg 干料·℃)。

(2) 输出热量 输出热量主要包括干物料带出热量（$\frac{G_2 c_M Q_2}{W}$）、废气带出热量（lI_2）和热损失（q_L）三部分。

在稳定干燥过程中，输入量等于输出量，则干燥器热量衡算式为

$$q_d = l(I_2 - I_1) + \frac{G_2}{W}c_M(\theta_2 - \theta_1) + q_L - c_w\theta_1 \tag{8-17}$$

三、干燥器出口状态参数的确定

通过物料衡算式及热量衡算式可计算出口参数，但必须知道空气进、出干燥器的状态参数。当空气通过预热器时，其状态变化较简单，即 H 不变，t 升高，预热后的空气状态由工艺条件确定。一般情况下，空气出预热器状态即进入干燥器状态，也就是空气进干燥器的状态可确定，但空气通过干燥器时，空气和物料间进行传热和传质，加上其它外加热量的影响，使干燥器出口状态的确定较困难，依干燥过程中空气焓的变化，分为等焓和非等焓干燥过程。

1. 等焓干燥过程

等焓干燥过程是指干燥在绝热情况下进行，空气进出干燥器的焓值不变，即 $I_1 = I_2$。等焓干燥过程也称为理想干燥过程或绝热干燥过程。

等焓干燥过程有以下两种情况：
(1) 整个干燥过程无热损失、湿物料不升温、干燥器不补充热量、湿物料中汽化水分带入的热量很少。
(2) 干燥过程中湿物料中水分带入的热量及补充的热量刚好与热损失及升温物料所需的热量相抵消。该种情况比较常见。

下面推导空气出口参数温度和湿度。
在稳定干燥过程中，输入量等于输出量，由式(8-17)可得出

$$l(I_2 - I_1) = c_w\theta_1 + q_d - \frac{G_2}{W}c_M(\theta_2 - \theta_1) - q_L \tag{8-18}$$

令 $\Delta = c_w\theta_1 + q_d - \frac{G_2}{W}c_M(\theta_2 - \theta_1) - q_L$

则式 (8-18) 表示为

$$l(I_2 - I_1) = \frac{I_2 - I_1}{H_2 - H_1} = \Delta \tag{8-19}$$

若为等焓过程，则 $I_1 = I_2$，$\Delta = 0$。
即

$$l(I_2 - I_1) = c_w\theta_1 + q_d - \frac{G_2}{W}c_M(\theta_2 - \theta_1) - q_L = 0$$

可通过

$$I_2 = I_1 = (1.01 + 1.88H_2)t_2 + 2492H_2 \tag{8-20}$$

根据式(8-20)可求出 H_2、I_2。

所以只要知道空气出口时的另一独立参数如温度或湿度等，出干燥器状态点就可确定。

2. 实际干燥过程

显然，只有在保温良好的干燥器和湿物料进出干燥器温度相差不大的情况下，才可近似当作等焓过程处理。由于对干燥器的绝热保温很难，因此实际干燥过程是在非绝热情况下进行的，即 $\Delta \neq 0$。当补充的热量大于损失的热量时，$\Delta > 0$。当补充的热量小于损失的热量时，$\Delta < 0$。

四、影响干燥速率因素

1. 干燥速率

干燥速率即指单位时间、单位干燥面积汽化的水分量，用微分式表示如下

$$U = \frac{dW}{A\,d\tau} \tag{8-21}$$

式中　U——干燥速率，$kg/(m^2 \cdot s)$；
　　　W——物料表面上汽化的水分质量，kg；
　　　A——干燥面积，m^2；
　　　τ——干燥时间，s。

式(8-21)也可写成

$$U = \frac{dW}{A\,d\tau} = \frac{d[G_c(X_1 - X)]}{A\,d\tau} = -\frac{G_c\,dX}{A\,d\tau} \tag{8-22}$$

式中　G_c——绝干物料的质量，kg；
　　　dX——湿物料含水量的增值，kg 水$/kg$ 绝干物料。

由式(8-22)可知，干燥时间与干燥速率成反比。可见，干燥速率直接影响物料干燥所需时间，所以干燥速率是影响干燥操作的重要条件。在其它条件不变的情况下，干燥器的生产能力由干燥速率决定。在绝大多数情况下，针对具体的物料和干燥器，物料的干燥速率仍用试验的方法来确定。一般情况下，试验时空气的温度和湿度等状态参数、流速以及物料接触的方式在整个干燥过程中都保持不变，成为恒定干燥条件。

2. 干燥速率曲线

某物料在恒定干燥条件下干燥，可用实验方法测定干燥速率曲线。图 8-6 为恒定干燥条件下的典型干燥速率曲线。图中纵坐标为干燥速率，横坐标是物料的干基含水量。从干燥过程来看，干燥过程主要分为两个部分，一是等速干燥，二是降速干燥。

AB 段：A 点代表时间为零时的情况，AB 为湿物料不稳定的加热过程，在该过程中，物料的含水量及其表面温度均随时间而变化。物料含水量由初始含水量降至与 B 点相应的含水量，而温度则由初始温度升高（或降低）至与空气的湿球温度相等的温度。一般该过程的时间很短，在分析干燥过程中常可忽略，将其作为恒速干燥的一部分。

BC 段：在 BC 段内干燥速率保持恒定，称为恒速干燥阶段。在该阶段：湿物料表面温度为空气的湿球温度 t_w。

C 点：由恒速阶段转为降速阶段的点称为临界点，所对应湿物料的含水量称为临界含水量，用 X_c 表示。临界含水量与湿物料的性质及干燥条件有关。

CDE 段：随着物料含水量的减少，干燥速率下降，CDE 段称为降速干燥阶段。干燥速率主要取决于水分在物料内部的迁移速率。不同类型物料结构不同，降速阶段速率曲线的形状不同。某些湿物料干燥时，干燥曲线的降速段中有一转折点 D，把降速段分为

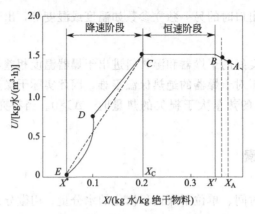

图 8-6 恒定干燥条件下的典型干燥速率曲线

第一降速阶段和第二降速阶段。D 点称为第二临界点。但也有一些湿物料在干燥时不出现转折点,整个降速阶段形成了一个平滑曲线,如图 8-6 中 CE 虚线所示。降速阶段的干燥速率主要与物料本身的性质、结构、形状、尺寸和堆放厚度有关,而与外部的干燥介质流速关系不大。

E 点:E 点的干燥速率为零,X^* 即为操作条件下的平衡含水量。

需要指出的是,干燥曲线或干燥速率曲线是在恒定的空气条件下获得的,对指定的物料,空气的温度、湿度不同,速率曲线的位置也不同。

3. 恒速干燥阶段的干燥速率

恒速干燥的前提条件要求湿物料表面全部润湿,即湿物料水分从物料内部迁移至表面的速率大于水分在表面汽化的速率。若物料最初潮湿,在物料表面附着一层水分,这层水分可认为全部是非结合水分,物料在恒定干燥条件下干燥时,物料表面的状况与湿球温度计湿纱布表面状况相似,物料表面温度 θ 即为 t_w。若维持恒速干燥,必须使物料表面维持润湿状态,水分从湿物料到空气中实际经历两步:首先由物料内部迁移至表面,然后再从表面汽化到空气中。若水分由物料内部迁移至表面的速率大于或等于水分从表面汽化的速率,则物料表面保持完全润湿。由于此阶段汽化的是非结合水分,故恒速干燥阶段的干燥速率的大小取决于物料表面水分的汽化速率。因此,恒速干燥阶段又可称为表面控制阶段。

恒定干燥条件下,恒速干燥速率为

$$U = \frac{\alpha}{r_w}(t - t_w) = k_H(H_w - H) \tag{8-23}$$

式中 t——湿物料温度;
t_w——湿物料表面温度;
H_w——湿物料表面湿度;
H——湿空气湿度。

此时恒速干燥的干燥速率是一个常数,物料表面温度为 t_w,在该阶段除去的水分为非结合水分,干燥速率只与空气的状态有关,而与物料的种类无关。

4. 降速干燥阶段

到达临界点以后,即进入降速干燥阶段,此阶段分为两个过程:

(1) 实际汽化表面减小 随着干燥过程的进行,物料内部水分迁移到表面的速率已经小于表面水分的汽化速率。物料表面不能再维持全部润湿,而出现部分"干区",即实际汽化表面减少。因此，以物料总面积为基准的干燥速率下降。去除的水分为结合、非结合水分。

(2) 汽化面内移　当物料全部表面都成为干区后，水分的汽化面逐渐向物料内部移动，传热是由空气穿过干料到汽化表面，汽化的水分又从湿表面穿过干料到空气中，降速干燥阶段又称为物料内部迁移控制阶段。显然，固体内部的热、质传递途径加长，阻力加大，造成干燥速率下降。即为图中的 DE 段，直至平衡水分 X^*。在此过程，空气传给湿物料的热量大于水分汽化所需要的热量，故物料表面的温度升高。

降速干燥阶段随着干燥时间的延长，干基含水量 X 减小，干燥速率降低；物料表面温度大于湿球温度；除去的水分为非结合、结合水分；降速干燥阶段的干燥速率与物料种类、结构、形状及尺寸有关，而与空气状态关系不大。

5. 影响干燥速率的因素

影响干燥速率的因素主要有：物料的自身性质、物料的含水特性、干燥条件、干燥的操作水平和临界湿度。

(1) 物料的性质与形状　湿物料的物理结构、化学组成、形状和大小，物料层的厚薄、温度、含水率及水分的结合方式等都影响干燥速率。

(2) 干燥介质的温度与湿度　介质的温度越高，湿度越低，干燥速率越大。温度与相对湿度相比，温度是主导因素。

(3) 干燥介质的流速和流向　在干燥开始阶段，提高气流速度可加速物料表面的水分汽化蒸发，干燥速度也随之增大；而当干燥进入内部水分汽化阶段，则影响不大。

(4) 干燥器的结构　以上各因素都和干燥器的结构有关，许多新型的干燥器就是针对上述某些因素而设计的。

五、干燥器热效率

1. 定义

干燥器的热效率是干燥器操作性能的一个重要指标，定义如下

$$\eta = \frac{\text{汽化湿物料中 1kg 水分所需的热量}}{\text{汽化湿物料中 1kg 水分外界所需补充的热量}} = \frac{q'}{q} \times 100\% \tag{8-24}$$

热效率高，表明热的利用程度好，操作费用低，同时可合理利用能源，使产品成本降低。因此，在操作过程中，希望获得尽可能高的热效率。

2. 提高热效率的途径

在空气流中放置一支普通温度计，所测得空气的温度为 t，相对于湿球温度而言，此温度称为空气的干球温度。湿球温度是指用水润湿纱布包裹温度计的感湿球，即成为一湿球温度计。将它置于一定温度和湿度的流动的空气中，达到稳态时所测得的温度称为空气的湿球温度，以 t_w 表示。下面以图 8-5 干燥器的热量衡算为例，讨论提高热效应的途径。

(1) 当 t_0、t_1 一定时，如果 t_2 下降，提高热效率。H_2 升高，热效率升高。但 t_2 下降，传热推动力 t_2-t_w 下降，传质推动力 H_w-H 下降。因此在设计时规定：t_2 要比热空气进入干燥器时的湿球温度 t_w 高 20~50℃。

(2) 当 t_0、t_2 一定时，如果 t_1 升高，提高热效率。提高空气的预热温度，可提高热效率。空气预热温度高，单位质量干空气携带的热量多，干燥过程所需要的空气量少，废气带走的热量相应减少，故热效率得以提高。但是，空气的预热温度应以湿物料不致在高温下受热破坏为限。对不能经受高温的材料，采用中间加热的方式，即在干燥器内设置一个或多个中间加热器，往往可提高热效率。

在操作过程中，都要尽量利用废气中的热量。如用废气预热冷空气或湿物料，减少设备和管道的热损失，都有助于热效率的提高。

例 8-1 某化工厂一干燥器的生产能力为1000kg/h，物料从含水量2%干燥至含水量0.2%（均为湿基）。已知生产车间的气温为22℃，相对湿度为60%；空气离开干燥器时的温度为40℃，相对湿度为75%。

求：（1）水分蒸发量W；
（2）空气消耗量L，单位空气消耗量l；
（3）风机风量V_s。

解：（1）水分蒸发量W

$$W = G(w_1 - w_2)/(1 - w_1) = 1000 \times (0.02 - 0.002)/(1 - 0.02) = 18.37 (\text{kg 水/h})$$

（2）空气消耗量L

由湿空气的t-H图查得，$t_1 = 22℃$、$\phi_1 = 60\%$时，$H_1 = 0.01$kg 水汽/kg 干空气
$t_2 = 40℃$、$\phi_2 = 75\%$时，$H_2 = 0.036$kg 水汽/kg 干空气

$$L = \frac{W}{H_2 - H_1} = \frac{18.37}{0.036 - 0.01} = 706.54 (\text{kg 干空气/h})$$

$$l = \frac{1}{H_2 - H_1} = \frac{1}{0.036 - 0.01} = 38.46 (\text{kg 干空气/kg 水})$$

（3）风机风量V_s

$$V_s = L v_H = L(0.773 + 1.244 H_1)\frac{273 + t}{273}$$

$$= 706.5 \times (0.773 + 1.244 \times 0.009)\frac{273 + 20}{273} = 594.65 (\text{m}^3/\text{h})$$

测定干燥速率曲线

1. 实训目的

(1) 掌握干燥曲线和干燥速率曲线的测定方法。
(2) 学习物料含水量的测定方法。
(3) 学习恒速干燥阶段物料与空气之间对流传热系数的测定方法。

2. 实训内容

(1) 每组在某固定的空气流量和某固定的空气温度下测量一种物料干燥曲线、干燥速率曲线和临界含水量。
(2) 测定恒速干燥阶段物料与空气之间对流传热系数。

3. 实训装置及参数设置

(1) 实训装置如图8-7所示。
(2) 部分实训参数设置如图8-8所示。

4. 实训操作

详见仿真软件操作指导。

第八章 干燥

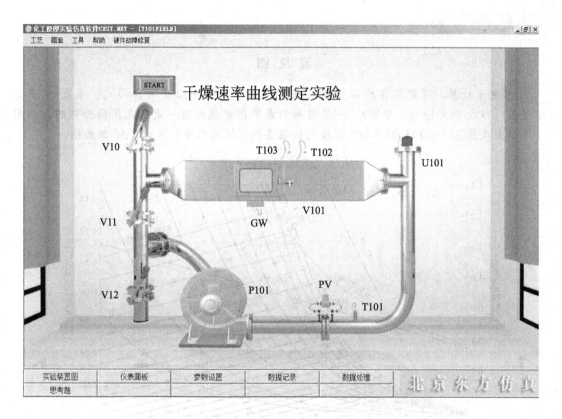

图 8-7 干燥速率曲线测定装置

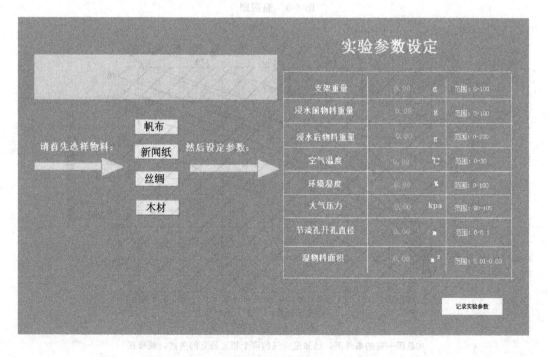

图 8-8 参数设置

湿 度 图

为了便于计算,将空气各种性质标绘在湿度图中。湿度图有两种形式:温度-湿度图(温湿图)和焓-湿度图(焓湿图)。一般常用的湿度图都是针对一定的总压而绘制的。如图 8-9 所示为在总压 $P=101.3 \text{kN/m}^2$ 下绘制的温湿图(低温部分)和图 8-10 焓湿图。

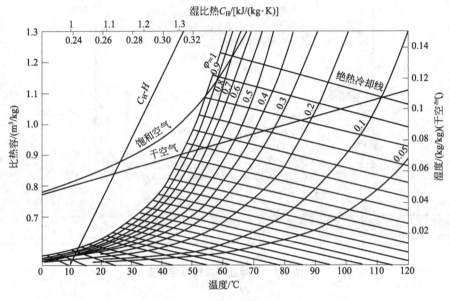

图 8-9 温湿图

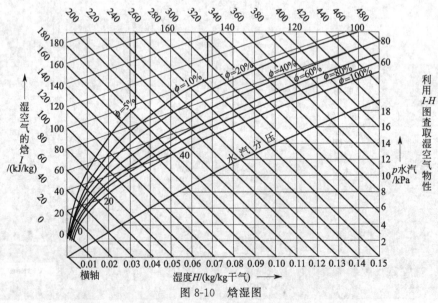

图 8-10 焓湿图

在总压一定的条件下,已知湿空气的两个相互独立的参数,就可在 $I\text{-}H$ 图上定出状态点 A,并通过 A 点查取湿空气其它性质。

湿度图中的任何一点都代表某一确定的湿空气性质和状态，只要依据任意两个独立性质参数，即可在 t-H（或 I-H）图中找到代表该空气状态的相应点，于是其它性质参数便可由该点查得。

巩固练习

一、填空题

1. 理论干燥过程是指_____。
2. 离开干燥器的湿空气温度 t_2 比绝热饱和温度_____，目的是_____。
3. 物料中的水分与空气达到平衡时，物料表面所产生的水蒸气分压与空气中水蒸气分压_____。
4. 非吸水性物料，如黄沙、瓷土等平衡水分接近于_____。
5. 恒定干燥条件是指_____以及_____都不变。

二、选择题

1. 当空气的相对湿度 $\phi=60\%$ 时，则其三个温度、t（干球温度）、t_w（湿球温度）、t_d（露点）之间的关系为（　　）。
    A. $t=t_w=t_d$ B. $t>t_w>t_d$ C. $t<t_w<t_d$ D. $t>t_w=t_d$
2. 物料的平衡水分一定是（　　）。
    A. 结合水分   B. 非结合水分   C. 临界水分   D. 自由水分
3. 同一物料，如恒速阶段的干燥速率加快，则该物料的临界含水量将（　　）。
    A. 不变   B. 减少   C. 增大   D. 不一定
4. 利用空气作为介质干燥热敏性物料，且干燥处于降速阶段，欲缩短干燥时间，则可采取的最有效措施是（　　）。
    A. 提高干燥介质的温度   B. 增大干燥面积，减薄物料厚度
    C. 降低干燥介质相对湿度   D. 提高空气的流速
5. 在恒定条件下干燥某种湿物料，则（1）临界含水量是结合水与非结合水的分界点；（2）平衡水分是区分可除去水分与不可除去水分的分界点。正确的结论是（　　）。
    A. 两种提法都对   B. 两种提法都不对
    C. （1）对，（2）不对   D. （2）对，（1）不对
6. 在下列条件下可以接近恒定干燥条件。（1）大量的空气干燥少量的湿物料；（2）工业上连续操作的干燥过程。正确的判断是（　　）。
    A. 都正确   B. 都不正确
    C. （1）对，（2）不对   D. （2）对，（1）不对

三、判断题

1. 湿球温度和绝热饱和温度与水的初温高低有关。　　　　　　　　　　　　　　（　　）
2. 临界含水量是区分结合水分与非结合水分的分界点。　　　　　　　　　　　　（　　）
3. 含结合水分为主的物质，为了加快干燥，可采取增加空气流速的办法。　　　　（　　）
4. 任何湿物料只要与一定温度的空气相接触都能被干燥为绝干物料。　　　　　　（　　）

四、简答题

1. 何谓干燥速率？

2. 干燥过程分为哪几个阶段？各受什么控制？

五、计算题

1. 在密闭的容器内，盛有温度为 20℃，总压为 101.3kPa，湿度为 0.01kg 水/kg 干空气的湿空气。水蒸气的饱和蒸汽压为 2.338kPa。试求：（1）该空气的相对湿度及容纳水分的最大能力为多少？（2）若容器内压入温度为 20℃ 的干空气，使总压上升为 303.9kPa。该空气的相对湿度及容纳水分的最大能力为多少？

2. 在常压连续理想干燥器中，用通风机将空气送至预热器，经 120℃ 饱和蒸汽加热后进入干燥器以干燥某种湿物料，已知空气的状态为：$t_0=15℃$，水蒸气分压 $p_0=1.175\text{kPa}$，$t_1=90℃$，$t_2=50℃$。物料的状态为：$X_1=0.15\text{kg}$ 水/kg 绝干料，$X_2=0.01\text{kg}$ 水/kg 绝干料。干燥器的生产能力为 $G_2=250\text{kg/h}$。预热器的总传热系数 $K=500\text{W}/(\text{m}^2\cdot℃)$。试求通风机的送风量和预热器的传热面积。

第九章 萃 取

萃取通常是指原先溶于某相的一种或几种物质，与另一相接触后，通过物理或化学过程，部分或几乎全部转入另一相的过程。就广义而言，萃取可分为液相到液相、固相到液相、气相到液相三种过程。但通常所说的"萃取"指的是液液萃取过程，即溶剂萃取过程。液液萃取很早就作为一种基本的分离手段。无机物质的萃取开始于19世纪。1891年Nernst提出了著名的Nernst分配定律。1892年Rothe和Hanroit成功地使用乙醚从浓盐酸中萃取出了三氯化铁。20世纪20年代以后，有机螯合剂开始应用于金属离子的溶剂萃取中，使各种金属离子的溶剂萃取有较为迅速的发展。20世纪50年代初，随着原子能科学技术的发展，进一步推动了溶剂萃取的蓬勃发展，寻找各种选择性高的新萃取剂更引起人们的浓厚兴趣。目前萃取剂的种类十分繁多，而且已对周期表中94个元素的萃取性能进行过研究。随着石油工业的发展，液液萃取已广泛应用于分离和提纯各种有机物质，轻油裂解和铂重整产生的芳烃混合物的分离就是其中的一例。本章就是在认识萃取设备的基础上，进一步了解萃取工艺流程及简单的计算。

第一节 认识萃取设备

知识与技能

1. 了解萃取操作的特点与分类。
2. 了解萃取设备的种类与结构。

萃取设备是用于萃取操作的传质设备，能够实现料液所含组分的完善分离。在液液萃取过程中，要求在萃取设备内能使两相密切接触并伴有较高程度的湍动，以实现两相之间的质量传递；而后，又能较快地分离。但是，由于液液萃取中两相间的密度差较小，实现两相的密切接触和快速分离要比气液系统困难得多。为了适应这种特点，出现了多种萃取设备。

一、萃取

1. 萃取操作中的常用名词

被萃物：发生传质变化的单质或化合物。

萃取剂：能与被萃物结合的有机溶剂。

萃合物：被萃物与萃取剂结合的化合物。

反萃剂：用反萃取剂使被萃取物从负载有机相返回原相的过程。为萃取的逆过程。

萃洗液：能洗去萃取液中的杂质而又不能使萃取物分离出来的溶液。

萃余液：萃取后残余的原相，一般指多次连续萃取后残余的原相。

共萃取：由于 A 元素的存在使 B 元素的萃取分配比有显著提高的，称为共萃取。

2. 萃取操作特点

图 9-1 是萃取操作基本流程：将一定的溶剂加到被分离的混合物中，采取措施（如搅拌）使原料液和萃取剂充分混合，因溶质在两相间不呈平衡，溶质在萃取相中的平衡浓度高于实际浓度，溶质从混合液相扩散出来，与混合中的其它组分分离。

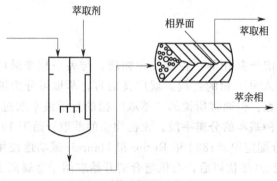

图 9-1 萃取操作基本流程

用萃取法分离液体混合物时，混合液中的溶质既可以是挥发性物质，也可以是非挥发性物质（如无机盐类）。当分离挥发性混合物时，与精馏比较，整个萃取过程比较复杂，譬如萃取相中萃取剂的回收往往还要应用精馏操作。但萃取过程本身具有常温操作、无相变以及选择适当溶剂可以获得较高分离系数等优点，在很多情况下，仍显示出技术经济上的优势。一般来说，在以下几种情况下采取萃取过程较为有利：

（1）溶液中各组分的沸点非常接近，或者说组分之间的相对挥发度接近于一。

（2）混合液中的组成能形成恒沸物，用一般的精馏不能得到所需的纯度。

（3）混合液要回收的组分是热敏性物质，受热易于分解、聚合或发生其它化学变化。

（4）需分离的组分浓度很低且沸点比稀释剂高，用精馏方法需蒸馏出大量稀释剂，耗能量很多。

当分离溶液中的非挥发性物质时，与吸附离子交换等方法进行比较，萃取过程处理的是两流体，操作比较方便，常常是优先考虑的方法。

3. 萃取分类

（1）物理萃取法　物理萃取是利用溶质在两种互不相溶的液相中不同的分配关系从而达到分离的目的。物理萃取法是根据"相似相溶"的原理选择萃取剂。例如，超临界流体萃取。它以高压、高密度的超临界流体为萃取剂，从液体或固体中提取高沸点或热敏性的有用成分，以达到分离或纯化的目的。与一般的萃取操作相比较，它们同时加入溶剂，在不同的相之间完成传质分离。不同之处在于，超临界流体萃取中，萃取剂是超临界状态下的流体，具有气体和液体之间的一些特征，且对许多物质有很强的溶解能力，分离速率比液液萃取快，可以实现高效的分离过程。从 20 世纪 60 年代开始工业应用研究，现在，超临界流体萃取已成为新型萃取分离技术，应用于食品、制药、化工、能源、香精香料等工业部门。

（2）化学萃取法　若在萃取过程中，伴有溶质与萃取剂之间的化学反应，则称此类过程为伴有化学反应的萃取，简称化学萃取，又称反应萃取。化学萃取主要应用于金属的提取与分离。例如，络合反应。它是指以中性分子存在的溶质和萃取剂，通过络合结合成中性溶剂络合物，并进入有机相。典型的络合萃取有在湿法核燃料处理工艺中用磷酸三丁酯（TBP）

萃取硝酸铀酰。络合萃取法在分离极性有机稀溶液（如废水脱酚及乙酸稀水溶液分离）中以高效性和高选择性而显示突出的优点。

二、萃取设备

萃取设备根据不同分类可以有多种方式，举例如下。

1. 根据操作方式分类

萃取设备根据操作方式分为两大类：逐级接触式萃取设备和连续接触式萃取设备。前者由一系列独立的接触级所组成，萃取槽（混合澄清槽）就是其中典型的一种。两相在这类设备的混合室中充分混合，传质过程接近平衡，再进入另一个澄清区进行两相的分离。然后它们分别进入邻近的级，实现多级逆流操作。在连续接触式萃取设备中，两相在连续逆流流动过程中接触并进行传质。两相浓度连续地发生变化，但并不达到真正的平衡。各种柱式萃取设备大多数属于这一类。

2. 根据萃取相流动方式分类

萃取设备可以根据所采用的两相混合或产生逆流的方法进行分类，即借重力产生逆流的萃取设备和借离心力产生逆流的萃取设备等。例如喷淋柱、填料柱就是利用重力，即两相的密度差来达到混合和逆流流动。

3. 根据萃取设备结构分类

萃取设备根据设备结构可分为三类：混合澄清器、萃取塔和离心萃取机。

（1）混合澄清器　由混合室和澄清室两部分组成，属于分级接触传质设备。混合室中装有搅拌器，用以促进液滴破碎和均匀混合。有些搅拌器能从其下方抽汲重相，借此保证重相在级间流转。澄清室是水平截面积较大的空室，有时装有导板和丝网，用以加速液滴的凝聚分层。根据分离要求，混合澄清器可以单级使用，也可以组成级联。当级联逆流操作时，料液和萃取剂分别加到级联两端的级中，萃余液和萃取液则在相反位置的级中导出。混合澄清器结构简单，级效率高，能够适应各种生产规模，但投资和运转费用较大。见图 9-2。

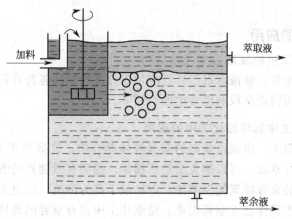

图 9-2　混合澄清器

（2）萃取塔　用于萃取的塔设备，有填充塔、筛板塔、转盘塔、脉动塔和振动板塔等。塔体都是直立圆筒。轻相自塔底进入，由塔顶溢出；重相自塔顶加入，由塔底导出；两者在塔内作逆向流动。除筛板塔外，各种萃取塔大都属于微分接触传质设备。塔的中部是工作段，两端是分离段，分别用于分散相液滴的凝聚分层，以及连续相夹带的微细液滴的沉降分离。在萃取用的填充塔和筛板塔中，液体依靠自身的能量进行分散和混合，因而设备效能较低，只用于容易萃取或要求不高的场合。

常用的萃取塔型有：

① 转盘塔　在工作段中，等距离安装一组环板，把工作段分隔成一系列小室，每室中心有一旋转的圆盘作为搅拌器。这些圆盘安装在位于塔中心的主轴上，由塔外的机械装置带动旋转。转盘塔结构简单，处理能力大，有相当高的分离效能，广泛应用于石油炼制工业和石油化工中。

② 脉动塔　在工作段中装置成组筛板（无溢流管的）或填料。由脉动装置产生的脉动液流，通过管道引入塔底，使全塔液体作往复脉动。脉动液流在筛板或填料间作高速相对运动产生涡流，促使液滴细碎和均布。脉动塔能达到更高的分离效能，但处理量较小，常用于核燃料及稀有元素工厂。

③ 振动板塔　将筛板连成串，由装于塔顶上方的机械装置带动，在垂直方向作往复运动，借此搅动液流，起着类似于脉动塔中的搅拌作用。

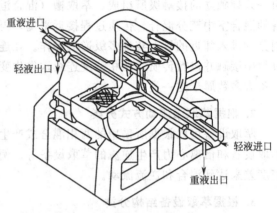

图 9-3　波德比尔涅克式离心萃取机

（3）离心萃取机　利用离心力加速液滴的沉降分层，所以允许加剧搅拌使液滴细碎，从而强化萃取操作。离心萃取机有分级接触和微分接触两类。前者在离心分离机内加上搅拌装置，形成单级或多级的离心萃取机，有路维斯塔式和圆筒式离心萃取机。后者的转鼓内装有多层同心圆筒，筒壁开孔，使液体兼有膜状与滴状分散，如波德比尔涅克式离心萃取机（图 9-3）。离心萃取机特别适用于两相密度差很小或易乳化的物系，由于物料在机内的停留时间很短，因而也适用于化学和物理性质不稳定的物质的萃取。

三、萃取在工业中的应用

1. 萃取在石油化工中的应用

随着石油工业的发展，液液萃取已广泛应用于分离和提纯各种有机物质。常见的有：用脂类溶剂萃取乙酸；用丙烷萃取润滑油中的石蜡等。

2. 萃取在生物化工中和精细化工中的应用

在生化制药的过程中，生成很复杂的有机液体混合物。这些物质大多为热敏性混合物，若选择适当的溶剂进行萃取，可以避免受热所损坏，提高有效物质的收率。例如青霉素的生产，用玉米发酵得到的含青霉素的发酵液，以乙酸丁酯为溶剂，经过多次萃取得到青霉素的浓溶液。可以说，萃取操作已在制药工业、精细化工中占有重要的地位。

3. 萃取在湿法冶金中的应用

20 世纪 40 年代以来，由于原子能工业的广泛发展，大量的研究工作集中于铀、钍等金属提炼，萃取几乎完全代替了传统的化学沉淀法。近 20 年来，由于有色金属使用量的剧增，而开采的矿石的品位的逐年降低，促使萃取法在这一领域迅速发展起来。目前认为只要价格与铜相当或超过铜的有色金属，如钴、镍、锆等，都应优先考虑溶剂萃取法。有色金属已逐渐成为溶剂萃取应用的领域。

 技能运用

组织学生到企业参观萃取工艺流程以及了解萃取器的结构分类等。

溶剂萃取新技术

1. 液相微萃取

液相微萃取（liquid phase micro extraction，LPME）也称溶剂微萃取（solvent micro extraction，SME），它结合了液液萃取和固相微萃取的优点，在样品前处理方面具有重要价值。液相微萃取只需极少量的有机溶剂，装置简单，操作简便，成本低。LPME技术适合于萃取在水溶液中溶解度小、含有酸性或碱性官能团的萃取物。

2. 微波辅助溶剂萃取

微波辅助溶剂萃取（microwave assisted solvent extraction，MASE）也称微波辅助萃取或微波萃取，是一种从固体样品中萃取目标组分的新技术。目前在土壤、食品、中草药等样品前处理中得到了广泛的应用。微波是指波长在1mm～1m范围内（300～300000MHz）的电磁波。为防止民用微波对通信广播和军用雷达等的干扰，国际上规定了民用微波的四个使用波段L（890～940MHz）、S（2400～2500MHz）、C（5725～5875MHz）和K（22000～22250MHz）。目前，915MHz和2450MHz两个频率已广泛用于微波加热。

（1）微波辅助萃取定义　微波辅助萃取是指利用微波加热来加速溶剂对固体样品中萃取物萃取的方法。传统的加热萃取是以热传导、热辐射等方式将热量由外向里传送，称为外加热；而微波萃取是通过被辐射物质偶极子旋转和离子传导两种方式里外同时加热。

极性分子接受微波辐射的能量后，通过分子偶极以每秒数十亿次的高速旋转产生热效应，这种加热方式称为内加热。与外加热相比，内加热速度快、受热体系温度均匀。微波加热是具有选择性的，在微波场中，吸收微波能力的差异使基体物质中的某些区域和萃取体系中的某些组分被选择性加热，从而使被萃取物质从基体中分离出来，进入到介电常数小、微波吸收能力较低的萃取溶剂中。

微波萃取过程中还存在非热的生物效应，即由于多数生物体内含有大量的极性水分子，在微波场作用下，水分子的强烈极性振荡会导致细胞分子间氢键松弛，细胞膜结构破裂，加速了溶剂分子向基体内部渗透和被萃取物质的溶剂化过程，从而使萃取更加快速和完全。

（2）影响微波辅助萃取的主要工艺条件　影响微波辅助萃取的主要工艺条件主要有：萃取溶剂种类、萃取功率、萃取时间、样品基体性质。萃取溶剂的极性越大，越易于吸收微波能，加热效果越好。溶剂对被萃取物的溶解性质越好，越有利于被萃取物进入溶剂中。

用于微波萃取的溶剂既可以是有机溶剂（如甲醇、丙酮、乙腈、乙酸、正己烷、苯）及其混合物，也可以是无机酸（HCl、HNO_3）。微波萃取过程中水是极性分子，易于吸收微波能，样品中含水是样品内部迅速被加热的主要原因，所以，干燥的样品需先加水润湿后再萃取。如果样品基体中含有强的微波吸收物质，也有利于微波萃取。

3. 超临界流体萃取

(1) 超临界流体萃取定义　超临界流体萃取（supercritical fluid extraction，SFE）是利用超临界条件下的流体作为萃取剂，从液体或固体中萃取出特定成分，以达到某种分离目的的新型提取分离技术。

当物质处于其临界温度（T_c）和临界压力（p_c）以上时，即使继续加压，也不会液化，只是密度增加而已，但它具有类似液体的性质，而且还保留了气体的性能，这种状态的流体被称为超临界流体（supercritical fluid，SCF）。超临界流体具有若干特殊的性质，如表 9-1 所示。

表 9-1　超临界流体物质与普通气体和液体物质基本性质比较

性质	气体（常温常压）	超临界流体（T_c,p_c）	液体（常温常压）
密度/(g/cm³)	0.002～0.006	0.2～0.5	0.6～1.6
黏度/[10^{-5} kg/(m·s)]	1～3	1～3	20～300
自扩散系数/(10^{-4} m²/s)	0.1～0.4	0.7×10^{-3}	$(0.2\sim 2)\times 10^{-5}$

(2) 超临界流体萃取的优点　萃取剂在常温常压下为气体，萃取后可方便地与萃取组分分离；在较低的温度和不太高的压力下操作，特别适合于天然产物的分离；超临界流体的溶解能力可以通过调节温度、压力、引入夹带剂（如醇类）进行调节；可以采用压力梯度和温度梯度来优化萃取条件。高沸点有机物质往往能大量地、有选择性地溶解于超临界流体中，而形成流体相。

(3) 选择超临界流体的一般原则　超临界流体应该化学性质稳定，对设备无腐蚀；临界温度应接近室温或操作温度；操作温度应低于被萃取组分的分解、变质温度；临界压力应较低（降低压缩动力）；对被萃取组分的溶解能力高，以降低萃取剂的消耗；选择性较好，易于得到纯品。

(4) 超临界流体萃取的应用　超临界流体萃取分离法被广泛地用于从各种香料、草本植物、中草药中提取有效成分。如啤酒中常用的酒花中的苦味素；从椰子、花生、大豆及葵花籽中提取植物油等。还可用于除去少量杂质有害成分，如从咖啡豆中除去对人体有害的物质——咖啡因，用二氧化碳作为超临界流体，在 70～90℃，16～27MPa 压力下，可将绿咖啡豆咖啡因的质量分数从 0.7%～3% 降至 0.02%。而使咖啡豆中其它成分不变。也可用于活化或再生各种吸附剂，如活性炭、分子筛等。它还被用于环境污染物的分离富集中，例如用该法萃取土壤、沉积物、大气颗粒物等试样中的多环芳烃、多氯联苯、农药等。

超临界流体萃取能与其它的仪器分析方法联用，从而避免了试样转移时的损失，减少了各种人为的偶然误差，提高了方法的精密度和灵敏度。

第二节　萃取操作过程

知识与技能

1. 理解单级萃取的流程。
2. 学会单级萃取的简单计算。

萃取操作实质是以分配定律为理论基础，由于其自身具有比化学沉淀法分离程度高，比离子交换法选择性好、传质快、比蒸馏法能耗低、生产能力大的特点，与其它分离技术相结合，产生了一系列新型分离技术等优点，目前受到广泛关注。

一、单级萃取操作流程

如图 9-4 所示，将一定量萃取剂加入原料液中，然后加以搅拌使原料液与萃取剂充分混合。搅拌停止后，两液相因密度不同而分层：一层以溶剂 S 为主，并溶有较多的溶质为萃取相，含量以 E 表示；另一层以原溶剂（稀释剂）B 为主，且含有未被萃取完的溶质为萃余相，含量以 R 表示。由上可知，萃取操作并未得到纯净的组分，而是新的混合液萃取相 E 和萃余相 R。通常采用蒸馏或蒸发的方法，有时也可采用结晶等其它方法分离出产品 A。脱除溶剂后的萃取相和萃余相分别称为萃取液和萃余液，以 E' 和 R' 表示。

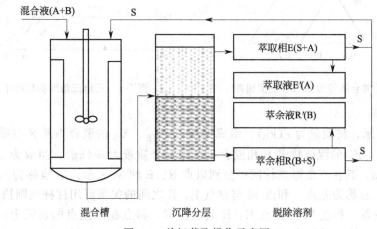

图 9-4 单级萃取操作示意图

二、萃取过程计算原理

1. 物系分类

根据萃取操作中各组分的互溶性，可将三元物系分为以下三种情况，即：

(1) 溶质 A 可完全溶于 B 及 S，B 与 S 不互溶；

(2) 溶质 A 可完全溶于 B 及 S，B 与 S 部分互溶；

(3) 溶质 A 可完全溶于 B，A 与 S 及 B 与 S 部分互溶。

习惯上，将 (1)、(2) 两种情况的物系称为第Ⅰ类物系，而将情况 (3) 的物系称为第Ⅱ类物系。工业上常见的第Ⅰ类物系有丙酮(A)-水(B)-甲基异丁基酮（S）、乙酸(A)-水(B)-苯（S）及丙酮(A)-氯仿(B)-水(S)等；第Ⅱ类物系有甲基环己烷(A)-正庚烷(B)-苯胺(S)、苯乙烯(A)-乙苯(B)-二甘醇(S)等。在萃取操作中，第Ⅰ类物系较为常见，以下内容主要讨论这类物系的相平衡关系。

2. 液液平衡关系

萃取操作混合物组成常用质量分数表示（原则上可用任意单位表示）。液相萃取传质是在两液相之间进行，其极限为相际平衡。假设原料液为二组分（A＋B）体系，萃取剂为纯溶剂（S）。三元混合物的平衡相图常用等边三角坐标或直角三角坐标表示。图 9-5 是三元混合物等边三角形平衡相图。在图中，三角形的三个顶点，分别代表一个相应的纯组分。A 点表示纯 A 组分（溶质）；B 点表示纯 B 组分（溶剂）；S 点表示纯萃取剂。三角形任一边上的点表示相关二元混合物；AB 边以 A 的质量分数作为标度，BS 边以 B 的质量分数作为标度，SA 边以 S 的质量分数作为标度。图中 AB 边上的 E 点，表示 AB 二元混合物。其中，A 的质量分数为 60%；B 的质量分数为 40%。

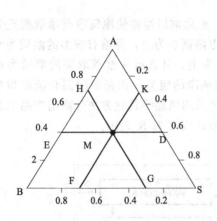 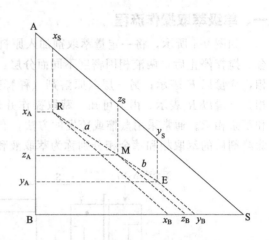

图 9-5 三元混合物等边三角形平衡相图　　　　图 9-6 直角三角形的杠杆平衡相图

3. 杠杆定律

如图 9-6 所示，将质量为 r(kg)、组成为 X_A、X_B、X_S 的混合物系 R 与质量为 e(kg)、组成为 Y_A、Y_B、Y_C 的混合物系 E 相混合，得到一个质量为 m(kg)、组成为 Z_A、Z_B、Z_C 的新混合物系 M，其在三角形坐标图中分别以点 R、E 和 M 表示。M 点称为 R 点与 E 点的和点，R 点与 E 点称为差点。和点 M 与差点 E、R 之间的关系可用杠杆规则描述。

（1）几何关系　和点 M 与差点 E、R 共线。即：和点在两差点的连线上；一个差点在另一差点与和点连线的延长线上。

（2）数量关系　和点与差点的量 m、r、e 与线段长 a、b 之间的关系符合杠杆原理，即：

以 R 为支点可得 m、e 之间的关系

$$ma = e(a+b) \tag{9-1}$$

以 M 为支点可得 r、e 之间的关系

$$ra = eb \tag{9-2}$$

以 E 为支点可得 m、r 之间的关系

$$r(a+b) = mb \tag{9-3}$$

根据杠杆规则，若已知两个差点，则可确定和点；若已知和点和一个差点，可确定另一个差点。

4. 三元混合物组成的确定

如图 9-7 所示，若某三元混合物（A+B+S）位于直角三角形中的某一点 M。过 M 点分别作三角形三边的平行线 ED、KF、HG；则线段 BE（或 SD）、线段 AH（或 SG）、线段 AK（或 BF）分别代表组分 A、B、S 的组成。

A 组分：40%（线段 BE）
B 组分：30%（线段 AH）
S 组分：30%（线段 BF）

5. 溶解度曲线

第 I 类物系的溶解度曲线如图 9-8 所示，可以由若干组平衡的萃取相和萃余相的组成点

连接成线得到。平衡共存的两相连线称为联结线（共轭线）。溶解度曲线下方为两相区，其余为均相区。

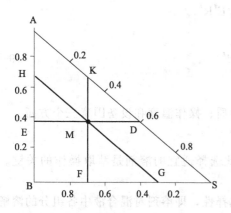

图 9-7 三元混合物直角三角形平衡相图

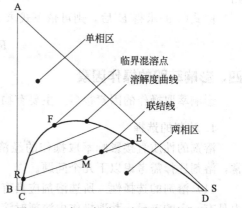

图 9-8 B 与 S 部分互溶时溶解度曲线

三、第 I 类物系的单级萃取计算

根据图 9-9 单级接触萃取操作，采用图解计算步骤如下：

1. 已知的 $X_{F,A}$ 及规定的 X_A

根据已知的 $X_{F,A}$ 及规定的 X_A 在图 9-9 图上确定点 F 及萃余相的组成点 R，过 R 作平衡联结线 RE 与 FS 线交于 M 点，与溶解度曲线交于 E 点。图中 E′ 及 R′ 点为从 E 相及 R 相中脱除全部溶剂后的萃取液及萃余液组成坐标点。各流股组成可从相应点的坐标直接读出。

按杠杆规则可求出 S 的量为

$$S/F = MF/MS \tag{9-4}$$

故

$$S = F \cdot MF/MS$$

式（9-4）中 F 的量为已知，MF 与 MS 两线段长度可从图上量出，则萃取剂的量 S 可由上式求出。

同时 S 的最大值及最小值可由下式求出。

$$S_{min} = F \times \frac{\overline{FG}}{\overline{GS}}$$

$$S_{min} = F \times \frac{\overline{FH}}{\overline{HS}} \tag{9-5}$$

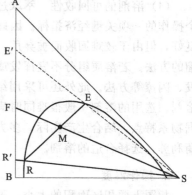

图 9-9 单级萃取流程图图解

2. 求 R、E 及 R′、E′ 的量

连线 SE 并延长与边 AB 相交于 E′ 点，即为萃取液的组成点。萃取相与萃余相的量 E、R 也可由杠杆规则求得

$$E/R = MR/ME \tag{9-6}$$

$$E = R \cdot MR/ME$$

因 $M = S + R$ 为已知，MR 与 ER 两线段长度可从图上量出，故 E 可由上式求得。

依总物料衡算

$$F + S = R + E = M \tag{9-7}$$

则

$$R = M - E \tag{9-8}$$

从萃取相和萃余相中回收萃取剂后所得的萃取液 E′ 和萃余液 R′，其组成点均在三角形

相图的边 AB 上（假定 R′ 与 E′ 中的萃取剂已脱净），故 R′ 与 E′ 的量也可依杠杆规则求得

$$E'/F = FR'/E'R' \tag{9-9}$$

则

$$E' = F \cdot FR'/E'R'$$

由式(9-9)求得 E′ 后，则可依下式求 R′

$$R' = F - E' \tag{9-10}$$

四、影响萃取的操作因素

影响萃取操作的因素很多，主要有物系本身性质、操作温度和设备因素三个方面。

1. 溶剂的选择

溶剂的性质直接影响萃取操作的经济性，因此选择适宜的溶剂是萃取操作的关键。通常，溶剂选择需考虑以下几个问题。

(1) 溶剂的选择性　所选溶剂应具有一定的选择性，即溶剂对混合液中各组分的溶解能力具有一定的差异。萃取操作中溶剂对溶质的溶解度要大，对其它组分的溶解度要小。这种选择性的大小或选择性的优劣通常用选择性系数 β 衡量。选择性系数 β 类似于蒸馏过程的相对挥发度 α，反映了 A、B 组分溶解于溶剂 S 的能力差异。对于萃取操作，β 越大，分离效果越好，应选择 β 远大于 1 的溶剂。

(2) 溶剂容量　萃取容量值限制了溶剂循环量。应选择具有较大萃取容量的溶剂，使过程具有适宜的溶剂循环量，降低过程的操作费用。

(3) 溶剂与原溶剂的互溶度　溶剂与原溶剂的互溶度越小，两相区越大，萃取操作的范围越大。对于 B、S 完全不溶物系，选择性系数达到无穷大，选择性最好，对萃取操作有利。

(4) 溶剂的可回收性　萃取过程溶剂的回收费用是整个操作的一项关键经济指标。因此有些溶剂尽管其它性能良好，但由于较难回收而被弃用。溶剂的回收一般采用蒸馏的方法。若溶质组分不宜挥发或挥发度较低，常采用蒸发、闪蒸等方法。此外还可采用结晶、反萃取等方法脱除溶剂。选用的溶剂一般很难同时满足以上要求，因此应根据物系特点，结合生产实际，多方案比较，充分论证，权衡利弊，选择合适的溶剂。

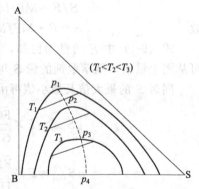

图 9-10　温度对物系平衡线的影响

2. 操作温度

相图上两相区面积的大小，不仅取决于物系本身的性质，而且与操作温度有关。一般情况下，温度升高溶解度增大，温度降低溶解度减小。如图 9-10 所示，两相区的面积随温度升高而缩小。若温度继续上升，两相区就会完全消失，成为一个完全互溶的均相三元物系。此时萃取操作无法进行。

虽然当温度降低时，两相区增加，对萃取有利。但温度降低会使溶液黏度增加，不利于两相间的分散、混合和分离，因此萃取操作温度应作适当的选择。

3. 设备因素

萃取过程中，要求萃取设备能使萃取剂与混合物充分接触，以达到良好的传质目的，而经过一段萃取时间后，又能使萃取相与萃余相很好的分离。显然，萃取设备应具有"充分混

合与完全分离"的能力。

填料萃取塔因构造简单，萃取效果较好，广泛应用于工业生产中。尤其适宜处理腐蚀性液体。筛板萃取塔的萃取效果比填料萃取塔有所提高。转盘萃取塔的萃取效果较好，设备也可以小型化，近年来应用于各种萃取场合。

离心萃取机的结构紧凑，可以节省时间，降低机内储液量，再加上流速高，使得料液在机内的停留时间很短，这在处理热敏性物料时，显得很有成效。但它的构造复杂，制造较困难，投资也较高，加之能量消耗又大，使其推广应用受到一定限制。

例 9-1 用单级接触萃取以 S 为溶剂，由 A、B 溶液中萃取 A 物质。原料液质量为 120kg，其中 A 的质量分数为 45%，萃取后所得萃余相中 A 的含量为 10%（质量分数）。溶解度曲线和辅助线如图 9-11 所示。求：(1) 所需萃取剂用量，要求将解题过程需要的线和符号在图上画出来；(2) 所得萃取相的组成。

解：由 $x_F=0.45$ 定，由 F 点联结 FS。再由 $x_A=0.1$ 确定 R 点，由 R 点和辅助线确定 E 点。联 RE 交 FS 于 M 点。如图 9-12 所示。量取线段 FM 和线段 SM 的长度。

$$S = \frac{F \cdot \overline{FM}}{\overline{SM}} = 120 \times \frac{0.45}{0.55} = 99 (\text{kg})$$

读图，E 点组成为

$y_A=0.32 \quad y_B=0.01 \quad y_s=0.67$

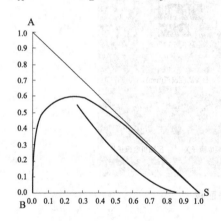

图 9-11 溶解度曲线和辅助线

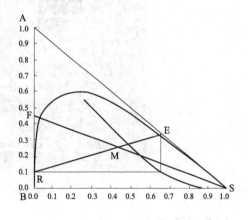

图 9-12 习题详解

萃 取

1. 实训目的
(1) 了解脉冲填料萃取塔的结构。
(2) 掌握填料萃取塔的性能测定方法。
(3) 掌握萃取塔传质效率的强化方法。

2. 实训内容
测定填料萃取塔的性能参数及萃取塔传质效率。

3. 实训装置及仪表面板
(1) 实训装置如图 9-13 所示。
(2) 实训仪表面板如图 9-14 所示。

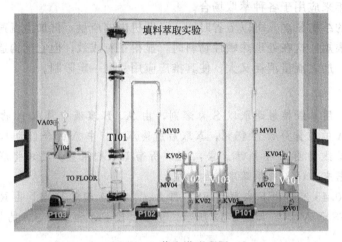

图 9-13　萃取塔流程图

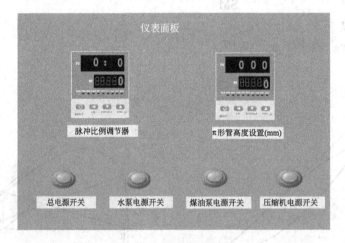

图 9-14　实训仪表面板

4. 实训操作
详见仿真软件操作指导。

催化萃取单元仿真

1. 实训目的
(1) 学会催化萃取的冷态开车与正常停车操作。
(2) 掌握催化萃取操作中事故的分析、判断及排除。

2. 实训内容
冷态开车，正常停车，P412A 泵坏，FV4020 阀卡。

3. 实训工艺流程图
实训工艺催化萃取控制 DCS 图如图 9-15 所示，现场图如图 9-16 所示。

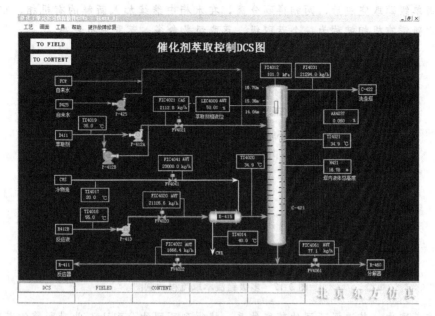

图 9-15 催化萃取控制 DCS 图

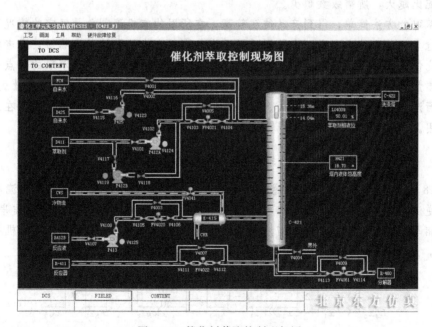

图 9-16 催化剂萃取控制现场图

4. 实训操作

详见仿真软件操作指导。

多级错流萃取

图 9-17 是多级错流萃取流程示意图。多级错流萃取实际上就是使有机相与水相多次重

复平衡,当单级萃取完成后,两相得到分离,在水相中继续加入新鲜的有机相,重复操作,每加入一次新鲜有机相就称为一个萃取级,萃取级数愈多,萃取率也愈高。

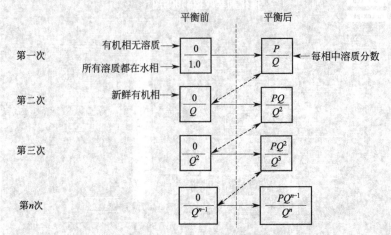

图 9-17 多级错流萃取流程示意图

在错流萃取中,若选择不同的萃取体系,将得到不同的分配比,此时所需的萃取级数也不同,分配比越大,所需级数越少。

错流萃取的方法简单,得到产品纯度较高,在所用的有机溶剂总量恒定的情况下,错流萃取级数愈多,萃取效率愈高,它特别适用于水相中只含有一种被萃取物质,或者被萃取物质的分配比值比所有可能萃取的杂质的分配比值要大得多的体系。错流萃取的缺点是每一个萃取级都要加入一份新鲜有机相,因此相应地得到很多份萃取液,使萃取剂用量成倍增加,以致在进行溶剂回收时的工作量增大。所以错流萃取法仅适用于实验室操作,而在工业生产中很少应用。

多级逆流萃取分离

图 9-18 为多级逆流萃取流程示意图。多级逆流萃取过程可以较好地克服错流萃取的不足之处,逆流萃取常适用于分离一些性质极为相似的元素,通过将多次萃取操作串联起来,实现了水相与有机相的逆流操作,即水相从第 1 级加入,从第 N 级流出,而有机相则从第 N 级加入,从第 1 级流出。

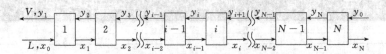

图 9-18 多级逆流萃取流程示意图

因此,逆流萃取分离 A 和 B 的混合物就是利用它们分配比不同,经过 N 次萃取后,分配比大的 A 先随有机相分离出来,分配比小的 B 随后分离出来的原理而获得彼此分离。如果溶液中存在三种以上的物质的混合物,按上述操作步骤,经过 N 级萃取后,同样可获得完全分离。

逆流萃取分离法,特别适用于分配比或分离因子较小的物质之间的分离,适当增加萃取级数能得到更好的分离效果和较高的回收率,整个操作过程消耗溶剂量不多,适合工业生产流程中的应用。

巩固练习

一、填空题

1. 萃取是利用原料液中各组分_____的差异而实现分离的单元操作。
2. 溶解度曲线将三角形相图分为两个区域，曲线内为_____区，曲线外为_____区。萃取操作只能在_____区进行。
3. 萃取操作中选择溶剂的主要原则是_____，_____和_____。
4. 萃取三角形三个顶点分别表示_____，三条边分别表示_____。
5. 在混合液中加入溶剂使溶质由原溶液转移到溶剂中的过程叫_____萃取。
6. 在萃取操作 B-S 部分互溶物系中，恰当降低操作温度，B-S 互溶度_____。
7. 在萃取操作中，提高温度，两相区面积_____。

二、选择题

1. 在萃取操作中，一般情况下选择性系数为（　　）。
   A. ＞1　　　　　　　B. ＜1　　　　　　　C. ＝1
2. 萃取剂的加入量应使原料和萃取剂的和点 M 位于（　　）。
   A. 溶解度曲线上方区　　　　　　B. 溶解度曲线下方区
   C. 溶解度曲线上　　　　　　　　D. 纵坐标上
3. 依据液体混合物中各组分在某一溶剂中溶解度不同，使混合液中各组分达到一定程度的分离的操作叫（　　）。
   A. 吸收　　　　B. 精馏　　　　C. 液液萃取　　　　D. 干燥
4. 液液萃取操作中，附图为某三元物系在不同温度下测得的溶解度曲线，下列说法正确的是（　　）。
   A. $T_1 > T_2 > T_3$　　　　B. $T_1 < T_2 < T_3$
   C. $T_2 < T_1 < T_3$　　　　D. $T_1 = T_2 = T_3$
5. 单级理论萃取中，在维持进料组成和萃取浓度不变的条件下，若用含有少量溶质的萃取剂代替纯溶剂，所得萃余相浓度将会是（　　）。
   A. 增加　　　　　　　　　　B. 减小
   C. 不变　　　　　　　　　　D. 不一定

题 4　附图

6. 溶解度曲线将三角形相图分为两个区域，曲线内为（　　）。
   A. 溶解区　　　B. 均相区　　　C. 两相区　　　D. 萃余区
7. 溶解度曲线将三角形相图分为两个区域，萃取操作只能在（　　）进行。
   A. 溶解区　　　B. 均相区　　　C. 两相区　　　D. 萃余区
8. 在萃取操作中，β 值越小，组分（　　）分离。
   A. 越易　　　　B. 越难　　　　C. 不变　　　　D. 不能确定

三、判断题

1. 进行萃取操作时，应使选择性系数 β＜1。　　　　　　　　　　　　　　（　　）
2. 液液萃取中，双组分或多组分待分离的均相混合液可以看作是液体溶质组分与溶剂（称为原溶剂）构成的。　　　　　　　　　　　　　　　　　　　　　　　　（　　）

3. 液液萃取三元物系，按其组分间互溶性可分为4种情况。　　　　　　（　）
4. 萃取是利用原料液中各组分的密度差异来进行分离液体混合物的。　　（　）
5. 萃取过程是在混合液中加入溶剂使溶质由原溶液转移到溶剂中的过程。（　）
6. 溶解度曲线将三角形相图分为两个区域，萃取操作只能在两相区进行。（　）
7. 萃取三角形三个顶点分别表示纯溶质、纯原溶剂、纯萃取剂。　　　　（　）
8. 萃取三角形三条边的某一点表示任何一个三元混合物的组成。　　　　（　）

四、简答题

1. 常用的典型萃取塔有哪些？
2. 在萃取操作中选择溶剂的主要原则是什么？

五、计算题

1. 在25℃下，以纯水为萃取剂从乙酸（A）-氯仿（B）混合液中单级提取乙酸。已知原料液中乙酸的质量分数为35%、原料液流量为2000kg/h，水的流量为1600kg/h。操作温度下物系的三角相图如附图所示。试求：（1）E相和R相的组成及流量；（2）萃取液和萃余液的组成和流量。

2. 在单级萃取装置中，以纯水为溶剂从含乙酸质量分数为30%的乙酸-3-庚醇混合液中提取乙酸。已知原料液的处理量为1000 kg/h，要求萃余相中乙酸的质量分数不大于10%。试求：（1）水的用量；（2）萃余相的量及乙酸的萃取率。物系的溶解度曲线及辅助曲线如附图所示。

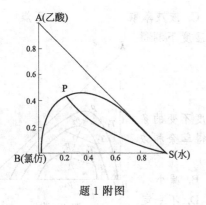

题1附图

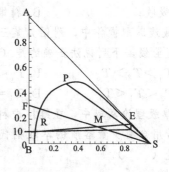

题2附图

附　录

一、单位换算

1. 长度

米,m	厘米,cm	英尺,ft	英寸,in
1	100	3.281	39.37

2. 面积

米^2,m^2	厘米^2,cm^2	英尺^2,ft^2	英寸^2,in^2
1	10^4	10.76	1550

3. 体积

米^3,m^3	厘米^3,cm^3	升,L	英尺^3,ft^3	英加仑,imperiagal	美加仑,U.S.gal
1	10^6	10^3	35.31	220	264.2

4. 质量

千克,kg	克,g	千克力·秒^2/米,kgf·s^2/m	吨,t	磅,lb
1	10^3	0.102	10^{-3}	2.205

5. 力或重量

牛顿,N	达因,dyn	千克力,kgf	磅力,lbf
1	10^5	0.102	0.2248

6. 压力（压强）

帕斯卡,牛顿/米^2, Pa=N/m^2	巴,bar=10^6 dyn/cm^2	千克力/米^2 kgf/m^2=mmH$_2$O	物理大气压, atm	工程大气压, kgf/cm^2=at	毫米汞柱, mmHg	磅力/英寸^2, lbf/in^2
1	10^{-5}	0.102	9.869×10^{-6}	1.02×10^{-5}	0.0075	1.45×10^{-4}

7. 密度

千克/米^3,kg/m^3	克/厘米^3,g/cm^3	千克力·秒^2/米^4,kgf·s^2/m^4	磅/英尺^3,lb/ft^3
1	10^{-3}	0.102	0.6243

8. 能量、功、热

焦耳, J=N·m	尔格,erg= dyn·cm	千克力·米, kgf·m	千卡, kcal=1000cal	千瓦时, kW·h	英尺·磅力, ft·lbf	英热单位, Btu
1	10^7	0.102	2.39×10^{-4}	2.778×10^{-7}	0.7376	9.486×10^{-4}

9. 功率，传热速率

千瓦, kW=1000J/s	尔格/秒, erg/s	千克力·米/秒, kgf·m/s	千卡/秒, kcal/s=1000cal/s	英尺·磅力/秒, ft·lbf/s	英热单位/秒, Btu/s
1	10^{10}	102	0.2389	737.8	9.486

10. 黏度（动力黏度）

泊稷叶, Pl=kg/(m·s)	泊, P=g/(cm·s)	厘泊, cP	千克力·秒/米², kgf·s/m²	磅/(英尺·秒), lb/(ft·s)
1	10	1000	0.102	0.6719

11. 运动黏度，扩散系数

米²/秒，m²/s	沲,厘米²/秒，St=cm²/s	米²/小时，m²/h	英尺²/小时，ft²/h
1	10^4	3600	38750

12. 热导率

瓦/(米·开), W/(m·K)	千卡/(米·秒·℃), kcal/(m·s·℃)	卡/(厘米·秒·℃), cal/(cm·s·℃)	千卡/(米·小时·℃), kcal/(m·h·℃)	英热单位/(英尺·小时·℉), Btu/(ft·h·℉)
4187	1	10	3600	2419

13. 焓、潜热

焦耳/千克，J/kg	千卡/千克，kcal/kg	卡/克，cal/g	千卡/千克力，kcal/kgf	英热单位/磅，Btu/lb
1	2.389×10^{-4}	2.389×10^{-4}	2.389×10^{-4}	4.299×10^{-4}

14. 比热容

焦耳/(千克·开), J/(kg·K)	千卡/(千克·℃), kcal/(kg·℃)	卡/(克·℃), cal/(g·℃)	千卡/(千克力·℃), kcal/(kgf·℃)	英热单位/(磅·℉), Btu/(lb·℉)
1	2.389×10^{-4}	2.389×10^{-4}	2.389×10^{-4}	2.389×10^{-4}

15. 传热系数

瓦/(米²·开), W/(m²·K)	千卡/(米²·小时·℃), kcal/(m²·h·℃)	英热单位/(英尺²·小时·℉), Btu/(ft²·h·℉)
1	0.8598	0.1761

16. 温度换算

① $K=273+℃$，$℃=(℉-32)/1.8$ ② $°R=460+℉$，$°R=1.8K$

17. 重力加速度 g 值

以纬度45°平均海平面处重力加速度为准。

$g=9.81 m/s^2 = 981 cm/s^2 = 32.17 ft/s^2$

18. 通用气体常数 R 值

$R=8.314 kJ/(kmol·K)=848 kgf·m/(kmol·K)=82.06 atm·cm^3/(kmol·K)$
$=0.08206 atm·m^3/(kmol·K)=0.08206 atm·L/(mol·K)=1.987 cal/(mol·K)$
$=1.987 kcal/(kmol·K)=1.987 Btu/(lb·mol·°R)=1544 lbf·ft/(lb·mol·°R)$

二、干空气的物理性质

温度 t /℃	密度 ρ /(kg/m³)	比热容 c_p /[kJ/(kg·℃)]	热导率 $\lambda/10^{-2}$ [W/(m·℃)]	黏度 $\mu/10^{-5}$ Pa·s	普兰德准数 Pr
−50	1.584	1.013	2.035	1.46	0.728
−40	1.515	1.013	2.117	1.52	0.728
−30	1.453	1.013	2.198	1.57	0.723
−20	1.395	1.009	2.279	1.62	0.716
−10	1.342	1.009	2.36	1.67	0.712
0	1.293	1.005	2.442	1.72	0.707
10	1.247	1.005	2.512	1.77	0.705

续表

温度 t /℃	密度 ρ /(kg/m³)	比热容 c_p /[kJ/(kg·℃)]	热导率 $\lambda/10^{-2}$ [W/(m·℃)]	黏度 $\mu/10^{-5}$ Pa·s	普兰德准数 Pr
20	1.205	1.005	2.593	1.81	0.703
30	1.165	1.005	2.675	1.86	0.701
40	1.128	1.005	2.756	1.91	0.699
50	1.093	1.005	2.826	1.96	0.698
60	1.06	1.005	2.896	2.01	0.696
70	1.029	1.009	2.966	2.06	0.694
80	1	1.009	3.047	2.11	0.692
90	0.972	1.009	3.128	2.15	0.69
100	0.946	1.009	3.21	2.19	0.688
120	0.898	1.009	3.338	2.29	0.686
140	0.854	1.013	3.489	2.37	0.684
160	0.815	1.017	3.64	2.45	0.682
180	0.779	1.022	3.78	2.53	0.681
200	0.746	1.026	3.931	2.6	0.68
250	0.674	1.038	4.268	2.74	0.677
300	0.615	1.048	4.605	2.97	0.674
350	0.566	1.059	4.908	3.14	0.676
400	0.524	1.068	5.21	3.31	0.678
500	0.456	1.093	5.745	3.62	0.687
600	0.404	1.114	6.222	3.91	0.699
700	0.362	1.135	6.711	4.18	0.706
800	0.329	1.156	7.176	4.43	0.713
900	0.301	1.172	7.63	4.67	0.717
1000	0.277	1.185	8.071	4.9	0.719
1100	0.257	1.197	8.502	5.12	0.722
1200	0.239	1.206	9.153	5.35	0.724

三、水的物理性质

温度 /℃	饱和蒸汽压 /kPa	密度 /(kg/m³)	焓 /(kJ/kg)	比热容 /[kJ/(kg·℃)]	热导率 $\lambda/10^{-2}$ [W/(m·℃)]	黏度 $\mu/10^{-5}$ Pa·s	体积膨胀系数 $\beta/10^{-4}$ ℃$^{-1}$	表面张力 $\sigma/10^{-5}$ N/m	普兰德准数 Pr
0	0.6082	999.9	0	4.212	55.13	179.21	−0.63	75.6	13.66
10	1.2262	999.7	42.04	4.191	57.45	130.77	+0.70	74.1	9.52
20	2.3346	998.2	83.90	4.183	59.89	100.50	1.82	72.6	7.01
30	4.2474	995.7	125.69	4.174	61.76	80.07	3.21	71.2	5.42
40	7.3766	992.2	167.51	4.174	63.38	65.60	3.87	69.6	4.32
50	12.34	988.1	209.30	4.174	64.78	54.94	4.49	67.7	3.54
60	19.923	983.2	251.12	4.178	65.94	46.88	5.11	66.2	2.98
70	31.164	977.8	292.99	4.178	66.76	40.61	5.70	64.3	2.54
80	47.375	971.8	334.94	4.195	67.45	35.65	6.32	62.6	2.12
90	70.136	965.3	376.98	4.208	68.04	31.65	6.95	60.7	1.96
100	101.33	958.4	419.10	4.220	68.27	28.38	7.52	58.8	1.76
110	143.31	951.0	461.34	4.233	68.50	25.89	8.08	56.9	1.61
120	198.64	943.1	503.67	4.250	68.62	23.73	8.64	54.8	1.47
130	270.25	934.8	546.38	4.266	68.62	21.77	9.17	52.8	1.36
140	361.47	926.1	589.08	4.287	68.50	20.10	9.72	50.7	1.26
150	476.24	917.0	632.20	4.312	68.38	18.63	10.3	48.6	1.18
160	618.28	907.4	675.33	4.346	68.27	17.36	10.7	46.6	1.11
170	792.59	897.3	719.29	4.379	67.92	16.28	11.3	45.3	1.05

续表

温度 /℃	饱和蒸汽压 /kPa	密度 /(kg/m³)	焓 /(kJ/kg)	比热容 /[kJ/(kg·℃)]	热导率 $\lambda/10^{-2}$ [W/(m·℃)]	黏度 $\mu/10^{-5}$ Pa·s	体积膨胀系数 $\beta/10^{-4}$℃$^{-1}$	表面张力 $\sigma/10^{-5}$ N/m	普兰德准数 Pr
180	1003.5	886.9	763.25	4.417	67.45	15.30	11.9	42.3	1.00
190	1255.6	876.0	807.63	4.460	66.99	14.42	12.6	40.0	0.96
200	1554.77	863.0	852.43	4.505	66.29	13.63	13.3	337.7	0.93
210	1917.72	852.8	897.65	4.555	65.48	13.04	14.1	35.4	0.91
220	2320.88	840.3	943.70	4.614	64.55	12.46	14.8	33.1	0.89
230	2798.59	827.3	990.18	4.681	63.73	11.97	15.9	31	0.88
240	3347.91	813.6	1037.49	4.756	62.80	11.47	16.8	28.5	0.87
250	3977.67	799.0	1085.64	4.844	61.76	10.98	18.1	26.2	0.86
260	4693.75	784.0	1135.04	4.949	60.48	10.59	19.7	23.8	0.87
270	5503.99	767.0	1185.28	4.070	59.96	10.20	21.6	21.5	0.88
280	6417.24	750.7	1236.28	5.229	57.45	9.81	23.7	19.1	0.89
290	7443.29	732.3	1289.95	5.485	55.82	9.42	26.2	16.9	0.93
300	8592.94	712.5	1344.80	5.736	53.96	9.12	29.2	14.4	0.97
310	9877.96	691.1	1402.16	6.071	52.34	8.83	32.9	12.1	1.02
320	11300.3	667.1	1462.03	6.573	50.59	8.3	38.2	9.81	1.11
330	12879.6	640.2	1526.10	7.243	48.73	8.14	43.3	7.67	1.22
340	14615.8	610.1	1594.75	8.164	45.71	7.75	53.4	5.67	1.38
350	16538.5	574.4	1671.37	9.504	43.03	7.26	66.8	3.81	1.60
360	18667.1	528.0	1761.39	13.984	39.54	6.67	109	2.02	2.36
370	21040.9	450.5	1892.43	40.319	33.73	5.69	264	0.471	6.80

四、某些物质重要物理性质

1. 某些气体的重要物理性质

名称	分子式	密度 (0℃,101.33kPa) /(kg/m³)	比热容 /[kJ/(kg·℃)]	黏度 $\mu/10^{-5}$ Pa·s	沸点(101.3kPa) /℃	气化热 /(kJ/kg)	临界点 温度 /℃	临界点 压强 /kPa	热导率 /[W/(m·℃)]
空气		1.293	1.009	1.73	−195	197	−140.7	3768.4	0.0244
氧	O_2	1.429	0.653	2.03	−132.98	213	−118.82	5036.6	0.0240
氮	N_2	1.251	0.745	1.70	−195.78	199.2	−147.13	3392.5	0.0228
氢	H_2	0.0899	10.13	0.842	−252.75	454.2	−239.9	1296.6	0.163
氦	He	0.1785	3.18	1.88	−268.95	19.5	−267.96	228.94	0.144
氩	Ar	1.7820	0.322	2.09	−185.87	163	−122.44	4862.4	0.0173
氯	Cl_2	3.217	0.355	1.29(16℃)	−33.8	305	+144.0	7708.9	0.0072
氨	NH_3	0.711	0.67	0.918	−33.4	1373	+132.4	11295	0.0215
一氧化碳	CO	1.250	0.754	1.66	−191.48	211	−140.2	3497.9	0.0226
二氧化碳	CO_2	1.976	0.653	1.37	−78.2	574	+31.1	7384.8	0.0137
二氧化硫	SO_2	2.927	0.502	1.17	−10.8	394	+157.5	7879.1	0.0077
二氧化氮	NO_2		0.615		+21.2	712	+158.2	10130	0.0400
硫化氢	H_2S	1.539	0.804	1.166	−60.2	548	+100.4	19136	0.0131
甲烷	CH_4	0.717	1.70	1.03	−161.58	511	−82.15	4619.3	0.0300
乙烷	C_2H_6	1.357	1.44	0.850	−88.50	486	+32.1	4948.5	0.0180
丙烷	C_3H_8	2.020	1.65	0.795(18℃)	−42.1	427	+95.6	4355.9	0.0148
正丁烷	C_4H_{10}	2.673	1.73	0.810	−0.5	386	+152	3798.8	0.0135
正戊烷	C_5H_{12}		1.57	0.874	−36.08	151	+197.1	3342.9	0.0128
乙烯	C_2H_4	1.261	1.222	0.935	+103.7	481	+9.7	5135.9	0.0164
丙烯	C_3H_6	1.914	1.436	0.835(20℃)	−47.7	440	+91.4	4599.0	0.0188
乙炔	C_2H_2	1.171	1.352	0.935	−83.66(升华)	829	+35.7	6240.0	0.0184
氯甲烷	CH_3Cl	2.308	0.582	0.989	−24.1	406	+148	6685.8	0.0085
苯	C_6H_6		1.139	0.72	+80.2	394	+288.5	4832.0	0.0088

2. 某些固体的重要物理性质

名称	密度/(kg/m³)	热导率/[W/(m·℃)]	比热容/[kJ/(kg·℃)]
(1)金属			
钢	7850	45.3	0.46
不锈钢	7900	17	0.5
铸铁	7220	62.8	0.5
铜	8800	383.8	0.41
黄铜	8000	64	0.38
黄铜	8600	85.5	0.38
铝	2670	203.5	0.92
镍	9000	58.2	0.46
铅	11400	34.9	0.13
(2)塑料			
酚醛	1250~1300	0.13~0.26	1.3~1.7
聚氯乙烯	1380~1400	0.16	1.8
低压聚乙烯	940	0.29	2.6
高压聚乙烯	920	0.26	2.2
有机玻璃	1180~1190	0.14~0.20	
(3)建筑、绝热、耐酸材料及其它			
黏土砖	1600~1900	0.47~0.67	0.92
耐火砖	1840	1.05(800~1100℃)	0.88~1.0
绝缘砖(多孔)	600~1400	0.16~0.37	
石棉板	770	0.11	0.816
石棉水泥板	1600~1900	0.35	
玻璃	2500	0.74	0.67
橡胶	1200	0.06	1.38
冰	900	2.3	2.11

3. 某些液体的重要物理性质

名称	分子式	密度(20℃)/(kg/m³)	沸点(101.3kPa)/℃	气化潜热(101.3kPa)/(kJ/kg)	比热容(20℃)/[kJ/(kg·℃)]	黏度(20℃)/mPa·s	热导率(20℃)/[W/(m·℃)]	体积膨胀系数(20℃)$\beta/10^{-4}℃^{-1}$	表面张力(20℃)$\sigma/10^{-3}$N/m
水	H_2O	998	100	2258	4.183	1.005	0.599	1.82	72.8
氯化钠(25%)		1186(25℃)	107		3.39	2.3	0.57(30℃)	(4.4)	
氯化钙(25%)		1228	107		2.89	2.5	0.57	(3.4)	
硫酸	H_2SO_4	1831	340(分解)		1.47(98%)	23	0.38	5.7	
硝酸	HNO_3	1513	86	481.1		1.17(10℃)			
盐酸(30%)	HCl	1149			2.55	2(31.5%)	0.42		
二硫化碳	CS_2	1262	46.3	352	1.005	0.38	0.16	12.1	32
戊烷	C_5H_{12}	626	36.07	357.4	2.24(15.6℃)	0.229	0.113	15.9	16.2
己烷	C_6H_{14}	659	68.74	335.1	2.31(15.6℃)	0.313	0.119		18.2
庚烷	C_7H_{16}	984	98.43	316.5	2.21(15.6℃)	0.441	0.123		20.1
辛烷	C_8H_{18}	703	125.67	306.4	2.19(15.6℃)	0.540	0.131		21.8
三氯甲烷	$CHCl_3$	1489	61.2	253.7	0.992	0.58	0.138(30℃)	12.6	28.5(10℃)
四氯化碳	CCl_4	1594	76.8	195	0.850	1.0	0.12		26.8
苯	C_6H_6	879	80.10	393.9	1.704	0.737	0.148	12.4	28.6
甲苯	C_7H_8	867	110.63	363	1.7	0.675	0.138	10.9	27.9
邻二甲苯	C_8H_{10}	880	144.42	347	1.74	0.811	0.142		30.2
间二甲苯	C_8H_{10}	864	139.10	343	1.70	0.611	0.167	0.1	29.0
对二甲苯	C_8H_{10}	861	138.35	340	1.704	0.643	0.129		28.0
苯乙烯	C_8H_9	911(15.6℃)	145.2	(352)	1.733	0.72			
氯苯	C_6H_5Cl	1106	131.8	325	1.298	0.85	0.14(30℃)		32
硝基苯	$C_6H_5NO_2$	1203	210.9	396	1.47	2.1	0.15		41
苯胺	$C_6H_5NH_2$	1022	184.4	448	2.07	4.3	0.17	8.5	42.9
酚	C_6H_5OH	1050(50℃)	181.8(熔点40.9℃)	511		3.4(50℃)			
萘	$C_{10}H_8$	114(固体)	217.9(熔点80.2℃)	314	1.80(100℃)	0.59(100℃)			
甲醇	CH_3OH	791	64.7	1101	2.48	0.6	0.212	12.2	22.6
乙醇	C_2H_5OH	789	78.3	846	2.39	1.15	0.172	11.6	22.8
乙醇(95%)		804	78.2			1.4			

名称	分子式	密度(20℃)/(kg/m³)	沸点(101.3kPa)/℃	气化潜热(101.3kPa)/(kJ/kg)	比热容(20℃)/[kJ/(kg·℃)]	黏度(20℃)/mPa·s	热导率(20℃)/[W/(m·℃)]	体积膨胀系数(20℃)β/10⁻⁴℃⁻¹	表面张力(20℃)σ/10⁻³N/m
乙二醇	C₂H₄(OH)₂	1113	197.6	780	2.35	23			47.7
甘油	C₃H₅(OH)₃	1261	290(分解)		20	1499	0.59	5.3	63
乙醚	(C₂H₅)₂O	714	34.6	360	2.34	0.24	0.140	16.3	18
乙醛	CH₃CHO	783(18℃)	20.2	574	1.9	1.3(18℃)			21.2
糠醛	C₅H₄O₂	1168	161.7	452	1.6	1.15(50℃)			43.5
丙酮	CH₃COCH₃	792	56.2	523	2.35	0.32	0.17		23.7
甲酸	HCOOH	1220	100.7	494	2.17	1.9	0.26		27.8
乙酸	CH₃COOH	1049	118.1	406	1.99	1.3	0.17	10.7	23.9
乙酸乙酯	CH₃COOC₂H₅	901	77.1	368	1.92	0.48	0.14(10℃)		

五、某些管件阀门当量长度共线图

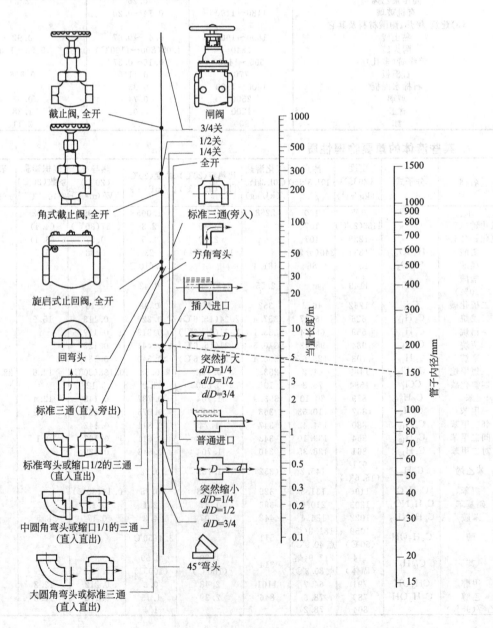

六、管子规格

1. 水、煤气输送钢管

公称直径		外径/mm	壁厚/mm	
毫米(mm)	英寸(in)		普通管	加厚管
6	1/8	10	2	2.5
8	1/4	13.5	2.25	2.75
10	3/8	17	2.25	2.75
15*	1/2	21.25	2.75	3.25
20*	3/4	26.75	2.75	3.5
25	1	33.5	3.25	4
32*	$1^1/_4$	42.25	3.25	4
40*	$1^1/_2$	48	3.5	4.25
50	2	60	3.5	4.5
70*	$2^1/_2$	75.5	3.75	4.5
80*	3	88.5	4	4.75
100*	4	114	4	5
125*	5	140	4.5	5.5
150	6	165	4.5	5.5

注：1. YB234—63"水、煤气输送管"适用于输送水、煤气及采暖系统和结构零件用的钢管。
2. "*"为常用规格，目前1/2in、3/4in供应很少。
3. 依表面情况分镀锌的白铁管和不镀锌的黑铁管；依带螺纹与否分带螺纹的锥形或圆柱形螺纹管与不带螺纹的光滑管；依壁厚分变通钢管和加厚钢管。
4. 无螺纹的黑铁管长度为4～12mm；带螺纹的和白铁管长度为4～9mm。

2. 热轧无缝钢管

外径/mm	壁厚/mm		外径/mm	壁厚/mm	
	从	到		从	到
32	2.5	8	140	4.5	36
38	2.5	8	152	4.5	36
45	2.5	10	159	4.5	36
57	3.0	(13)	168	5.0	(45)
60	3.0	14	180	5.0	(45)
63.5	3.0	14	194	5.0	(45)
68	3.0	16	203	6.0	50
70	3.0	16	219	6.0	50
73	3.0	(19)	245	(6.5)	50
76	3.0	(19)	273	(6.5)	75
83	3.5	(24)	299	(7.5)	75
89	3.5	(24)	325	8.0	75
95	3.5	(24)	377	9.0	75
102	3.5	28	426	9.0	75
108	4.0	28	480	9.0	75
114	4.0	28	530	9.0	75
121	4.0	30	560	9.0	75
127	4.0	32	600	9.0	75
133	4.0	32	630	9.0	75

七、常用泵规格

1. Sh 型泵性能表

泵型号	流量 /(m³/h)	扬程 /m	转速 /(r/min)	电机功率/kW 轴	电机功率/kW 电机	效率 /%	允许吸上真空高度/m	叶轮直径 /mm
6Sh-6	130 162 198	84 78 70	2900	40 46.5 48.4	55	72 74 72	5	251
6Sh-6A	111.6 144 180	67 62 55	2900	30 33.8 33.5	40	68 72 70	5	223
6Sh-9	130 170 220	52 47.6 35	2900	25 27.6 31.3	40	73.9 79.8 67	5	200
6Sh-9A	111.6 144 180	43.8 40 35	2900	18.5 20.9 24.5	30	72 75 70	5	186
8Sh-6	180 234 288	100 93.5 82.5	2900	68 79.5 86.4	100	72 75 75	4.5	282

2. B 型（原BA 型）水泵性能表

型号	旧型号	流量 /(m³/h)	扬程 /m	转速 /(r/min)	电机功率/kW 轴	电机功率/kW 电机	效率 /%	允许吸上真空高度/m	叶轮直径 /mm
2B31	2BA-6	10 20 30	34.5 30.8 24	2900	1.87 2.60 3.07	4 (4.5)	50.6 64 63.5	8.7 7.2 5.7	162
2B31A	2BA-6A	10 20 20	28.5 25.2 20	2900	14.5 2.06 2.54	3 (2.8)	54.5 65.6 64.1	8.7 7.2 5.7	148
2B31B	2BA-6B	10 20 25	22 18.8 16.3	2900	1.10 1.56 1.73	2.2 (2.8)	54.9 65 64	8.7 7.2 6.6	132
2B19	2BA-9	11 17 22	21 18.5 16	2900	1.10 1.47 1.66	2.2 (2.8)	56 68 66	8.0 6.8 6.0	127
2B19A	2BA-19A	10 17 22	16.8 15 13	2900	0.85 1.06 1.23	1.5 (1.7)	54 65 63	8.1 7.3 6.5	117
2B19B	2BA-9B	10 15 20	13 12 10.3	2900	0.66 0.82 0.91	1.5 (1.7)	51 60 62	8.1 7.6 6.8	106
3B57	3BA-6	30 45 60 70	62 57 50 44.5	2900	9.3 11 12.3 13.3	17 (20)	54.4 63.5 66.3 64	7.7 6.7 5.5 4.4	218
3B57A	3BA-6A	30 40 50 60	45 41.5 37.5 80	2900	6.65 7.30 7.98 8.80	10 (14)	55 62 64 59	7.5 7.1 6.4 —	192

续表

型号	旧型号	流量/(m³/h)	扬程/m	转速/(r/min)	电机功率/kW 轴	电机	效率/%	允许吸上真空高度/m	叶轮直径/mm
3B33	3BA-9	30 45 55	35.5 32.6 28.8	2900	4.60 5.56 6.25	7.5 (7)	62.5 71.5 68.2	7.0 5.0 3.0	168
3B33A	3BA-9A	25 35 45	26.2 25 22.5	2900	2.83 3.35 6.25	5.5 (4.5)	63.7 70.8 71.2	7.0 6.4 5.0	145
3B19	3BA-13	32.4 45 52.2	21.5 18.8 15.6	2900	2.5 2.88 2.96	4 (4.5)	76 80 75	6.5 5.5 5.0	132
4B91	4BA-6	65 90 115	98 91 81	2900	27.6 32.8 37.1	55	63 68 68.5	7.1 6.2 5.1	272
4B91A	4BA-6A	65 85 105	82 76 69.5	2900	22.9 26.1 29.1	40	63.2 67.5 68.5	7.1 6.4 5.5	250
4B54	4BA-8	70 90 109 120	59 54.2 47.8 43	2900	17.5 19.3 20.6 21.4	30 (28)	64.5 69 69 66	5.0 4.5 3.8 3.5	218
4B54A	4BA-8A	70 90 109	48 43 36.8	2900	13.6 15.6 16.8	20 (22)	67 69 65	5.0 4.5 3.8	200
4B35	4BA-12	65 90 120	37.7 34.6 28	2900	9.25 10.8 12.3	17 (14)	72 78 74.5	6.7 5.8 3.3	178
4B35A	4BA-12A	60 85 110	31.6 28.6 23.3	2900	7.4 8.7 9.5	13(14)	70 76 73.5	6.9 6.0 4.5	163
4B20	4BA-18	60 90 110	22.6 20 17.1	2900	5.32 6.36 6.93	10	75 78 74	5	143
4B20A	4BA-18A	60 80 95	17.2 15.2 13.2	2900	3.8 4.35 4.80	5.5 (7.0)	74 76 71.1	5	130
4B15	4BA-25	54 79 99	17.6 14.8 10	2900	3.69 4.10 4.02	5.5 (4.5)	70 78 67	5	126
4B15A	4BA-25A	50 72 86	14 11 8.5	2900	2.80 2.87 2.78	4.0 (4.5)	68.5 75 72	5	114

3. Y型油泵性能表

型号	流量/(m³/h)	扬程/m	效率/%	功率/kW 轴	电机	允许气蚀余量	泵壳许用压强/Pa	结构
50Y-60B	9.9	38		2.93	5.5		1570/2550	单级悬臂
50Y-60×2	12.5	120	35	11.7	15	2.3	2158/3138	双级悬臂
50Y-60×2A	11.7	105		9.55	15		2158/3138	双级悬臂

续表

型号	流量/(m³/h)	扬程/m	效率/%	功率/kW 轴	功率/kW 电机	允许气蚀余量	泵壳许用压强/Pa	结构
50Y-60×2B	10.8	90		7.65	11		2158/3138	双级悬臂
50Y-60×2C	9.9	75		5.9	8		2158/3138	双级悬臂
65Y-60	25	60	55	7.5	11	2.6	1570/2550	单级悬臂
65Y-60A	22.5	49		5.5	8		1570/2550	单级悬臂
65Y-60B	19.8	38		3.75	5.5		1570/2550	单级悬臂
65Y-100	25	100	40	17	32	2.6	1570/2550	单级悬臂
65Y-100A	23	85		13.3	20		1570/2550	单级悬臂
65Y-100B	21	70		10	15		1570/2550	单级悬臂
65Y-100×2	25	200	40	34	55	2.6	2942/3923	双级悬臂
65Y-100×2A	23.3	175		27.8	40		2942/3923	双级悬臂
80Y-60	50	60	64	12.8	15	3	1570/2550	单级悬臂
80Y-60A	45	49		9.4	11		1570/2550	单级悬臂
80Y-60B	39.5	38		6.5	8		1570/2550	单级悬臂
80Y-100	50	100	60	22.7	32	3.0	1961/2942	单级悬臂
80Y-100A	45	85		18.5	25		1961/2942	单级悬臂
80Y-100B	29.5	70		12.6	20		1961/2942	单级悬臂
80Y-100×2	50	200	60	45.4	75	3.0	2942/3923	双级悬臂
80Y-100×2A	46.6	175		37.0	55		2942/3923	双级悬臂
80Y-100×2B	43.2	150		29.5	40		2942/3923	双级悬臂
80Y-100×2C	39.6	125		22.7	32		2942/3923	双级悬臂

八、固定管板式热交换器系列标准

1. 换热器为 $\phi 19mm$ 的换热器基本参数（DN＝159～1800mm）

公称直径 DN/mm	公称压力 PN/MPa	管程数 N	管子根数 n	中心排管数	管程流通面积/m²	按不同换热管长度计算换热面积/m² 1500mm	2000mm	3000mm	4500mm	6000mm	9000mm
159	1.60	1	15	5	0.0027	1.3	1.7	2.6	—	—	—
219	2.50	1	83	7	0.0058	2.8	3.7	5.7	—	—	—
273	400	1	65	9	0.0115	5.4	7.4	11.3	17.1	22.9	—
273	400	2	56	8	0.0049	4.7	6.4	9.7	14.7	19.7	—
325	6.40	1	99	11	0.0175	8.3	11.2	17.1	26.0	34.9	—
325	6.40	2	88	10	0.0078	7.4	10.0	15.2	23.1	31.0	—
325	6.40	4	68	11	0.0030	5.7	7.7	11.8	17.9	23.9	—
400	0.60	1	174	14	0.0370	14.5	19.7	30.1	45.7	61.3	—
400	0.60	2	164	15	0.0145	13.7	18.6	28.4	43.1	57.8	—
400	0.60	4	146	14	0.0065	12.2	16.6	25.3	38.3	51.4	—
450	1.00	1	237	17	0.0419	19.8	26.9	41.0	62.2	83.5	—
450	1.00	2	220	16	0.0194	18.4	25.0	38.1	57.8	77.5	—
450	1.00	4	200	16	0.0088	16.7	22.7	34.6	52.5	70.4	—
500	1.60	1	275	19	0.0486		31.2	47.6	72.2	96.8	—
500	1.60	2	256	18	0.0226		29.0	44.3	67.2	90.2	—
500	1.60	4	222	18	0.0098		25.2	38.4	58.3	78.2	—

续表

公称直径 DN /mm	公称压力 PN /MPa	管程数 N	管子根数 n	中心排管数	管程流通面积 /m²	按不同换热管长度计算换热面积/m²					
						1500mm	2000mm	3000mm	4500mm	6000mm	9000mm
600	2.50	1	430	22	0.0760	—	48.8	74.4	112.9	151.4	—
		2	416	23	0.0368		47.2	72.0	109.3	146.5	
		4	370	22	0.0163		42.0	64.0	97.2	130.3	
		6	360	20	0.0106		40.8	62.0	94.5	126.8	
700	4.00	1	607	27	0.1073	—	—	105.1	159.4	213.8	
		2	574	27	0.0507			99.4	150.8	202.1	
		4	542	27	0.0239			93.8	142.3	190.9	
		6	518	24	0.0153			89.7	136.0	182.4	
800	0.60	1	797	31	0.1408	—	—	138.0	209.3	280.7	
		2	776	31	0.0686			134.3	203.8	273.3	
		4	722	31	0.0319			125.0	189.8	254.3	
		6	710	30	0.0290			122.9	186.5	250.0	
900	1.00 1.60	1	1009	35	0.1783	—	—	174.7	265.0	355.3	536.0
		2	988	35	0.0873			171.0	259.5	347.9	524.9
		4	938	35	0.0414			162.4	246.4	330.3	598.3
		6	914	34	0.0269			158.2	240.0	321.9	485.6

2. 换热管为 25mm 的换热器基本参数（DN＝159～1300mm）

公称直径 DN /mm	公称压力 PN /MPa	管程数 N	管子根数 n	中心排管数	管程流通面积/m²		按不同换热管长度计算换热面积/m²					
					25×2	25×2.5	1500mm	2000mm	3000mm	4500mm	6000mm	9000mm
325	1.60 2.50 4.00 6.40	1	57	9	0.0797	0.0179	6.3	8.5	13.0	19.7	26.4	—
		2	56	9	0.0097	0.0088	6.2	8.4	12.7	19.3	25.9	
		4	40	9	0.0035	0.0031	4.4	6.0	9.1	13.8	18.5	
400		1	98	12	0.0339	0.0308	10.8	14.6	22.3	33.8	45.4	
		2	94	11	0.0163	0.0148	10.4	14.0	21.4	32.5	43.5	
		4	76	11	0.0066	0.0060	8.4	11.3	17.3	26.3	35.2	
450	0.60 1.00 1.60 2.50 4.00	1	135	13	0.0468	0.0424	14.8	20.1	30.7	46.6	62.5	
		2	126	12	0.0218	0.0198	13.9	18.8	28.7	43.5	58.4	
		4	106	13	0.0092	0.0083	11.7	15.8	24.1	36.6	49.1	
500		1	174	14	0.0603	0.0546	—	26.0	39.6	60.1	80.6	
		2	164	15	0.0284	0.0257	—	24.5	37.3	56.6	76.0	
		4	144	15	0.0125	0.0113	—	21.4	32.8	49.7	66.7	
6		1	0.0269	17	0.0849	0.0769	—	26.5	55.8	84.6	113.5	
		2	232	16	0.0402	0.0364	—	34.6	52.8	80.1	107.5	
		4	222	17	0.0192	0.0174	—	33.1	50.7	76.7	102.8	
		6	216	16	0.0125	0.0113	—	32.2	49.2	74.6	100.0	

续表

公称直径 DN /mm	公称压力 PN /MPa	管程数 N	管子根数 n	中心排管数	管程流通面积/m²		按不同换热管长度计算换热面积/m²					
					25×2	25×2.5	1500mm	2000mm	3000mm	4500mm	6000mm	9000mm
700	1.60	1	355	21	0.01230	0.1115	—	—	80.0	122.6	164.4	—
	1.00	2	342	21	0.0592	0.0537	—	—	77.9	118.1	158.4	—
	1.60	4	322	21	0.0279	0.0253	—	—	73.3	111.2	149.1	—
	2.50											
	4.00	6	304	20	0.0175	0.0159	—	—	69.2	105.0	140.8	—

九、表面张力与沸点

1. 某些液体的表面张力及常压下的沸点

液体	沸点/℃	表面张力		表面张力与温度的关系
		t/℃	N/m	
液态氮	−209.9	−96	8.5×10^{-3}	
苯胺	184.4	−20	42.9×10^{-3}	
丙酮	56.2	0	26.2×10^{-3}	
		40	21.2×10^{-3}	
		60	18.6×10^{-3}	
苯	80.1	0	31.6×10^{-3}	
		30	27.6×10^{-3}	
		60	23.7×10^{-3}	
水	100	0	75.6×10^{-3}	
		20	72.8×10^{-3}	
		60	66.2×10^{-3}	
		100	58.9×10^{-3}	水在不同温度下的张力
		130	52.8×10^{-3}	$\sigma_t=\sigma_0-0.146\times10^{-3}(T-273)$
液态氨	−183	−183	13.2×10^{-3}	式中 σ_t——绝对温度为 T 时的表面
乙酸	100.7	17	37.5×10^{-3}	张力,N/m;
		80	30.8×10^{-3}	σ_0——表中查出的表面张力, N/m;
二氧化碳	46.3	19	33.6×10^{-3}	T——绝对温度,K。
		46	29.4×10^{-3}	乙醇在不同温度下的张力
甲醇	64.7	20	22.6×10^{-3}	$\sigma_t=\sigma_0-0.092\times10^{-3}(T-273)$
丙醇	97.2	20	23.8×10^{-3}	
乙醇	78.3	0	24.1×10^{-3}	
		20	22.8×10^{-3}	
		40	20.2×10^{-3}	
		60	18.4×10^{-3}	
甲苯	110.63	15	28.8×10^{-3}	
醋酸	118.1	20	27.8×10^{-3}	
氯仿	61.2	10	28.5×10^{-3}	
		60	21.7×10^{-3}	
四氯化碳	76.8	20	26.8×10^{-3}	
乙酸乙酯	77.1	20	23.9×10^{-3}	
乙醚	34.6	20	17.0×10^{-3}	

2. 某些水溶液的表面张力

单位：N/m

溶质	t/℃	浓度×100(质量)			
		5	10	20	50
H_2SO_4	18		74.1×10^{-3}	75.2×10^{-3}	77.3×10^{-3}
HNO_3	20		72.7×10^{-3}	71.1×10^{-3}	65.4×10^{-3}
NaOH	20	74.6×10^{-3}	77.3×10^{-3}	85.8×10^{-3}	
NaCl	18	74.0×10^{-3}	75.5×10^{-3}		
Na_2SO_4	18	73.8×10^{-3}	75.2×10^{-3}		
$NaNO_3$	30	72.1×10^{-3}	72.8×10^{-3}	74.4×10^{-3}	79.8×10^{-3}
KCl	18	73.6×10^{-3}	74.8×10^{-3}	77.3×10^{-3}	
KNO_3	18	73.0×10^{-3}	73.6×10^{-3}	75.0×10^{-3}	
K_2CO_3	10	75.8×10^{-3}	77.0×10^{-3}	79.2×10^{-3}	106.4×10^{-3}
NH_4OH	18	66.5×10^{-3}	63.5×10^{-3}	59.3×10^{-3}	
NH_4Cl	18	73.3×10^{-3}	74.5×10^{-3}		
NH_4NO_3	100	59.2×10^{-3}	60.1×10^{-3}	61.6×10^{-3}	67.5×10^{-3}
$MgCl_2$	18	73.8×10^{-3}			
$CaCl_2$	18	73.7×10^{-3}			

十、某些二元物质在 101.3kPa 下的气液平衡组成

(1) 苯-甲醛

苯(摩尔分数)/%		温度/℃	苯(摩尔分数)/%		温度/℃
液相中	气相中		液相中	气相中	
0.0	0.0	110.6	59.2	78.9	89.4
8.8	21.2	106.1	70.7	85.3	86.8
20.0	37.0	102.2	80.3	91.4	84.4
30.0	50.0	98.6	90.3	95.7	82.3
39.7	61.8	95.2	95.0	97.9	81.2
48.9	71.0	92.1	100.0	100.0	80.2

(2) 乙醇-水

乙醇(摩尔分数)/%		温度/℃	乙醇(摩尔分数)/%		温度/℃
液相中	气相中		液相中	气相中	
0.00	0.00	100	32.73	58.26	81.5
1.90	17.00	95.5	39.65	61.22	80.7
7.21	38.91	89.0	50.79	65.64	79.8
9.66	43.75	86.7	51.98	65.99	79.7
12.38	47.04	85.3	57.32	68.41	79.3
16.61	50.89	84.1	67.63	73.85	78.74
23.37	54.45	82.7	74.72	78.15	78.41
26.08	55.80	82.3	89.43	89.43	78.15

(3) 氯仿-苯

氯仿(质量分数)/%		温度/℃
液相中	气相中	
10	13.6	79.9
20	27.2	79.0
30	40.6	78.1
40	53.0	77.2
50	65.0	76.0
60	75.0	74.6
70	83.0	72.8
80	90.0	70.5
90	96.1	67.0

十一、饱和水蒸气表

1. 按温度排序

温度 /℃	绝对压强 kgf/cm²	绝对压强 kPa	蒸汽密度 /(kg/m³)	焓 液体 kcal/kg	焓 液体 kJ/kg	焓 蒸汽 kcal/kg	焓 蒸汽 kJ/kg	汽化热 kcal/kg	汽化热 kJ/kg
0	0.0062	0.6082	0.0048	0	0	595	2491.1	595	2491.1
5	0.0089	0.8730	0.0068	5	20.94	597.3	2500.8	592.3	2479.9
10	0.0125	1.2262	0.0094	10	41.87	599.6	2510.4	589.6	2468.5
15	0.0174	1.7068	0.0128	15	62.80	602.0	2520.5	587.0	2457.7
20	0.0238	2.3346	0.0172	20	83.74	604.3	2530.1	584.3	2446.3
25	0.0323	3.1648	0.0230	25	104.67	606.6	2539.7	581.6	2435.0
30	0.0473	4.2474	0.0304	30	125.60	608.9	2549.3	578.9	2423.7
35	0.0573	5.6207	0.0396	35	146.54	611.2	2559.0	576.2	2412.4
40	0.0752	7.3706	0.0511	40	167.47	613.5	2568.6	573.5	2401.1
45	0.0977	9.5837	0.0654	45	188.41	615.5	2577.8	570.7	2389.4
50	0.1258	12.340	0.0830	50	209.34	618.0	2587.4	568.0	2378.1
55	0.1605	15.743	0.1043	55	230.27	620.2	2596.7	565.2	2366.4
60	0.2031	19.923	0.1301	60	251.21	622.5	2606.3	562.0	2355.1
65	0.255	25.014	0.1611	65	272.14	624.7	2615.5	559.7	2343.5
70	0.3177	31.164	0.1979	70	293.08	626.8	2624.3	556.8	2331.2
75	0.393	38.551	0.2416	75	314.01	629.0	2633.5	554.0	2319.5
80	0.483	47.379	0.2929	80	334.94	631.1	2642.3	551.2	2307.8
85	0.590	57.875	0.3531	85	355.88	633.2	2651.1	548.2	2295.2
90	0.715	70.136	0.4229	90	376.81	635.3	2659.9	545.3	2283.1
95	0.862	84.556	0.5039	95	397.75	637.4	2668.7	542.4	2270.9
100	1.033	101.33	0.5970	100	418.68	639.4	2677.0	539.4	2258.4
105	1.232	120.85	0.7036	105.1	440.03	641.3	2685.0	536.3	2245.4
110	1.461	143.31	0.8254	110.1	460.97	643.3	2693.4	533.1	2232.0
115	1.724	149.11	0.9635	115.2	482.32	645.2	2701.3	530.1	2219.0
120	2.025	198.64	1.1199	120.3	503.67	647.0	2708.9	526.7	2205.2
125	2.367	232.19	1.296	125.4	525.02	648.8	2716.4	523.5	2191.8
130	2.755	270.25	1.494	130.5	546.38	650.6	2723.9	520.1	2177.6
135	3.192	313.11	1.715	135.6	567.74	652.3	2731.0	516.7	2163.3
140	3.685	361.47	1.962	140.7	589.06	653.9	2737.7	513.2	2148.7
145	4.238	415.72	2.238	145.9	610.85	655.5	2744.4	509.7	2134.0
150	4.855	476.24	2.543	151.0	632.21	657.0	2750.7	560.0	2118.5
160	6.303	618.28	3.252	161.4	675.75	659.9	2762.9	498.5	2087.1
170	8.080	792.59	4.113	171.8	719.29	662.4	2773.3	490.6	2054.0
180	10.23	1003.5	5.145	182.3	763.25	664.6	2782.5	482.3	2019.3
190	12.80	1255.6	6.378	192.9	807.64	666.4	2790.1	473.5	1982.4
200	15.85	1554.8	7.840	203.5	852.01	667.7	2795.5	464.2	1943.5
210	19.55	1917.7	9.567	214.3	897.23	668.6	2799.3	454.4	1902.5
220	23.66	2320.9	11.60	225.1	942.45	669.0	2801.0	443.9	1858.5
230	28.53	2798.6	13.98	236.1	988.50	668.8	2800.1	432.7	1811.6
240	34.13	3347.91	16.76	247.1	1034.56	668.0	2796.1	420.8	1761.8
250	40.55	3977.67	20.01	258.3	1081.45	664.0	2790.1	408.1	1651.7
260	47.85	4697.45	23.82	269.6	1128.76	664.2	2780.9	394.5	1591.4
270	56.11	5503.99	28.27	281.1	1176.91	661.2	2768.3	380.1	1526.5
280	65.42	6417.24	33.47	292.7	1225.48	657.3	2752.0	364.6	1457.4
290	75.88	7443.29	39.60	304.4	1274.46	652.3	2732.0	348.1	1382.5
300	87.6	8592.94	46.93	316.6	1325.54	646.8	2708.0	330.2	1301.3
310	100.7	9877.96	55.59	329.3	1378.71	640.1	2680.0	310.8	1212.1
320	115.2	11300.3	65.95	343.0	1436.07	632.5	2648.2	289.5	1116.2
330	131.3	12879.6	78.53	357.5	1446.78	623.5	2610.5	266.6	1005.7
340	149.0	14618.5	93.98	373.3	1562.93	613.5	2568.6	240.2	1005.7
350	168.6	16538.5	113.2	390.8	1636.20	601.1	2516.7	210.3	880.5
360	190.3	18667.1	139.6	413.0	1729.15	583.4	2442.6	170.3	713.0
370	214.5	21040.9	171.0	451.0	1888.25	549.8	2301.9	98.2	411.1
374	225.0	22070.9	322.6	501.1	2098.0	501.1	2098.0	0	0

2. 按压强排序

绝对压强 /kPa	温度 /℃	蒸汽的密度 /(kg/m³)	焓/(kJ/kg) 液体	焓/(kJ/kg) 蒸汽	汽化热 /(kJ/kg)
1.0	6.3	0.00773	26.48	2503.1	2476.8
1.5	12.5	0.01133	52.26	2515.3	2463.0
2.0	17.0	0.01486	71.21	2524.2	2452.9
2.5	20.9	0.01863	87.45	2531.8	2444.3
3.0	23.5	0.02179	98.38	2536.8	2438.4
3.5	26.1	0.02523	109.30	2541.8	2432.5
4.0	28.7	0.02867	120.23	2546.8	2426.6
4.5	30.8	0.03205	129.00	2550.9	2421.9
5.0	32.4	0.03537	135.69	2554.0	2418.3
6.0	35.6	0.04200	149.06	2560.1	2411.0
7.0	38.8	0.04864	162.44	2566.3	2403.8
8.0	41.3	0.05514	172.73	2571.0	2398.2
9.0	43.3	0.06156	181.16	2574.8	2393.6
10.0	45.3	0.06798	189.59	2578.5	2388.9
15.0	53.5	0.09956	224.03	2594.0	2370.0
20.0	60.1	0.13068	251.51	2606.4	2854.9
30.0	66.5	0.19093	288.77	2622.4	2333.7
40.0	75.0	0.24975	315.93	2634.1	2312.2
50.0	81.2	0.30799	339.80	2644.3	2304.5
60.0	85.6	0.36514	358.81	2652.1	2393.9
70.0	89.9	0.42229	376.61	2659.8	2283.2
80.0	93.2	0.47807	390.08	2665.3	2275.3
90.0	96.4	0.53384	403.49	2670.8	2267.4
100.0	99.6	0.58961	416.90	2676.3	2259.5
120.0	104.5	0.69868	437.51	2684.3	2246.8
140.0	109.2	0.80758	457.67	2692.1	2234.4
160.0	113.0	0.82981	473.88	2698.1	2224.2
180.0	116.6	1.0209	489.32	2703.7	2214.3
200.0	120.2	1.1273	493.71	2709.2	2204.6
250.0	127.2	1.3904	534.39	2719.7	2185.4
300.0	133.3	1.6501	560.38	2728.5	2168.1
350.0	138.8	1.9074	583.76	2736.1	2152.3
400.0	143.4	2.1618	603.61	2742.1	2138.5
450.0	147.7	2.4152	622.42	2747.8	2125.4
500.0	151.7	2.6673	639.59	2752.8	2113.2
600.0	157.7	3.1686	670.22	2761.4	2091.1
700.0	164.7	3.6657	696.27	2767.8	2071.5
800.0	170.4	4.1614	720.96	2773.7	2052.7
900.0	175.1	4.6525	741.82	2778.1	2036.2
1×10^3	179.9	5.1432	762.68	2782.5	2019.7
1.1×10^3	180.2	5.6339	780.34	2785.5	2005.1
1.2×10^3	187.8	6.1241	797.92	2788.5	1990.6
1.3×10^3	191.5	6.6141	814.25	2790.9	1796.7
1.4×10^3	194.8	7.1038	829.06	2792.4	1963.7
1.5×10^3	198.2	7.6935	843.86	2794.5	1950.7
1.6×10^3	201.3	8.0814	857.77	2796.0	1938.2
1.7×10^3	204.1	8.5674	870.58	2797.1	1926.5
1.8×10^3	206.9	9.0533	883.39	2798.1	1914.8
1.9×10^3	209.8	9.5392	896.21	2799.2	1903.0
2×10^3	212.2	10.0338	907.32	2799.7	1892.4
3×10^3	233.7	15.0375	1005.4	2798.9	1973.5
4×10^3	250.3	20.0969	1082.9	2789.8	1706.8
5×10^3	263.8	25.3663	1146.9	2776.8	1629.2
6×10^3	275.4	30.8494	1203.2	2759.5	1556.3
7×10^3	285.7	36.5744	1253.2	2740.8	1487.6
8×10^3	294.8	42.5768	1299.2	2720.5	1403.7
9×10^3	303.2	48.8945	1343.5	2699.1	1356.6
10×10^3	310.9	55.5407	1384.0	2677.1	1293.1
12×10^3	324.5	70.3075	1463.4	2631.2	1167.1
14×10^3	336.5	87.3020	1567.9	2583.2	1043.4
16×10^3	347.2	107.8010	1615.8	2531.1	915.4
18×10^3	356.9	134.4813	1699.8	2466.0	766.1
20×10^3	365.6	176.5961	1817.8	2364.2	544.9

参考文献

[1] 陈洪明，宋波. 化工原理同步辅导及习题全解. 北京：中国水利出版社，2009.
[2] 柴诚敬，张国亮. 化工原理. 北京：化学工业出版社，2005.
[3] 傅献彩. 物理化学. 北京：高等教育出版社，2005.
[4] 天津大学化工原理教研室. 化工原理. 北京：高等教育出版社，2006.
[5] 何潮洪，冯霄主. 化工原理. 第2版. 北京：科学出版社，2008.
[6] 何潮洪. 化工原理习题精解. 北京：科学出版社，2003.
[7] 谭天恩. 化工原理. 第3版. 北京：化学工业出版社，2001.
[8] 柴诚敬，张国亮. 化工流体流动与传热. 第2版. 北京：化学工业出版社，2007.
[9] 贾绍义，柴诚敬. 化工传质与分离过程. 第2版. 北京：化学工业出版社，2007.
[10] 朱家骅. 化工原理. 北京：科学出版社，2004.
[11] 李阳初，刘雪暖. 化学化工原理. 北京：中国石化出版社，2009.
[12] 姚玉英. 化工原理(上、下). 天津：天津大学出版社，2004.
[13] 柴诚敬，夏清. 化工原理学习指南. 北京：高等教育出版社，2007.
[14] 肖繁衍. 物理化学. 第5版. 北京：高等教育出版社，2008.
[15] 陈敏恒，丛德滋，方图南，齐鸣斋. 化工原理. 第3版. 北京：化学工业出版社，2010.
[16] 张金利，张建伟，郭翠梨. 化工原理实验. 天津：天津大学出版社，2006.
[17] 蒋维钧，戴猷元. 化工原理. 北京：清华大学出版社，2004.
[18] 陈美娟，张浩勤. 化工原理. 第2版. 北京：化学工业出版社，2005.
[19] 何潮洪，冯霄. 化工原理. 第2版. 北京：科学出版社，2007.
[20] 张金利，张建伟，郭翠梨. 化工原理实验. 天津：天津大学出版社，2006.
[21] 赵汝溥，管国锋. 化工原理. 北京：化学工业出版社，2005.
[22] 李殿宝. 化工原理. 第3版. 大连：大连理工大学出版社，2014.